Raspberry Piからはじめるカメラ撮&IoT栽培

ラズパイ・Arduino
農業実験集

Interface編集部 編

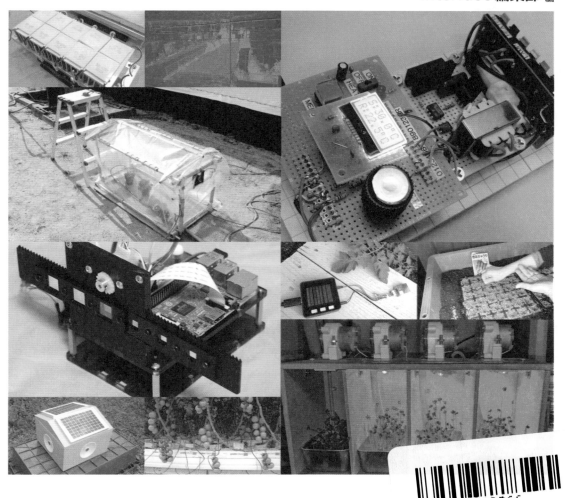

CQ出版社

JN040866

「ラズパイ・Arduino農業実験集」

CONTENTS

▶本書の各記事は，「Interface」に掲載された記事を再編集したものです．初出誌は初出一覧（pp.220-221）に掲載してあります．

本書の記事関連データ等は，以下のページからダウンロードできます．
https://www.cqpub.co.jp/hanbai/books/59/59881.htm
※一部の記事の関連データは，GitHubのページからダウンロード可能です．

農業&自然センシングで広がる世界

編集部

農業×エレクトロニクス

世界は広がる

第1章　灌水制御の基礎知識と実際

永遠のテーマ「水やり」自動制御装置

黒崎 秀仁

電源などの配線は下側から

（a）取り付けたところ

自作した制御回路. 下側にArduino Uno

AUTO 0.03MJ 3%
1.2MJ/ 2.0min

（b）内部

水の流れる向き

植物はこちら

ストレーナ（ゴミ取りフィルタ）を付ける

電磁弁

（c）水道管に電磁弁

今回のターゲット植物カンキツ類

（d）今回の水やりターゲットになるカンキツ系の植物たち

写真1　農業＆植物栽培の永遠のテーマ…自動水やり装置の自作に挑戦してみた

　本稿では，農業＆植物栽培の永遠のテーマともいえる「自動水やり制御」に挑戦してみます（**写真1**，**図1**）

農業での永遠のテーマ「水やり」

● 水やりは現代農業においても悩ましい難題

　人類が農業を始めてから，とても長い年月が経っていますが，人類はいまだに植物にどのくらい水を与え

たらよいか悩み続けています. その理由は幾つもあります.

　まず，植物がどれだけ水を必要としているのかを，とても予測しにくいことがあります. 植物が根から養分とともに吸い上げた水を光合成に利用して，気孔から水蒸気として放出することは蒸散作用として中学校で習います. しかし，どの程度水を吸うかは，土壌の状態，肥料濃度，葉面積，光，風，湿度などさまざま

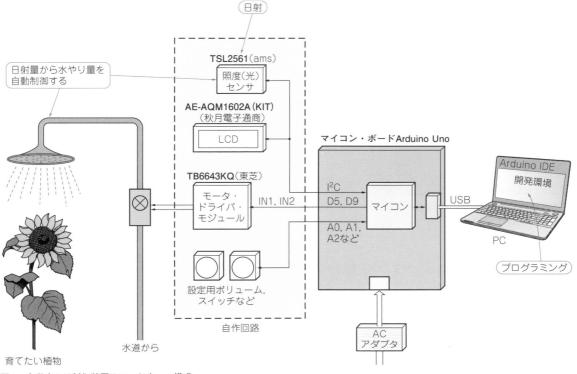

図1　自動水やり制御装置のハードウェア構成

な要因の影響を受けてしまい，予測することが困難です．

しかも，植物は能動的に気孔の開閉を制御していて，環境が悪化すると気孔を閉じて蒸散を停止してしまいます．ちゃんと水を吸えているのか，光合成できているのか，物言わぬ植物に聞くこともできません．

さらに厄介なことに，植物が欲するだけ幾らでも水を与えればよい，というわけでもないのです．水分を過剰に与えると果実の味は悪くなります．味が薄まってしまうのです．これはトマトなどの果菜類，果樹など果実を収穫し，食味が重視される作物で大きな問題になります[1][2]．

水やりを減らせば，果実の味は良くなりますが，だからといって，全く与えなければ植物は枯れてしまいますし，水が足りないと収量も減ってしまいます．これをギリギリのところでコントロールするためのノウハウが無数に存在し，熟練した農家の腕の見せどころとなっています．いわゆる長年の経験と勘です．

水やり（灌水）制御方法あれこれ

● その1：タイマ制御

この難しい灌水を何らかの合理的な方法で自動化したいという要求は昔からありました．

最も簡単に灌水を自動化する方法は，毎日，決まった時間に一定時間弁を開くだけのタイマ制御です．雑な方法ですが，導入コストの安さから今でも非常に多く使われています．

● その2：タイマ＋達人の手作業

しかし，これでは雨の日も晴れの日も同じように作動してしまい，細かく植物に与える水分を制御できません．そのため，熟練農家は最低限の水はタイマ制御で与え，後はその日の環境や植物の状態によって追加分を手動で灌水するという手の込んだことをやります．これはあまりにも初心者には難しいものです．

● その3：吸収した水の量を量る

他には，廃液を計測するという方法がありました．植物を鉢に植え，与えた水の量に対して，流れ出してきた水の量を量れば，どの程度，水が吸われたか分かります．これは，栽培ベッドなど廃液が回収可能な方法で栽培される作物に使われます．与えた水量に対して廃液が一定の割合になるようにすれば，植物に与える水量を合理的に制御できるはずなのですが，現在では廃液は容器にためて手作業で計測することが多いです．計測を自動化しようとすると，廃液はゴミや肥料成分を含んでいるのでセンサの構造に気を遣います．

写真2　農業では実際に日射量に比例した量の水やりを行う装置が使われている

さらに、栽培する植物の数が少なすぎると誤差が大きくなってしまいます。安価に高精度に計測できるセンサの登場が待たれるところです[3]。

● その4：土壌水分センサ①…体積含水率方式

　それでは土壌に水分センサを差し込んで水分量を計測したらどうでしょうか。これが一見簡単そうで、なかなか一筋縄にはいかないのです。まず、土壌水分を測るセンサには、体積含水率を測るものとpF値を測るものがあります。体積含水率センサには安価な電気伝導度式のものと、やや高級な静電容量式のものがあるのですが、いずれも突き刺した土壌の状態によって、出てくる値が大きく変わってしまうという弱点があります。土壌の種類やちょっとした圧縮具合、刺した場所によって違う値が出てしまいます。こうなると、刺した場所ごとに校正が必要になり、非常に使いにくいです。

● その5：土壌水分センサ②…植物の水分吸い上げ力を量るpF値方式

　pFセンサは植物が土の中の水分を吸い上げるのに必

写真3　農業分野で定評のある水やり用電磁弁AquaNet Plus（ネタフィム）を使った

要な力を測るので、体積含水率よりは安定した結果が得られます。よくあるのがテンシオメータ[4]で、先端が磁器でできた細長い容器に水を入れて土壌に突き刺し、容器内の圧力を測ります。徐々に容器内の水が吸い出されるので定期的に水の補充が必要です。それでも幾つか灌水の制御用に実用化されたシステムが存在しますが、pFセンサはかなり高価で1個数万円しますので、気軽に手出しできるものではなくなってしまいます。

● その6：日射比例制御

　より無難な方法で灌水を制御できるのが日射比例灌水です。この方法は、植物の吸水量が日射に比例するものと見なして灌水量を制御します。もちろん、これだけで植物の吸水量を完璧に予測できるわけではありません。しかし、日射量はさまざまな要因の中では吸水量に及ぼす影響が大きいので、大ざっぱながらも、ある程度合理性のある灌水ができます。日射量の測定はセンサの取り付け場所さえ誤らなければ他の要因を測るより外乱を受けにくいという利点があり、日射比例灌水は実際に農業の現場にも広く普及しています[5][6]（写真2）。さらに、とても良いことに、この装置を構成するパーツは安価に手に入るので、個人でも作ろうと思えば作れてしまいます。今回は、この日射比例灌水装置を自作し、自動制御と経験と勘が入り交じった農業の世界を紹介します。

日射比例水やり装置の自作に必要なこと

● 必要な機能

　日射比例と銘打っていますが、実際には日射に比例して電磁弁の流量をアナログ的に制御する必要はありません。電磁弁の開閉制御ができれば十分です。電磁弁を開放するタイミングは積算日射量で決めます。積算日射量がユーザの設定値を超えたとき、積算日射のカウンタをリセットしてユーザが指定した秒数だけ電磁弁を開放して水を流す、この動作をひたすら繰り返すだけの装置です。PWM制御の一種ともいえます。

● 必要な道具

　仕組み自体は単純なので、Arduino Uno程度の小型マイコン・ボードでも十分に実用的なものが作れます（図1）。機能として必要なものは、日射測定用のセンサ、電磁弁の開閉機能、そして積算日射量と電磁弁の開放時間を設定するボリューム、自動手動切り替えスイッチです。それから、動作確認用にLCDも付けることにしました。

● キー・デバイス：電磁弁の選定

開閉制御のみの電磁弁には大ざっぱに分けて，通電すると開になるもの，通電すると閉になるもの，ラッチ式の3種類があります．今回はDC駆動可能なラッチ式電磁弁として，農業分野で好評のあるメーカであるネタフィムのAquaNet Plus DCモデル（3/4"）を使うことにしました（写真3）．

この電磁弁は1万円ぐらいしますが，灌水用電磁弁では動作不良が最も恐ろしいので，安易に安物を使ってはいけません．水圧が高い場合，安物の電磁弁では作動不良を起こす可能性があります．作動不良を起こすと，灌水しているはずなのに全く水が出なかったり，電磁弁が異常発熱したりと怖いことになります．

● 使用する電磁弁の特徴＆駆動用IC

今回の電磁弁はDC駆動のラッチ式です．開放と閉鎖の瞬間だけ通電すればよいので，消費電力が少なくて済みます．開閉の方向指定は，電流の方向を変えることで行います．つまり，DCモータの正転・逆転回路のようなものが必要になります．

ここで，使えるのがDCモータ・ドライバICのTB6643KQ（東芝）です．このICはArduinoから2つの信号線を接続するだけで，電流の方向を制御することができます．電磁弁を開閉するための通電時間は80ms以上あればよいですが，十分なマージンをとって開方向と閉方向に1秒ずつDC 12Vを通電してみて，電磁弁の開閉制御が確実にできることを確認しました．

ハードウェア

● 回路

電磁弁の制御回路を図2に，主な部品を表1に示します．

基板用CADのEagleを使って，Arduino Uno用のシールド（拡張基板）を設計しました．基板レイアウトを図3に示します．基板に実装する部品は表1（a），後から基板に接続する部品は表1（b）です．基板を収納する箱やネジなどの部品は表2に示します．

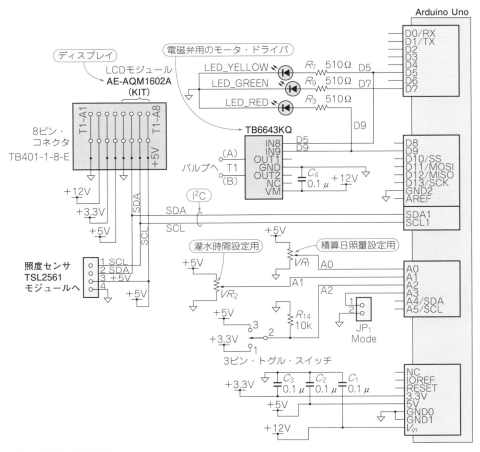

図2　電磁弁の制御回路

表1 自動水やり装置で筆者が今回使用した部品

基板実装部品	部品種類	値	型　名	備　考
$C_1 \sim C_4$	積層セラミック・コンデンサ 5mm ピッチ	0.1μF 50V	RDEF11H104Z0K1H01B	同等品でも可
J_1	Grove 4 ピン・コネクタ	−	SEEED-110990030	ピッチが2mmと特殊
JP_1	ジャンパ・ピン2ピン 2.54mmピッチ	−	PH-1x40SG	切断して使う
LED_GREEN	砲弾型LED 5mm	黄緑	OSNG5113A	
LED_RED	砲弾型LED 5mm	赤	OSDR5113A	ピンの長い方がアノード
LED_YELLOW	砲弾型LED 5mm	黄	OSYL5113A	
R_3, R_7, R_9	抵抗1/4W	510Ω	−	
R_{14}	抵抗1/4W	10kΩ	−	
3ピン・スイッチ	3ピン 基板用トグル・スイッチ(ON-OFF-ON)	−	2MS3-T1-B4-M2-Q-E	
TB401-1-8-E	ターミナル・ブロック 8ピン 2.54mmピッチ縦型	−	TB401-1-8-E	
TB6643KQ	モータ・ドライバIC	−	TB6643KQ	
VR_1, VR_2	半固定ボリューム ツマミ付き	5kΩ	3386K-EY5-502TR	
T1	ターミナル・ブロック 2ピン	−	TB112-2-2-E-1	
Arduino用ソケット8ピン	8ピン・ソケット リード長15mm	−	FH150-1x8SG	
Arduino用ソケット8ピン	8ピン・ソケット リード長15mm	−	FH150-1x8SG	
Arduino用ソケット6ピン	8ピン・ソケット リード長15mm	−	FH150-1x6SG	
Arduino用ソケット10ピン	10ピン・ソケット リード長15mm	−	FH150-1x10SG	

（a）基板に実装する部品

部　品	諸　元	型　名	備　考
制御用マイコン・ボード	Arduino	Arduino Uno R3	ソフトウェア書き込みにUSBケーブルが必要
照度センサ	Adafruit TSL2561 モジュール	adafruit PRODUCT ID:439	5V接続可能なもの
センサ用ケーブル	Grove 4 ピン・ケーブル 50cm	SEEED-110990038	片側を切断して照度センサにはんだ付け
ジャンパ・ピン	ジャンパ・ピン2ピン 2.54mmピッチ	MJ-254-6Y など	
LCD	I²C接続小型キャラクタLCDモジュール	AE-AQM1602A（KIT）	付属のピン・ヘッダは使用しない
LCD用ピン・ヘッダ	4ピン・ソケット リード長15mm	FH150-1x6SG など	切断して4pにして使う
ACアダプタ	ACアダプタ 12V 1A	AD-M120P100	
電磁弁	ラッチ式電磁弁 3/4" DC駆動	AquaNet Plus	コントローラは不要

（b）基板に後からつなぐ部品

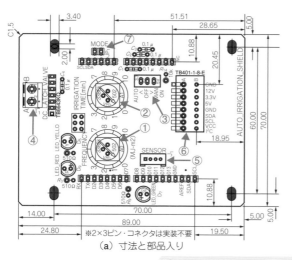

（a）寸法と部品入り

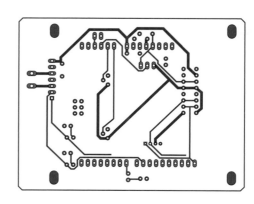

（b）主な配線パターン（下面）

① 積算日射量設定ボリューム　⑤ 照度センサ接続端子
② 灌水時間設定ボリューム　⑥ 拡張端子(LCD接続用)
③ 手動/自動切り替えスイッチ　⑦ 早朝灌水モード設定ジャンパ
④ 電磁弁接続端子

図3 自作した基板のレイアウト

表2　自動水やり装置の容器やその他部品

部　品	寸法など	型　名	備　考
防水箱	外形寸法193 × 117 × 90	WB-DM	
基板固定スペーサ ×4個	六角オネジ・メネジ M3 × 20mm	MB3-20	WB-DM に取り付ける
センサ固定スペーサ ×6個	六角オネジ・メネジ M2.6 × 11mm	MB26-11	加工時の予備に20個ぐらい用意する
ナベネジ ×4個	M3 × 5mm	−	ステンレス製がよい
ナベネジ ×6個	M2.6 × 5mm	−	ステンレス製がよい
ナット ×6個	M2.6	−	ステンレス製がよい
UVレジン4g × 2個	UVカラーレジン液 ホワイト（ダイソー）	−	透明の方がよかった
減光フィルタ	鉢受け皿4号（ダイソー）	−	3枚セットで販売されているものを使用
電線	VCTFK 0.75sq 2芯など 長さは環境による	−	電磁弁接続用

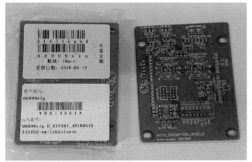

（a）生基板　　　　（b）部品実装済み　　　（c）Arduino Uno　　（d）Arduino Uno
　　　　　　　　　　　　　　　　　　　　　　シールドとして　　　　と組み合わせて
　　　　　　　　　　　　　　　　　　　　　　使えるようにし　　　　もコンパクト
　　　　　　　　　　　　　　　　　　　　　　てある

写真4　Arduino Uno に取り付けてケースに収納しやすいように基板を起こすことにした

● 自作した基板の特徴

この基板は最初から防水箱のサイズを元に設計してあります．ネジ穴も少々の誤差を吸収できるように長穴になっていて，Arduino Unoの独特な形状でネジ止めに悩まなくても済むように作りました．

▶基板の発注

プリント基板は，スイッチサイエンスの基板製造サービス[7]で製造しました．設定したパラメータは2層基板，基板外形7cm×9cm（実際には70mm×89mm），他はデフォルトとしました．

注意点ですが，以降で紹介する基板の写真はプロトタイプで不要部品などが付いているものがあります．**図2**，**図3**のものとは外観が異なることがありますが，機能上の違いはありません．

● 部品の実装

基板の完成品が**写真4（a）**になります．これに部品をはんだ付けしました［**写真4（b）**］．裏面に実装する部品はありませんが，Arduino Uno用のソケットは裏面に飛び出します［**写真4（c）**］．これにArduino Unoを装着すると**写真4（d）**になります．

（a）秋月で販売されている　　（b）端子台にプスッとさせる
　　LCDキット　　　　　　　　　ようにソケットを付ける

写真5　液晶ディスプレイの加工キット

次にLCDキットを組み立てます．秋月電子通商で販売されているAE-AQM1602A（KIT）を使います．付属のピッチ変換基板のみをはんだ付け［**写真5（a）**］した後，同封の4ピン端子は使わず，Arduino Uno用のソケットを切断して4ピンにしたものをはんだ付けします［**写真5（b）**］．

農業で使うときの重要工程…
防水対策あれこれ

● 防水箱への収納

基板の取り付け工程に入ります［**写真6（a）**］．防水箱WB-DMは中の板が外れるので，これを取り出して，スペーサMB3-20のネジ側を基板のネジ穴に合わせてねじ込みます［**写真6（b）**］．これにArduinoを装着済みの基板をM3ネジで固定します［**写真6（c）**］．LCDは定規などでTB401-1-8-E端子台の**写真6（d）**の部分を4ピン分同時に押し込み，その間にLCDを写真の向きに差し込みます．定規を離すとLCDは抜けなくなります．

▶注意点

防水箱に入れてしまうとArduino UnoにUSB端子が刺さらなくなるので，プログラムの書き込み（手順は後述）などはこの状態で行います［**写真6（e）**］．

● 使用した光センサTSL2561の特徴＆使用上の注意

光量を計測するための「安価で入手可能な光セン

サ」には，I²C接続のTSL2561（ams社）があります．しかし，このセンサを実用にするには幾つか解決しないといけない問題があります．

まず，TSL2561の駆動電圧は2.6〜3.6Vの範囲であり，そのままでは5Vで動作するArduino Unoには接続できません．しかし，Adafruitが出しているTSL2561モジュールには電圧の変換チップが乗っており，Arduino Unoに問題なく接続できます．

次に，TSL2561の測定可能な明るさの範囲は0.1〜40000lxなのですが，ここにも問題があります．**図4**は，横軸が実際のlx値で，縦軸が光センサTSL2561の出力値です．

直射日光を測るとき，正午付近の直射日光の照度は100000lxを超えます．最大値が40000lxでは全く足りていません．このため，必ず何らかの減光フィルタを通して，計測する必要があります．

● 光センサの防水加工

さらに厄介なことに，屋外に露出するセンサは防滴加工しないといけません．Adafruitのモジュールは基板がむき出しで，このままでは使えません．

（a）箱と基板とLCD

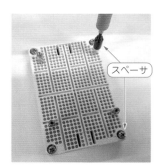

（b）防水箱のベースにスペーサを取り付ける

（c）スペーサにArduino Uno＆周辺回路を取り付ける

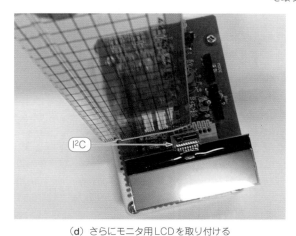

（d）さらにモニタ用LCDを取り付ける

（e）この状態で書き込み可能

写真6　農業の重要工程…基板を防水箱に組み込む

そこで，紫外線硬化樹脂（UVカラーレジン，ダイソー）で保護することにしました．最初に，Groveの4ピン・ケーブル（SEEED-110990038）の片側の端子を切断し，TSL2561モジュールに線をはんだ付けします［写真7（a）］．線の色はSCLが黄色，SDAが白，GNDに黒，V_{in}が赤です．次に，モジュールのネジ穴に合わせて防水箱WB-DMの上部中央に穴を開けます．WB-DMの上部は2重になっていて，1枚目の樹脂板に穴を開けても内部まで貫通しません．この構造を利用して，ネジ留めします．ネジはM2.6なのでφ2.8ぐらいがよいでしょう．スペーサMB26-11とM2.6のネジとナットを使って試しにネジ止めしてみます［写真7（b）（c）］．固定できることを確認したら取り外し，写真7（d）のようにMB26-11のように足を作ります．このとき，M2.6のナベネジはこれが最後だと思ってしっかり締めておき，他のスペーサは外せる程度に締めます．これを樹脂の付着を良くするために無水エタノールで洗浄します［写真7（e）］．エタノールが完全に乾いたら，日光の入らない部屋の中で小さなワイングラス（100円ショップで入手，ガラス製）に紫外線硬化樹脂を基板が完全に埋没する程度に注ぎ［写真7（f）］，そこにモジュールを浸けます［写真7（g）］．気泡が抜けたら，モジュールが偏らないように押さえながら日光に当てて硬化させます［写真7（h）］．硬化時に発熱するので注意してください．ある程度硬化したら倒れなくなるので，日光下に1時間程度放置して確実に固めます．紫外線硬化樹脂はガラスにつかないので，固まった後にゆっくりと動かして空気を入れれば

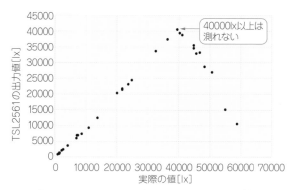

図4　光センサTSL2561は最大値40000lxまで測れるけど直射日光の照度は100000lxを超えることがあるのでそのままでは測れない
減光フィルタが必要になる

抜けます．それで抜けなければ，グラスを割っても構いません．こうして，六角スペーサの足が付き，ドーム状の樹脂に封入された照度センサが完成します［写真7（i）］．ちなみに実験では減光効果を期待して紫外線硬化樹脂に白色タイプを使ったのですが，これは蛇足でした．減光効果はせいぜい数％で，日光が透過しすぎてしまい，減光フィルタとしては全く役に立ちませんでした．よく考えたら紫外線硬化樹脂は日光を内部まで入れないと硬化しないので，日光の透過率が高いのは当たり前です．ここは普通に透明タイプを使ってもよかったです．

（a）コネクタはやめて線材を直接はんだ付けする

（b）ケースの上部に固定用ねじ穴をあける

（c）横から見るとこうなる

（d）固める準備

（e）樹脂がよく付くようにエタノールで洗う

（f）樹脂を丸いコップの底に注入する

（g）日光を当ててある程度固める

（h）日光下に1時間ほど置いて本気で固める

（i）外すとこうなる

写真7　野ざらしになってしまう光センサは樹脂を使って防水加工する

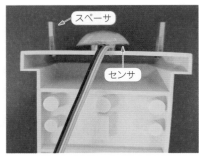

（a）**写真7**で作った防水対応光センサを防水ケース上部に取り付ける

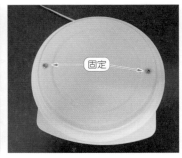

（b）減光フィルタ代わりの半透明皿（と防水ケース）にも穴を開けて取り付ける

（c）横から見ると線はこんな感じで出る

写真8 光センサ＆減光フィルタの組み立て

光センサで日射量を測る

● 減光フィルタの取り付け＆効き目の確認

　センサと減光フィルタの取り付けに移ります．センサ固定用の穴は既に開けてあるはずですが，減光フィルタにはダイソーの鉢受け皿4号を使用しました．**写真8**のように鉢受け皿に2カ所穴を開け，MB26-11を2つ連結したものを柱にしてネジ止めします．減光フィルタの有無でどの程度，受光量が変わるのか確認しました（**写真9**）．むき出しのTSL2561モジュールと比較して，およそ1/20まで出力値が減ります．ここまで日光を減衰させておけば，正午の直射日光を浴びても絶対に40000lxを超えてしまうことはありません．

● 日射量の指標

　日射量や明るさを表す単位はたくさんあり，とても混乱しやすいので，ここで**表3**に代表的なものを整理してみます．

▶指標1：日射量

　日射量[8]の単位はkW/m^2で$1m^2$の範囲に瞬間的にどの程度のエネルギーが降り注いでいるかを示します．この値は，晴天時の正午でおよそ$1.0kW/m^2$くらいの値を示し，快晴時の高山などは$1.2kW/m^2$くらいまで上がることがあります．大気通過前の値は太陽定数と呼ばれ，$1.366kW/m^2$なので，これでも少し減衰しています．

▶指標2：積算日射量

　積算日射量の単位は，$kW\cdot h/m^2$とMJ/m^2が使われます．これは農業用に限らず，太陽電池の発電効率

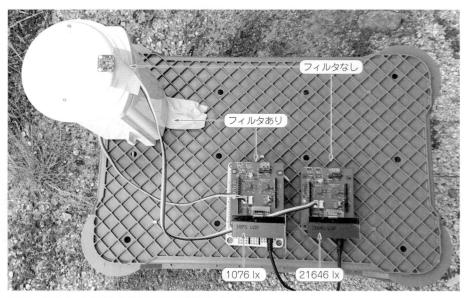

写真9 減光フィルタの効き目もこの段階で確認しておく

表3　日射量の指標

明るさの指標	単　位	意　味
日射量	kW/m² (kW m⁻²)	1m²の面積が太陽から受ける放射エネルギーの瞬間値．晴天時の正午でおよそ1.0，最大1.2ぐらいまで上がることがある
積算日射量	kW・h/m² (kW h m⁻²)	1時間当たりに1m²の面積が太陽から受ける放射エネルギー．kW・hは電力量の単位でもあるので，太陽電池の発電効率の計算とも相性が良い
	MJ/m² (MJ m⁻²)	1時間当たりに1m²の面積が太陽から受ける放射エネルギーの単位を仕事量に変更したもの．1kW/m²・h=3.6MJ/m²として換算可能．農業用の他，太陽電池の発電効率を調べるためによく使われる
光合成光量子束密度	μ mol/m²/s (μ mol m⁻² s⁻¹)	PPFDと呼ばれ，植物の光合成に利用可能な光の強さを測る単位．400nm～700nmの波長域に含まれる光子数をカウントしたもの．LEDで植物を育てるときの指標として不可欠
照度	lx	人間の感覚に合わせた明るさの単位．緑色光に強く反応するように波長に重み付けがされている．晴天時の正午で100000以上，室内で100～1000ぐらい

の指標としてもよく使われています．日射量はkW/m²なので，これを単純に1時間当たりにすると積算日射量はkW・h/m²で表せるのですがMJ/m²で表記されることも非常に多いです．これは単純な掛け算で換算できます．kW・h/m²で示された値に3.6を掛けるだけでMJ/m²になります．

▶指標3：光合成光量子密度

今回は使っていませんが，植物の実験に欠かせない光合成光量子束密度(PPFD)[9]について少し説明しておきます．光合成光量子束密度は，植物が光合成に利用可能な400nm～700nmの波長域に含まれる光子数をカウントします．これを用いればLEDなど極端に波長が偏った光源でも，どの程度光合成が行えるのか推定することができます．これは植物を基準にした光の指標といえます．

▶指標4：照度lx

今回，TSL2561が出力する値は照度(lx)で，これは人間の感覚を基準にした明るさの指標です．人間の目に反応しやすい緑色の波長に強く重み付けがされているため，厳密には太陽から届くエネルギーの量を正確に表しているわけではありません．

● 照度lxから日射量を換算する

光源が太陽光に限定される場合は，照度から日射量に換算することは可能です．この方法を示しているウェブ・サイトもあるのですが[10]，減光フィルタを取り付けたことで換算係数が変わってしまい，測定し直すことになりました．仕方なく，もっと高精度な気象観測用日射センサを利用してしばらくデータを取り，実際の日射量と減光フィルタを装着したセンサの出力値を比較した結果が図5になります．見ると素直に直線状になっているので，単純な掛け算で換算でき，係数は0.0001355でした．難点は，この係数はセンサの加工方法で変化してしまう可能性があり，正確な日射量が計測できる環境でないと算出できないということです．この対応策については後述します．

制御ソフトウェア

● ライブラリの準備

制御用のソフトウェアはArduino IDEを使って開発しました（筆者が使用したのは1.8.5）．Arduino IDEの使い方については割愛しますが，標準ライブラリ以外に，2つのライブラリを使用しました．1つはLCD用のライブラリ[FaBo 213 LCD mini AQM0802A（バージョン1.0.0)]で，もう1つは照度センサ用ライブラリ[SparkFun TSL2561（バージョン1.1.0)]です．これらの文字列をライブラリ・マネージャから検索してインストールします[11]．

● プログラム

制御プログラムをリスト1に示します．

このプログラムの動作を大ざっぱに説明します．ArduinoのD5ピンを黄LEDと灌水開始信号，D9ピンを赤LEDと灌水停止信号，D7を動作確認用の緑LEDに使っています．A3ピンはディジタル・ピンとして扱っており，内蔵プルアップを使用してジャンパの設定検出用にしています（リスト1のA）．

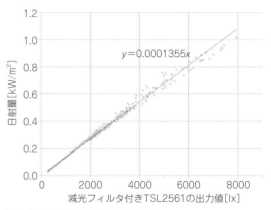

図5　光センサの出力と日射量の関係

リスト1 水やり制御プログラム（Arduino スケッチ）

```
// 日射比例灌水装置制御プログラム
//2018/07/13 H.Kurosaki

#include "FaBoLCDmini_AQM0802A.h"
#include <SparkFunTSL2561.h>
#include <Wire.h>

//LCD
FaBoLCDmini_AQM0802A lcd;

//TSL2561
char TSL2561_sensSts;
SFE_TSL2561 light;
unsigned int TSL2561_Waitms;
#define TSL2561_GAIN 0

// ディジタル・ピン番号の定義
#define LED_RED        9 // ピン番号 赤LEDと灌水停止信号
#define LED_YELLOW   5 // ピン番号 黄LEDと灌水開始信号
#define LED_GREEN    7 // ピン番号 緑LED（動作確認用）
#define SUNRISE_MODEJP    A3
                       // ピン番号 日の出時灌水モード設定ジャンパ（負論理）
// アナログ・ピン番号
#define ANALOG_VOLUME_FREQUENCY 0
#define ANALOG_VOLUME_TIME      1
#define ANALOG_3PSW             2

// 切り替えスイッチ用の定義
//3pスイッチはA2に接続されていて上に倒すと5V，下に倒すと3.3V.
                     中央でGNDに接続される
#define AIN_LOWLIMIT    200 // スイッチ下側の判定しきい値
#define AIN_HIGHLIMIT   800 // スイッチ上側の判定しきい値
#define SWMODE_MANON    1   // 手動ON
#define SWMODE_MANOFF   0   // 手動OFF
#define SWMODE_AUTO     2   // 自動モード

// 積算日射カウント用
// 日射量の単位は瞬間値にkW/m2. 積算値だとMJ/m2がよく使われますが，
// このプログラムは内部での積算値にkW・h/m2を使用し表示のみMJに換算しています
static double radiation_count=0; // 積算日射量（kW・h/m2）
static double radiation_limit_WH=0;
                       // 灌水を開始する積算日射量（kW・h/m2）
static double radiation_limit_MJH=0;
                       // 灌水を開始する積算日射量（MJ/m2）
static double radiation_limit_avrtimes=0;
                       // 平均的な日射量の日の灌水回数予測値（回）

//lux→kW/m2変換係数（減光フィルタ込み）センサの作り方によって若干変わる
#define SENSOR_TO_RADIATION 0.0001355

// 日本の平均的な1日の積算日射量（kW・h/m2）
#define MAX_INTRADIATION 3.5

// これ以下の日射量（kW/m2）では灌水しない（積算はする）
#define LOWLIGHT_LIMIT 0.03

// 暗期がこれ（分）以上続いたら夜になったと見なす（早朝灌水機能設定時）
#define MIN_NIGHT_DURATION 180

// 灌水時間カウント用変数
int irrigation_seccount=0; // 灌水時間カウンタ（sec）
int irrigation_secmax=0;   // ユーザが設定した灌水時間（sec）
// 暗期カウント用変数
unsigned int night_mincount=0;    // 夜時間カウンタ（min）
// 灌水中フラグ用変数
bool flag_irrigation_start=false; // 灌水実施中でtrueになる

// 起動時の初期化に1回だけ実行される関数
void setup()
{
    pinMode(LED_RED,OUTPUT);
    pinMode(LED_YELLOW,OUTPUT);
    pinMode(LED_GREEN,OUTPUT);
    pinMode(SUNRISE_MODEJP,INPUT_PULLUP); // 早朝灌水設定ジャンパ…(A)
    LCDStart();
}

// 無限にループする関数
void loop()
{

// 前回の実行から0.1秒経っていない場合は何もしない…(B)
    static unsigned long lastsec=0;
    unsigned long nowsec=millis()/100;
    if(nowsec==lastsec){return;}
```

```
    lastsec=nowsec;
    // これ以降に0.1秒に1回実行される処理を書く

    // ボリューム設定値の読み取り…(C)
    // 積算日射量の設定
    int freqx10=ReadVolumeFrequency()/10;
                        // ボリュームの値を0～102の範囲に収める（1→0.1MJ）
    if(freqx10<=0){freqx10=1;}// 最小値が0にならないようにする
    // 灌水を行う積算日射量のしきい値（MJ/m2）
    radiation_limit_MJH=freqx10/10.0;
                        // さらに1/10して1～10.2MJ/m2の範囲とする
    radiation_limit_WH=radiation_limit_MJH/3.6;
                        //MJ/m2→kWH/m2換算
    radiation_limit_avrtimes=MAX_INTRADIATION/radiation_
                        limit_WH; // 平均的な日の灌水回数計算

    // 灌水時間の設定
    int timex10=ReadVolumeTime()/10;
                        // ボリュームの値を0～102の範囲に収める（1→0.1分）
    if(timex10<=0){timex10=1;}// 最小値が0にならないようにする
    irrigation_secmax=timex10*6; // 秒になおす（設定は0.1分=6秒単位）

// 照度計測
    long lux=TSL2561_readSensor();
    if(TSL2561_sensSts) // センサにアクセスできない場合true
    {
        // 初回起動時またはセンサ不調時に初期化処理を行う
        light.begin();
        light.setPowerDown();
        light.setTiming(TSL2561_GAIN,0,TSL2561_Waitms);
        light.setPowerUp();
        TSL2561_sensSts=0;
    }
// 単位を換算…(D)
    double radiation=(double)lux*SENSOR_TO_RADIATION;
                        //lux→日射量（kW/m2）換算

    // 手動自動切り替えスイッチを読む…(E)
    int nowsw=ReadSW();
    //LCDを消去
    lcd.clear();
    // スイッチが入っている間はずっと実行する処理
    if(nowsw==SWMODE_AUTO)
    {
        // 緑LEDを点滅
        digitalWrite(LED_GREEN,!digitalRead(LED_GREEN));
        lcd.print("AUTO "); // 自動モードの表示
        AutoIrrigation(radiation); // 灌水制御の実行
    }
    else if(nowsw==SWMODE_MANON)
    {
        digitalWrite(LED_GREEN,HIGH);
        lcd.print("MANON "); // 手動ON表示0
        flag_irrigation_start=false; // 自動で灌水中の場合止める
    }
    else if(nowsw==SWMODE_MANOFF)
    {
        digitalWrite(LED_GREEN,LOW);
        lcd.print("MANOFF "); // 手動OFF表示
        flag_irrigation_start=false; // 自動で灌水中の場合止める
    }

    // 自動モードで灌水中の場合は表示を変更する
    if(flag_irrigation_start)
    {
        lcd.print("OPEN:");
        // 残時間を表示する
        lcd.print(irrigation_secmax-irrigation_seccount);
    }
    else if(nowsw==SWMODE_AUTO)
    {
        // 自動モード
        // 早朝灌水が設定されていて夜の場合
        if(radiation<LOWLIGHT_LIMIT &&digitalRead
                                (SUNRISE_MODEJP)==LOW)
        {
            lcd.print("WAITING SUN");
        }
        // 通常の自動モードで夜の場合
        else if(radiation<LOWLIGHT_LIMIT)
        {
            lcd.print("LOW LIGHT");
        }
        // 自動モードで日中の場合
        else
```

```
        {
            lcd.print(radiation_count*3.6,2);
                    //積算日射量の表示 (kWH/m2→MJ/m2に換算して表示する)
            lcd.print("MJ ");
            lcd.print((radiation_count/radiation_limit_WH)
                                *100,0);//日射の蓄積具合を%で表示
            lcd.print("%");
        }
    }
    else
    {
        //手動モードでは簡易日射計になる (日射量の瞬時値はkW/m2)
        lcd.print(radiation,2);
        lcd.print("kW/m2");
    }
    //LCD下半分の表示
    lcd.command(0x40+0x80);//改行
    //以下はボリュームを操作したときだけしばらく表示が変わる処理
    static int lastVolumeFrequency=-1;
    static int lastVolumeTime=-1;
    static int dispCountFrequency=0;
    static int dispCountTime=0;
    if(ReadVolumeFrequency()!=lastVolumeFrequency)
    {
        dispCountFrequency=100;
        dispCountTime=0;
    }
    lastVolumeFrequency=ReadVolumeFrequency();
    if(ReadVolumeTime()!=lastVolumeTime)
    {
        dispCountFrequency=0;
        dispCountTime=100;
    }
    lastVolumeTime=ReadVolumeTime();
    //VolumeFrequencyを動かしたとき，しばらく積算日射量と灌水回数の詳細を表示
    if(dispCountFrequency>0)
    {
        dispCountFrequency--;
        lcd.print(radiation_limit_MJH,1);
        lcd.print("MJ/m2 FRQ");
        lcd.print(radiation_limit_avrtimes,1);
                        //平均的な日射量から推定した1日の灌水回数
    }
    //VolumeTimeを動かしたとき，しばらく灌水時間の詳細を表示
    else if(dispCountTime>0)
    {
        dispCountTime--;
        lcd.print((float)timex10/10,1);
        lcd.print("min");
        lcd.print(" ");
        lcd.print(timex10*60/10);
        lcd.print("sec");
    }
    //普段は積算日射量と灌水時間を簡易表示
    else
    {
        lcd.print(radiation_limit_MJH,1);
        lcd.print("MJ/");
        lcd.print(" ");
        lcd.print((float)timex10/10,1);
        lcd.print("min");
    }
    //---------------------------------------
    //以下はスイッチが切り替わった瞬間だけ実行する処理
    static int lastsw=-1;//初回はあり得ない値で初期化しておく
    if(lastsw!=nowsw&&nowsw==SWMODE_AUTO)
    {
        //自動灌水
        //切り替わった瞬間にバルブが開いていた場合は止める
        ValveClose();
    }
    else if(lastsw!=nowsw&&nowsw==SWMODE_MANON)
    {
        //手動灌水
        ValveOpen();
    }
    else if(lastsw!=nowsw&&nowsw==SWMODE_MANOFF)
    {
        //手動停止
        ValveClose();
    }
    lastsw=nowsw;
    //---------------------------------------
}
```

```
//--------------- 自動灌水の制御
bool AutoIrrigation(double radiation)
{
    static unsigned long lastsec=0;
    unsigned long nowsec=millis()/1000;
    //前回実行時から1秒経っていない場合は何もしない
    if(nowsec==lastsec){return flag_irrigation_start;}
    lastsec=nowsec;

    if(!flag_irrigation_start&&nowsec%60==0)
    {
        //ここには灌水中以外で1分に1回実行される処理を書く… (F)
        radiation_count+=radiation/60;
                    //積算が1分間隔なので60で割って1時間単位の積算値に換算
        //オーバーフロー防止
        if(radiation_count>radiation_limit_WH)
            {radiation_count=radiation_limit_WH;}

        //暗期の持続時間を最大1440分まで積算する
        if(radiation<=LOWLIGHT_LIMIT)
        {
            night_mincount++;
            //オーバーフロー防止
            if(night_mincount>1440){night_mincount=1440;}
        }
        //早朝灌水モードがOFFで日が出たとき
        if(radiation>LOWLIGHT_LIMIT && digitalRead
                                (SUNRISE_MODEJP))
        {
            night_mincount=0;
        }
    }

    //以下は毎秒実行される処理… (G)
    //灌水中の場合
    if(flag_irrigation_start)
    {
        irrigation_seccount++;
        //灌水停止
        if(irrigation_seccount>=irrigation_secmax)
        {
            flag_irrigation_start=false;
            ValveClose();
        }
    }
    //早朝灌水モード
    //SUNRISE_MODEJPのジャンパが設定されており，
    //                      暗期がMIN_NIGHT_DURATION以上持続した後
    //十分に明るくなった場合，日の出と見なして強制灌水を行う
    else if(digitalRead(SUNRISE_MODEJP)==LOW && radiation>
            LOWLIGHT_LIMIT && night_mincount>=MIN_NIGHT_DURATION)
    {
        //カウンタの初期化
        night_mincount=0;
        radiation_count=0;
        irrigation_seccount=0;
        //自動灌水の開始
        flag_irrigation_start=true;
        ValveOpen();
    }
    //通常灌水
    //通常モード時，日射量がLOWLIGHT_LIMIT以上のときだけ灌水する
    else if(radiation_count>=radiation_limit_WH && radiation>
                            LOWLIGHT_LIMIT)
    {
        //カウンタの初期化
        radiation_count=0;
        irrigation_seccount=0;
        //自動灌水の開始
        flag_irrigation_start=true;
        ValveOpen();
    }

    return flag_irrigation_start;
}


//-------------- 電磁弁の制御… (H)

void ValveOpen()
{
    //ラッチバルブ
    digitalWrite(LED_YELLOW,HIGH);
    digitalWrite(LED_RED,LOW);
    delay(1000);//1秒通電してから止める
```

```
    digitalWrite(LED_YELLOW,LOW);
    digitalWrite(LED_RED,LOW);
}

void ValveClose()
{
    //ラッチバルブ
    digitalWrite(LED_YELLOW,LOW);
    digitalWrite(LED_RED,HIGH);
    delay(1000);//1秒通電してから止める
    digitalWrite(LED_YELLOW,LOW);
    digitalWrite(LED_RED,LOW);
}

void ValveNeutral()
{
    digitalWrite(LED_YELLOW,LOW);
    digitalWrite(LED_RED,LOW);
}


//---------------------------
//アナログ入力を1023段階で出力する，ノイズ消し
int ReadVolumeFrequency()
{
    int a=1023-analogRead(ANALOG_VOLUME_FREQUENCY);
    static int pr;
    //A-D値が±2以上変化したときだけ戻り値を変更
    if (abs(pr-a)>2){pr=a;}
    return pr;
}


//---------------------------
//アナログ入力を1023段階で出力する，ノイズ消し
int ReadVolumeTime()
{
    int a=1023-analogRead(ANALOG_VOLUME_TIME);
    static int pr;
    //A-D値が±2以上変化したときだけ戻り値を変更
    if (abs(pr-a)>2){pr=a;}
    return pr;
}
```

```
}

//------------- 切り替えスイッチを読み出す
int ReadSW()
{
    int sw=analogRead(ANALOG_3PSW);
    if(sw<AIN_LOWLIMIT){return SWMODE_MANOFF;}//中央
    else if(sw<AIN_HIGHLIMIT){return SWMODE_MANON;}//下側
    //上側
    return SWMODE_AUTO;
}

//------------LCDの初期化
void LCDStart()
{
    lcd.begin();
    lcd.init();
    //for I2C voltage 5V
    lcd.command(0x38);delay(1);
    lcd.command(0x39);delay(1);
    lcd.command(0x14);delay(1);
    lcd.command(0x73);delay(1);
    lcd.command(0x51);delay(2);
    lcd.command(0x6c);delay(300);
    lcd.command(0x38);delay(1);
    lcd.command(0x01);delay(2);
    lcd.command(0x0c);
}

//------------TSL2561を読み出す
long TSL2561_readSensor(void)
{
    //Light
    unsigned int data0, data1;
    double lux;
    if(!light.getData(data0,data1)){TSL2561_sensSts=1;return
                                                         -1;}
    if(!light.getLux(TSL2561_GAIN,TSL2561_
        Waitms,data0,data1,lux)){TSL2561_sensSts=1;return -1;}
                                                     return lux;
}
```

写真10　完成
下側から光センサ・ケーブルやACアダプタの線を通す

算は，表示にはMJ/m²を使用していますが，内部計算はkW・h/m²単位で行っています．起動して初期化を行った後，100ms間隔でループし，ユーザの入力を受け付けます（**リスト1のB**）．

　ボリュームの読み取りにはアナログ入力を使いますが，誤差があって値がブレるので，そのままの値を使わずに，誤差を除去するフィルタを入れています（**リスト1のC**）．

　照度は計測後に係数を掛けてkW/m²に換算します（**リスト1のD**）．

　トグル・スイッチは自動側で5V，手動OFF側でGND，手動ON側で3.3Vに接続される仕組みなので，アナログ入力値を読み取って判定しています（**リスト1のE**）．

　自動灌水の制御では，日射の積算を1分間隔で行い，この値を1/60して1時間単位に換算しています（**リスト1のF**）．

　灌水の制御は秒単位で行い，ユーザが指定した時間だけ電磁弁を開放するようにしています（**リスト1のG**）．電磁弁の制御は，開放と閉鎖のタイミングで，1秒だけ通電しています（**リスト1のH**）．開放では基板上の電磁弁接続端子の"A"側がプラス，"B"側がマイナスになるようにDC 12Vが通電されます．閉鎖ではその逆になるように電流が流れます．

　積算日射量の設定ボリュームはA0に，灌水時間の設定ボリュームはA1に，3ピン・トグル・スイッチ（ON-OFF-ON）はA2に接続されています．LCDとTSL2561はI²C通信を使用しています．積算日射量の計

（a）手動 OFF モード

（b）手動 ON モード

（c）自動モード（待機中）

（d）自動モード（水やり・灌水中）

（e）自動モード（夜／通常）

（f）自動モード（夜／早朝灌水設定中）

（g）積算日射量設定

（h）灌水時間設定

写真 11　機能と LCD 表示

用意した機能

写真 10 に防水箱に収納した完成品の外観を示します（試作品で図 3 の基板とはコネクタの数が異なるバージョン）．DC12V，1A の AC アダプタを電源用に使用し，センサ・ケーブルは白色の Grove コネクタに刺します．電磁弁は写真 10 上側のネジ式のコネクタに接続します．写真 10 では普通のケーブルを使っていますが，屋外で使う場合は VCTFK ケーブルなどをお勧めします．

トグル・スイッチで，手動 ON，手動 OFF，自動の切り替えができ，ユーザが電磁弁の開閉を手動で行うこともできます．

手動 OFF のときは LCD に "MANOFF"［写真 11（a）］，手動 ON のときは LCD に "MANON" と表示され［写真 11（b）］，このとき同時に日射量が表示されるので簡易日射計としても使用できます．

自動モードにすると緑 LED が点滅し，日射があるときは写真 11（c）のように，現在の蓄積日射量と灌水までのパーセンテージが表示されます．灌水中は写真 11（d）の画面になり，時間を秒単位でカウントダウンしながら灌水を行います．日射量が 0.03kW/m2 未満では夜とみなされ，灌水を行いません．このとき，"LOW LIGHT" と表示されます［写真 11（e）］．

一方，後述する早朝灌水モードの場合，"WAITING SUN" と表示されます［写真 11（f）］．ボリュームを動かした場合，LCD の下半分の表示が 10 秒間だけ変化します．積算日射量設定ボリュームを動かすと，現在の設定値が MJ/m2 単位で表示されるとともに，その横に FRQ という値が表示されます．これは日本の平均的な日射量[12]の場合，1 日に何回灌水が作動するかという目安です［写真 11（g）］．平均値なので快晴時にはこれより増え，曇れば減りますが，何回作動するか全く分からないよりははるかにマシなので表示しました．

灌水時間設定ボリュームを動かすと，時間が分単位と秒単位で表示されます［写真 11（h）］．電磁弁の開放時間を最短 6 秒から最長 10.2 分まで設定できます．

入門

IoT

画像

大気

土壌

アイデア

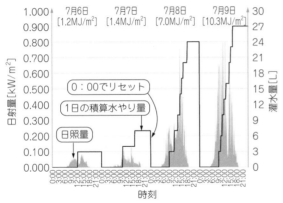

図6　だいたい日射量に比例した灌水量（1日積算）に制御できていそう

動作試験

● 実験環境＆ターゲット植物

　筆者の温室で動作試験を行うことにしました．設置場所は温室の南側の壁です［写真1（a）］．配管の状況ですが，ストレーナを経由して電磁弁に接続してあります［写真1（c）］．電磁弁の先には水道メータがあり，その出力を記録できるようになっているので，いつ，どのぐらい水が流れたかを把握できます．また，同時に温室内の日射センサを利用して実際の日射量を測定できるようにしています．灌水先はカンキツ系の苗になります［写真1（d）］．この植物は乾燥に強いので，少々しくじってしまったとしても枯れることはないだろうという考えで今回の実験ターゲットに選びました．幸いトラブルは一度も起こりませんでした．積算日射量の設定は1.2MJ/m²，灌水時間は2分としまし

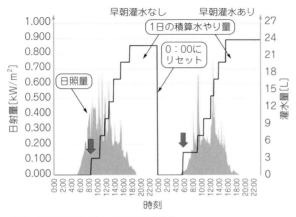

図7　応用的な使い方…日の出同時灌水

た［写真1（b）］．1回の灌水でおよそ3.4L流れ，これが苗に分配されます．

● 結果

　実験結果を図6に示します．2018年7月6日と7日はずっと雨が降っており，それぞれ1回と2回だけ作動しました．7月8日と9日は晴れたのでそれぞれ7回と8回作動しています．図6の［　］内には別のセンサで測った積算日射量を表示しています．雨の日と晴れの日で8倍以上の差があります．設定値が1.2MJ/m²でそこから計算すると，理論上の作動回数は7月6日から順に1回，2回，5回，8回となり，7月8日だけ少し多めに作動しました．これは日射量を測定したセンサと灌水装置のセンサの場所が違ったために差が生じたものと思われますが，おおむね意図通り動作しています．

　実はこの7月6日と7日のデータは，西日本に大きな被害をもたらした豪雨のときのものです．しかもこのとき，筆者は出張先に足止めされており，温室がどうなったかは遠隔地からクラウドのデータを見て把握していました．もし，温室が大破しても見ているだけで何もできないので気休めといえばそうですが，監視という意味では農業用クラウドは大変役に立ちました．幸いなことに被害はなく，全てのシステムが完璧に動作していました．

現実的な使い方

● 早朝灌水機能

　あらかじめ仕込んでおいた早朝灌水機能について説明します．日射比例灌水では日射のない夜間の灌水を行いません．しかし，夜の間でも少しだけ蒸散が行われることがあり，さらに培地表面からも水は蒸発するので，日の出の時点で培地がカラカラになっていることがあります．ところが，日射比例灌水では夜が明けてから最初の灌水が始まるまでに時間がかかってしまい，これが植物にとって過剰なストレスになります．この問題を解決するのが早朝灌水機能で，基板上にMODEと印字されたジャンパをショートすると作動します．この機能は3時間以上の暗期が経過した後に0.03 kW/m²以上の日射を検出すると，強制的に1回灌水を行います．図7に，この機能の有無で動作がどのように変化するかを示します．早朝灌水なしだと，日の出が5時ぐらいなのに，最初の灌水が8時30分になってしまい，3時間30分の間，植物は水なしで過ごすことになります．一方，早朝灌水ありだと最初の灌水は6時00分と本格的に日射が強くなる前にできます．

コラム **水やりを確実に効率よく行うために先っちょはどうするか** 黒崎 秀仁

今回の記事では詳細な解説は割愛しますが，電磁弁から先の水やり部の先っちょを作るのも重要です．実際，この部分をちゃんと構成するのはけっこう面倒です．

点滴灌水を行うための今回と同様の構成を**図A**に，水だけでなく肥料を含んだ水やりを行っているトマトの点滴灌水の例を**写真A**に紹介しておきます．

点滴灌水（灌漑）とは，農地に配置したチューブに水または液肥を流し，作物の周囲にだけ滴下する方法です．水や肥料を節約し，灌水量のばらつきを抑え，確実に灌水することができます．

現在使われている点滴灌水技術は，乾燥地帯で最低限の水で農業を行うためにイスラエルで発明されました．この技術の発明者が設立したネタフィムという会社は，世界的な点滴灌水資材のメーカとなっています[1]．

◆参考文献◆
(1) 点滴灌漑の Wikipedia.
https://ja.wikipedia.org/wiki/%E7%82%B9%E6%BB%B4%E7%81%8C%E6%BC%91

写真A 点滴灌水システムはこうなる

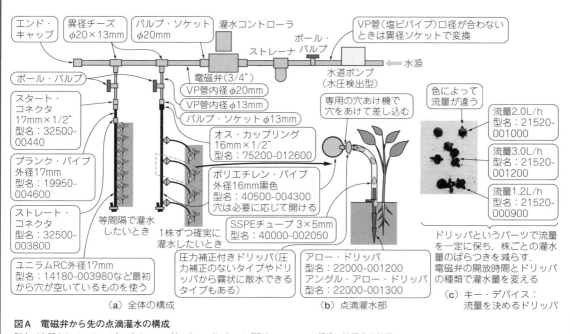

図A 電磁弁から先の点滴灌水の構成
型名が表記されているのは全てネタフィム社のもの．塩ビパイプ関連パーツは JIS 規格の汎用品を使用している

● 実際の運用方法

実際には，日射比例灌水はあらかじめ，植物がどの程度，水を必要としているかという目安がないと設定値が分からないという状況になります．厄介なことに，植物が大きくなれば葉面積の拡大に応じて吸水量

は増大しますが，この部分は人間が操作して対応しなければなりません．日射比例灌水は必要に応じてユーザが設定値を修正しなければならない半自動的な灌水方法なのです．

実際の農家の運用方法では，農業関係の研究機関な

どが作成したマニュアルが存在し，何月何日ごろにどのような設定にすべきか，目星がつくようになっています．こうしたノウハウは公開されないこともあります．家庭菜園でこの装置を運用したらどうなるのか，情報がほとんどありません．そもそも，この類いの装置はプロ向けで，導入には結構なコストがかかるはずでした．それが，今回の工作ではどう計算しても部品代が3万円を超えません．とんでもない価格破壊かもしれません．

● 試行錯誤するときの勘どころ

　ここから先は，もし情報がない場合は，試行錯誤して設定値を見つけることになります．

　方針としては，例えばトマトのような果菜類の場合，最初は前述した廃液を計測する方法を用いてトライアル・アンド・エラーで廃液率が20～30%になるような設定値を見つけ出します．その後はその値を基準に何パターンか実験区を用意して灌水方法を変え，増やしたり減らしたりしながら，障害が発生しないか，正常な果実がどの程度取れるか，果実の糖度はどこまで上げられるかなどを評価していきますが，作物によっては1年に1回しか実験ができないこともあります．満足できるような結果が出るころには何年も経っているかもしれません．これが農業の恐ろしいところで，作物の特性を理解しようと試行錯誤していくと長い時間がかかってしまうのです．気がついたときには，あなたも長年の経験と勘で動くシステムの中に組み込まれているでしょう．

改良すべきポイント

　今回，心残りだったことを書いておきます．まず，日射センサの加工に手間をかけすぎました．さらに，今回作成した装置は構造上，本体とセンサが一体化しているので，日射センサだけを別の場所に設置することができません．温室の中で運用する場合，骨材の影などがノイズになるので日射量は屋外で測定したいのですが，こうすると本体ごと屋外に設置することになり，使いにくいのです．実はこの問題は，もう少し高価なセンサを使えば一発で解決できます．PVアレイ日射計[13]というものがあります．出力はアナログ電圧で1kW/m^2当たり1.0Vという分かりやすい設定です．価格は執筆時点で2万円ぐらいしますが，ケーブルも伸ばせますし，防水加工済みで屋外に仕掛けても問題ないので加工や校正の手間を考えると，これを使った方がよかったかもしれません．

◆参考文献◆

(1) 片岡　静：甘いトマトを育てるには？，2015年，トマトの育て方.com．
　https://トマトの育て方.com/category/甘いトマトを育てるには？

(2) 与える水と糖度の関係，みかん面白ゼミナール，池田農園．

(3) 養液栽培における給排液の計測，2017年，ITKOBO-Z．
　https://itkobo-z.jp/archives/3728

(4) テンシオメータ，農業技術辞典NAROPEDIA，農研機構．
　http://lib.ruralnet.or.jp/nrpd/#koumoku=13612

(5) 新田　益男，玖波井　邦昭，小松　秀雄，福井　淑子，澁谷　和子；根域制限栽培での日射比例かん水制御による高糖度トマトの多収技術，2009年，農研機構．
　https://www.naro.affrc.go.jp/org/warc/research_results/h21/05_yasai/p133/03_518.html

(6) 林　浩之，今野　かおり，新井　正善：トマト養液栽培の給液を効率化する日射比例・早朝給液管理，2014年，農研機構．
　https://www.naro.affrc.go.jp/org/tarc/seika/jyouhou/H26/yasaikaki/H26yasaikaki006.html

(7) 基板製造サービス スイッチサイエンスPCB．
　https://www.switch-science.com/

(8) 日射量，2017年，Wikipedia．
　https://ja.wikipedia.org/wiki/%E6%97%A5%E5%B0%84%E9%87%8F

(9) 園池公毅，光の単位，2015年，光合成の森．
　http://www.photosynthesis.jp/light.html

(10) 星　岳彦：植物生産における光に関連した単位，1996年，東海大学．
　https://www.hoshi-lab.info/env/light-j.html

(11) Arduinoライブラリのインストール，2017年，OsoYoo.com．
　https://osoyoo.com/ja/2017/05/08/how-to-install-additional-arduino-libraries/

(12) Tomatosoup，太陽光発電に使われる言葉，日射強度のイメージ，2017年，メガ発通信．
　https://mega-hatsu.com/column/877/

(13) PVアレイ日射計，三弘．
　https://www.sanko-web.co.jp/assist2/20140604_PVSS-01.pdf

くろさき・ひでと

この記事で紹介した実験の一部は生研支援センター「革新的技術開発・緊急展開事業（うち経営体強化プロジェクト）」の支援を受けて行いました．

第2章 基本センサ&カメラでIT農業入門

はじめての ラズパイ植物センシング

岡安 崇史，堀本 正文

本稿では，身近になったRaspberry Piや，Arduinoなどのマイコン・ボードを使った植物の生育環境・状態の計測，農業における利用について紹介します．

植物センシングの現状

● 植物成長の基本「光合成」について

植物は，図1に示されるように葉緑体の中で太陽から得られる光エネルギーを利用して空気中の二酸化炭素と水から炭水化物（糖質）を合成しています．この生化学反応のことを光合成といい，この過程では水の分解によって酸素も生成され大気中に放出されています．

光合成の能力は，光，根から供給される水の量，気温や湿度などさまざまな要素に影響を受けます．

光合成の能力を最大限に発揮させるには，これらの環境を適切に調整してあげる必要があります．

● 植物の光合成&成長特性は未解明なことが多いのでセンシング方法がいろいろ求められている

光合成によって葉内で生成された炭水化物は，植物の体を構成する根，茎，葉や果実などへ運ばれ，それぞれの成長に利用されます．従って，もし植物各部の成長特性を詳しく把握できれば，それらの成長を自由にコントロールできるようになるかもしれません．農業生産の場合には，植物の成長を農家が思い通りにコントロールできることを意味しており，作物の収穫量の増大や品質の向上につなげられる可能性があります．

しかしながら，光合成，さらには生成された炭水化物の植物各部位への再分配は，今もなお未解明の部分が多く，成長を思い通りにコントロールするようなことは実現できていません．

そこで，植物の成長に影響する気温，湿度，光，二酸化炭素濃度などの環境情報や，植物の生育状態（植物の高さ，根の張り具合，茎の太さ，葉の色や大きさ，花や果実の数など）をセンサやカメラを使って計測しようとする試みが行われています．

低価格な植物センシングへの期待

● 植物生育環境の計測器の世界

植物の生育環境や状態を計測するには，計測装置が必要になります．光や二酸化炭素の量を計測する装置にはさまざまなものがあります．

代表的なものとして以下のような装置を使います．

▶ 光量子計（MQ-200，Apogee Instruments社製，標準価格7.5万円）
光合成に有効な光の量を計測できます．

▶ 二酸化炭素計（GM70J0A1C0A0J，ヴァイサラ製，標準価格27万円）
植物周辺の二酸化炭素濃度を計測できます．

さらには，光合成の能力を計測するための植物光合成総合解析システム（LI-COR社製）は1000万円もします．この装置は体積一定の空間（これをチェンバと呼ぶ）内に葉1枚を密閉し，温度，湿度，光の量や二酸化炭素の濃度などを変えた条件下で密閉した葉のガス交換速度を計測することにより光合成の速度を計測することが可能です．

このような装置が安価になり誰でも購入して利用できるようになれば，光合成能力に合わせた植物の栽培管理が行えるようになるかもしれません．

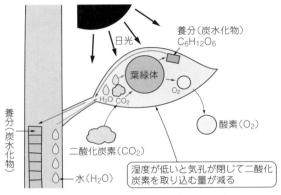

養分（炭水化物）$C_6H_{12}O_6$

日光

葉緑体

H_2O CO_2

O_2

酸素（O_2）

二酸化炭素（CO_2）

水（H_2O）

養分（炭水化物）

湿度が低いと気孔が閉じて二酸化炭素を取り込む量が減る

図1 植物に必要な「光合成」は周囲の環境に影響を受ける

表1 定番マイコン・ボードは植物センシングに十分使えそう

項　目	Arduino Uno	Raspberry Pi（モデルB＋）
価格	30ドル	25ドル
サイズ [cm]	7.6 × 1.9 × 6.4	8.6 × 5.4 × 1.7
メモリ [Mバイト]	0.002	512
CPU周波数	16MHz	700MHz
有線LAN	なし	あり
マルチタスク	不可	可
入力電圧	7～12V	5V
フラッシュ・メモリ	32Kバイト	microSD（2～16Gバイト）
USB	1個（入出力）	4個（入出力）
OS	なし	Linux
統合開発環境	Arduino IDE	いろいろ

● 定番Raspberry Pi & Arduinoを活用して安価な植物センシング・システムができると「いいね」

これらの装置が誰でも購入できる価格になるには，まだまだ時間と新たな技術開発が必要だと思います．そこで，計測の精度は十分とまでは言えませんが，比較的手頃な価格で植物の生育環境や状態を計測できる方法はないかと日々研究や技術開発が進められています．

最近では，定番のRaspberry Pi（以下，ラズパイ）や，Arduinoなどのマイコン・ボードが登場したことにより，さまざまな機能を持った電子デバイスの開発が行えるようになってきました（**表1**）．

Arduinoであれば，アナログやディジタルのI/O（入出力）ピンなどが用意されており，センサや電子機器を接続するだけで新たなデバイスが作れます．

Raspberry Piであれば，基板上にCPUだけでなく，USB，HDMI，カメラ・インターフェース，GPIO，ネットワーク・インターフェースなどが既に実装されており，DebianやUbuntu，Windows 10 IoT CoreなどのOSをインストールして一昔前のPCのように利用することができます．カメラを使って画像センシングを行うことも，インターネットに接続してIoT機器を作ることも可能です．

植物栽培の研究や開発についてもこれらのボードやセンサを使って，低価格で実現できる可能性が出てきました．高額な装置を用いて植物成長に関する限られた情報を計測するのではなく，安価な装置をたくさん利用して，植物の成長に関するさまざまな情報を多点かつ連続計測する試みが国内外で行われています．

ラズパイで作った植物生育環境＆状態モニタリング装置

● 構成

今回Raspberry Pi & 専用カメラ・モジュールを使って製作した植物生育環境・状態のモニタリング装置を**図2**，**写真1**に，主な部品を**表2**に示します．

この装置はRaspberry Pi 3B+にカメラ・モジュールと，温湿度や照度などを計測するためのセンサを取り付けた構造となっています．カメラ・モジュールや，I²C対応の温湿度センサと照度センサを取り付けただけの簡単なものですが，植物生育環境＆状態のセンシングの基本を試せます．

● キー・デバイス

▶その1：温湿度センサSHT-25

温湿度センサSHT-25（センシリオン）は，比較的高精度に温湿度を計測できるため，農業用でも利用されています．

▶その2：照度センサ

照度センサはBH1715FVC（ローム）を使用しました．以下の特徴を持っています．

・1lx分解能で測定所用時間120msのモード
・4lx分解能で測定所用時間16msのモード
・省電力を期待して1回測定で非測定時にはスリープ可能

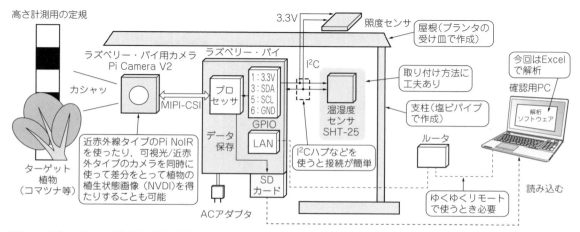

図2 ラズパイで作った植物生育環境＆状態モニタリング装置の構成

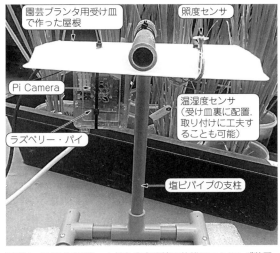

写真1　ラズパイで作った植物生育環境＆状態モニタリング装置

園芸プランタ用受け皿で作った屋根

照度センサ

Pi Camera

温湿度センサ（受け皿裏に配置. 取り付けに工夫することも可能）

ラズベリー・パイ

塩ビパイプの支柱

表2　ラズパイで作る植物の生育環境・状態のモニタリング装置で筆者が使用したメイン部品
部品は随時更新されるので適宜読みかえてください

パーツ	名　称	参考価格	備　考
メイン・ボード	Raspberry Pi 3B +	5,000円程度	価格はタイプによる
カメラ・モジュール	Raspberry PiカメラモジュールV2	3,800円	8Mピクセル (3280 × 2464) 固定フォーカス CMOS画像センサIMX219PQ (ソニー) を使用
温湿度センサ	SHT-25	3,000円	温度 ± 0.2℃ (− 40 ～ +125℃) 湿度± 1.8%RH (0 ～ 100%RH)
照度センサ	AEH11	3,600円	特注品のため一般には入手困難 同等品はBH1715FVC搭載モジュール等 類似品はTSL256搭載モジュール等

・露光時間をプログラムで調整し高感度から低感度まで感度調整が可能

　特に, このプログラムでは農業のような屋外で利用する場合を想定し, 分解能は悪くなりますが, 真昼の強い光の下でも計測が行えるように露光時間の調整を行います.

　このセンサは, 非常に小さくてはんだ付けが大変なため筆者らが特注でモジュール化 (型名AEH11) しました. 表2に同等品を挙げておいたので, そちらを使うことも可能です.

● 温湿度センサ取り付けのくふう
▶直射日光が温湿度センサに直接当たらないようにする
　ただ, このままの状態では, 温湿度センサに太陽の光が直接当たってしまい, 正確な計測ができません. そこで, 写真1のように小型の園芸用プランタの受け皿と塩ビパイプを用いて遮光のためのフードを作ってセンサをカバーしています. この程度の装置であれば, 数時間あれば作ることができます.
▶温湿度を安定的に測れるようにセンサに風をあてる
　温湿度をより正確に計測できるようにするため, 写真2のような通風筒と呼ばれる装置を取り付けることも可能です. 通風筒は, ケース (白色の雨どいを30cm程度にカットしたもの), エルボー (雨どいをつなげる部材), 配管保温保冷材ライトチューブ (高い断熱性能を持つパイプ・カバー), 小型ファン (12V), 防虫メッシュ (大きめの茶こし) およびACアダプタ (12V) を使って作ることができます. 通風筒を利用すれば, ファンの回転によってライトチューブ内に外気が強制的に取り込まれるので, 外気の温湿度をより精度良く計測できるようになります.
▶ホームセンターや100円ショップで道具はGETできる
　以上の装置の製作に必要となる電子部品やセンサな

どは電子部品専門店やインターネット・ショップから, その他の部品はホームセンターや100円ショップから, それぞれ購入することができます. 部品の入手が比較的簡単に行えるので, モニタリング装置の保守や管理が軽減できると思います.

● 組み立て
　通風筒 (写真2) の組み立て手順を以下に示します.
1. 製作に必要な部品は写真2 (a) の通りです.
2. エルボーにグルーガンでファンを取り付ける (ファンの向きに注意して写真2 (f) のように風が通るように).
3. フィルタの左下を温湿度センサが通る大きさにカット.
4. カットした穴から温湿度センサを通した後, ライトチューブにフィルタを取り付ける.
5. 写真2 (e) のようにカバーに差し込みます. ライトチューブ内の通る風量が少ない場合にはエルボーとライトチューブの隙間を余ったライトチューブで穴埋めするのも有効です.
6. 写真2 (f) のようにケースとファン付きエルボーを取り付ければ通風筒の完成です.

ソフトウェア

　センシング・プログラムはPythonで2種類作成しました. 以下に処理と動かし方を解説します.

● I2Cでセンサがつながっていることを確認
　環境センシングを行うには, まず, 温湿度センサと照度センサをラズパイに接続します. 問題なく接続できていることが確認できたら, ラズパイで, 以下のコマンドを実行します.

```
$ sudo i2cdetect -y 1⏎
```

入門

IoT

画像

大気

土壌

アイデア

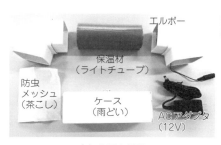

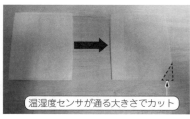

（a）必要な部品　　　　　（b）ファンの固定　　　　　（c）フィルタのカット

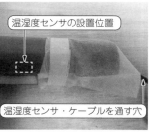

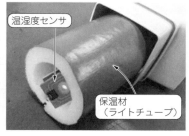

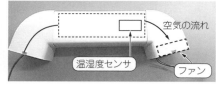

（d）保温材（ライトチューブ）に　　　（e）組み立て　　　　（f）ファンの向き
フィルタを付ける

写真2　より安定的に温湿度を測るための通風筒の製作

```
pi@raspberrypi:~ $ sudo i2cdetect -y 1
     0 1 2 3 4 5 6 7 8 9 a b c d e f
00:          - - - - - - - - - - - -
10: - - - - - - - - - - - - - - - -
20: - - - 23 - - - - - - - - - - - -
30: - - - - - - - - - - - - - - - -
40: 40 - - - - - - - - - - - - - - -
```

図3　I²C接続のセンサが認識されているかを確認する

図3のようにI²Cアドレス（温湿度センサ・モジュール：0x40，照度センサ・モジュール：0x23）が表示されていれば，センサ・モジュールの接続は完了です．

● 温湿度センサSHT-25用ライブラリを入手する

使用した温湿度センサ・モジュールSHT-25用のライブラリ（sht21_python）をGitHubから入手しました．次のコマンドを実行すると，ライブラリがインターネット経由でダウンロードできました（このときはインターネット接続が必要）．

```
$ git clone https://github.com/
jaques/sht21_python.git⏎
```

入手したライブラリ・パッケージの中にあるsht21.pyをプログラム中でimportできるようにします．今回は後述する環境センシング・プログラム（measure_env.py）と同じディレクトリにコピーしておくと便利です．ここまでの作業が終わったら，次のコマンドを実行してみます．

```
$ sudo python sht21.py⏎
```

画面に温湿度データが表示されれば計測は成功です．
もしエラーが発生した場合には，sht21.pyをエディタで開き137行目を以下のように修正するとうまくいくことがあります注1.

（修正前）with SHT21(0) as sht21:
（修正後）with SHT21(1) as sht21:

● その1：環境センシング・プログラム

環境センシング・プログラムmeasure_env.pyを用意します．参考までに，本書のダウンロード・ページ（URLは目次参照）から入手できます．measure_env.pyと温湿度センサ用ライブラリsht21.pyを同じフォルダに入れ，次のコマンドを実行すると，計測したデータ（温湿度と照度）がSDカード内にdata_env.csvとして保存されます．

```
$ sudo python measure_env.py [L]⏎
```

最後のLは照度センサ・モジュール用のパラメータです．Lは低感度，すなわち屋外の強い光の下でも計測が行えるようになります．屋内など光強度が弱く少しでも精度良く照度を計測したい場合にはH（高感度）を指定します．プログラムを実行すると，温湿度の計測が行われます．何らかの問題でセンサ・モジュールが正しく動作しない場合も想定し，計測に失敗した場合は計5回計測をリトライするようにプログラムを作成しています．

● その2：草高計測プログラム

ラズパイ用カメラによる撮影画像を用いて草高を計測するプログラムも，参考までに，本書ダウンロード・ページから入手できます．次のコマンドでプログラムを実行すると，ラズパイ用カメラで撮影した画像が取得できます．

注1：もし他のセンサを使う場合は，同様にライブラリを用意します．

```
$ sudo python measure_ph.py [L]
```

　黒色のマスク・データを用いて画像中の所定の大きさ（プログラム中で設定可能）以上の黒色領域を矩形枠として抽出します．ここで，抽出された全ての矩形枠の中から矩形枠の左上座標が最も上方に位置する矩形枠を画像認識定規の最上部に位置する黒領域として探し出します．定規の周囲に黒色とは異なる色の背景を入れると精度が向上します．

　次に，定規最上部の中央から下方に向かって画素値が葉の色情報と一致（定規と葉の境界部分）まで探していきます．定規の地表面から長さ（今回は40cm）はあらかじめ分かっているので，以下の式を用いて草高を計測します．

　草高＝定規の地表面から定規最上面までの長さ－（葉の色情報を持つ画素のy座標－矩形枠のy座標）×縮尺

　ここで，縮尺は面積情報から以下のように求めることができます．

　縮尺＝sqrt（実際の黒領域の面積／（定規最上部の矩形枠の幅×定規最上部の矩形枠の高さ））

　図4は計測結果の様子です．画像処理により，草高は250mm程度と計測できています．計測したデータは，SDカード内にplant_height.csvとして保存されます．

● センシング・プログラムの実行方法

　ラズパイ上でプログラムを動かすには，

(1) ラズパイにモニタとキーボードをつなげて直接操作
(2) ラズパイをネットワークにつなげてリモート接続

という2種類の方法があります．どちらの方法でも構いませんが，今回は(1)の直接操作を行いました．リモート操作で取得データもSDカードではなくネットワークから取得できるようにするのが本当は便利です．

　ラズパイはLinux OSで動作しているので，作成したプログラムをcrontabというタスク・スケジュール・コマンドを用いて，5分おき，10分おき，あるいは1時間おきに自動実行するようにタスク登録することも可能です．環境計測は5分おき，画像撮影は1時間おきというように別々に定期的にプログラムを実行することもできます．

実験手順

　実験手順を以下に示します．
(1) 4cm四方の白黒が続く画像認識定規（40cm）を作成して植物の後ろに設置
(2) 製作したセンシング装置を設置する（カメラは定規の真正面になるよう配置）

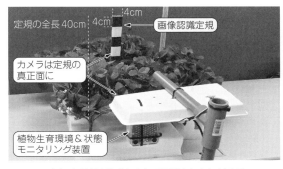

（a）白黒柄を物差しとして画像センシングする（この写真はイチゴの例）

（b）草高を求められた

図4　ラズパイ・カメラ撮影画像から草高を求める

(3) ラズパイを起動して，環境センシング・プログラムを実行し，環境データをSDカードに保存する
(4) 植物の高さ（草高）計測プログラムを実行し，植物の高さを計測し，高さデータと画像をSDカードに保存する
(5) SDカードに保存したデータをPCに取り込む
(6) Excelに取り込んでグラフを作成する

計測結果の解析

● 夜の気温変化

　筆者がある年の12月に調べた，農家Aさんと農家Bさんのビニールハウス（コマツナ）内の気温を図5に示します．気温は5分ごとに計測した気温を1時間ごとに平均化してあります．また，参考に近くのアメダスで計測された気温もプロットしてあります．

　図5より，夜間の気温はアメダスで計測された気温とほぼ一致していています（ハウスとアメダスの計測値は場所や計測位置が違うため完全には一致しない）．

● 日中ビニールハウスの温度制御の違いの観測

　日の出とともにハウス内の気温は急速に上昇しており，冬でもかなりの高温になります．午前中の気温を比較してみると，農家Aと農家Bでハウス内の気温に違いがあります．これはハウス内の温度管理が農家に

コラム **どんどん進化する温湿度センサへの対応** 　　　　　堀本 正文

　最近では，温度湿度センサ・モジュールとして SHT-2xの代わりにSHT-3xが比較的安価で出回るようになりました．SHT-2xのかわりにSHT-3xを使用する場合の注意点を紹介します．今後どんどん新しいタイプが出ると思いますので，適宜読み替えてください．

▶I²Cアドレスの変更

　SHT-25：0x40

　SHT-35：0x44もしくは0x45

i2cdetectコマンドでアドレスを確認する時に注意

が必要です．

▶購入先

　SHT-3xは，秋月電子通商等から購入可能です．

▶ライブラリの入手

　SHT-3x用のライブラリはGitHubから入手可能です．

```
https://github.com/dvsu/Sensirion
-SHT3X.git
```

単体テストを行う場合には，コメントを削除して接続性を確認できます．

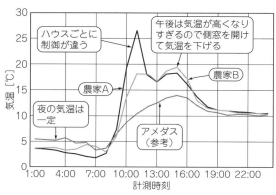

図5　まずは温度が安定したビニールハウスで温度センシング成功

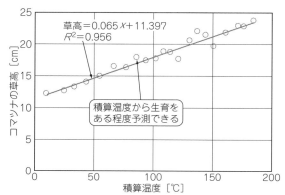

図6　植物の育ち方は気温の積算と相関がある

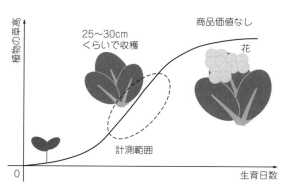

図7　一般的なコマツナの成長曲線…生育途中の高さ25～30cmくらいで収穫する

よって異なっていることを示しています．植物の生育は気温に影響されることが多く，このような温度管理の違いは植物生育の差として現れてきます．

● **積算温度と育ち方の関係を解析**

　図6にコマツナの生育画像を用いた生育特性の評価結果を示します．日々のコマツナの草高（植物が生育

している状態で地表面から植物の最も高い位置までの高さ）は，画像中の定規から読み取ることができますし，自動認識できれば自動で取得できます．積算温度はモニタリング装置で計測された気温を1日ごとに平均化したものを加算することにより求められます．草高と積算温度の線形関係を求めることができました．

● **育ち方の予測がつけば出荷予測に使える**

　図7はコマツナの成長曲線を模式的に示した図です．コマツナは葉物野菜ですので，この図の破線で示される部分（栄養成長期）で収穫され出荷されます．草高（コマツナの場合は25～30cm程度が収穫の目安）と生育日数には線形関係が認められますので，日平均気温があまり大きく変動しなければ，収穫時期を図6から予測することができます．さらに，コマツナの成長に合わせてハウス内の温度を上げたり，下げたりすれば，成長を多少はコントロールすることができます．環境と植物の成長の計測が行えるといろいろと便利なことがおわかりいただけたでしょうか．

おかやす・たかし，ほりもと・まさふみ

第3章 最適な栽培条件を探るために

ラズパイではじめる 小型My野菜工場

小池 誠

農業は，近年は施設園芸（要はハウス栽培）が普及してきたといっても，まだまだ天候不良による生産量の減少や病害などの問題が解決された訳ではありません．また，台風などの自然災害で大打撃を受けやすいことも大きな問題です．

そこで注目されているのが「植物工場」です．

本稿では，ラズベリー・パイ（Raspberry Pi）を使って，卓上サイズの水換え不要な簡易植物工場（**写真1**，p.33）を作ります．ブロッコリー・スプラウトの栽培実験を通じて植物工場の可能性を探ってみます．

植物工場の基礎知識

● そもそも植物工場とは

植物工場とは，施設内で植物の生育環境を制御して栽培を行う施設のことです．太陽光を使わずに人工の光を使う点や空調設備を用いた温度・湿度の管理，人間の手を使わない自動灌水などが特徴です（**図1**）．このような管理された環境で野菜を栽培することによって，天候に左右されず，1年を通し計画的かつ安定的に野菜を栽培することが可能になります．ただし，デメリットとして光熱水道費のコスト問題や栽培技術が発展途上ということもあり，現在においても約半数の事業者が経営的に赤字というデータがあります[1]．

● LEDなどの人工光を使う

植物工場では，太陽光を使わずLEDなどの人工光を使って野菜を栽培します（従来型の温室で太陽光と人工光を併用する場合もある）．光は，植物が光合成を行い成長するための重要なエネルギー源です．植物が光合成に使用する波長は400n〜700nmですが，その中でも主に青色450nm付近と赤色660nm付近に吸収のピークを持っています[2]．加えて，植物の健全な育成には，赤色光と青色光がバランスよく配合されていることが大切で，赤色光と青色光強度の比率R/B＝10のときに優れた生育が得られたことが報告されています[3]．

● 養液栽培を行う

植物工場では，一般的には土を使わない養液栽培が行われています．施設の床面積を有効活用するために，棚にプランタを複数段重ねて設置し，プランタ下部に植物の成長に必要な肥料を溶かした養液を流すことで栽培を行います．養液栽培の利点として，土壌病害や連作障害を回避できることや除草作業が不要で，給液や施肥管理が自動化できることが挙げられます．養液栽培の方式には，培地を使わない水耕とロックウールなどの培地を使う固定培地耕があります．灌水は，温湿度センサや日射センサなどから集めたデータを使い，自動制御されています．

ラズパイMy植物工場の特徴

今回制作したラズパイMy簡易植物工場の構成を**図2**に示します．栽培する作物はスプラウト（新芽）です．スプラウトは，簡単に種を手に入れることができ，種類も豊富で，さらに，栄養価も高い優れものです．簡易植物工場には，高輝度LEDと液体ポンプを設置し，ラズベリー・パイを使ってこれらをプログラム制御します．

● 特徴1 水換え不要

一般的にスプラウト栽培は，栽培容器の底に常時水

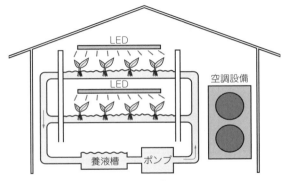

図1 人工光養液栽培の植物工場設備

を溜めて栽培します．そのため，溜めた水に雑菌など
が繁殖しないように，毎日水換えを行う必要がありま
す．今回の簡易植物工場は，ポンプで1日に必要な水を
供給する仕組みのため，水換えが不要になります．

● 特徴2　最適な栽培を探る

今回，栽培棚を4つ用意しました．それぞれのLED
と液体ポンプを個別制御することで，栽培棚ごとに光
を当てる量と灌水量を個別調整できるようになってい
ます．これにより，栽培棚ごとに制御シーケンスを変
えることで，生長の比較を行いながら制御方法を改善
していくことができます．

ハードウェア

簡易植物工場のハードウェア構成を**図3**に，主な部
品を**表1**と**写真2**に示します．

1つの栽培棚に，赤色と青色の2つの波長のLED
を設置し，灌水は液体用蠕動（ぜんどう）ポンプを用いて行いま
す．この構成を4個分用意し，全てリレー基板に接続
しています．リレー基板はラズベリー・パイのGPIO
と接続されており，GPIOのON/OFFによって各
LED＆ポンプの電源をON/OFFできるようになって
います．

● キー・デバイス1：高輝度パワーLED（赤，青）

人工光として，1W高輝度パワーLEDを使用しま
した．植物の成長には赤色と青色の波長が効果的であ
るため，今回は出力波長650n ～ 670nmの赤色LED
と波長470nmの青色LEDの2種類を使用しています．
さらに，赤色と青色の強度比率は10：1になるよう，
電流制限抵抗を赤色は47Ω，青色は470Ωとしていま
す（ただし輝度測定は行っていないため正確な比率は
分からない）．これらを5Vで駆動すると，約90mA
（赤80mA，青10mA）の電流が流れました．

パワーLEDを使用する際は，発光部の発熱量に注

意が必要です．今回使用したパワーLEDは定格電流
I_F＝350mAで駆動が可能です．しかし，電流が大きい
ぶん発熱量も大きいため，放熱板を付けるなどの熱対
策が必須です（**写真3**）．LEDはある温度を超えると順
方向電圧V_Fが低下し，LEDに流れる電流が増加しま
す．電流が増えるとさらに温度が上昇し，V_Fが低下
し…の繰り返しになり最終的にLEDが壊れてしまい
ます（熱暴走）．また，抵抗に定格電力以上の負荷が
かかり高温になって危険です．よって，長期間安定的
に使用するためには，ある程度（50％など）のマー
ジンをもたせた使い方をするとよいでしょう．今回の赤
色パワーLEDの場合であれば，

「（電源電圧－V_F）÷電流＝抵抗値」の式より，

$$(5V－2.5V)÷0.175A≒14Ω$$

なので，14Ω以上の抵抗を選定します．また，14Ω
の抵抗に0.175Aの電流が流れるときの消費電力は約
0.45Wとなりますので，マージンをとって定格電力
1Wの抵抗器を使います．その他の駆動方法として，
定電流LEDドライバを使って一定の電流で駆動する
というような使い方がお勧めです．

● キー・デバイス2：液体用ポンプ

灌水用として，手頃なお値段（1,000円ほど）のポン
プを探したところ，次の2つが見つかりました．

▶①液体用蠕動ポンプ

蠕動ポンプ（**写真4**）は，DCモータに付いているク
ローバ型のギアが回転しながらチューブに圧力をかけ
ることで，チューブ内の液体を送り出す仕掛けになっ
ています．チューブ内に負圧を作り出し液体を吸い上
げるため，チューブの先端が液体に浸（ひた）ってさえいれば
吸い上げることが可能です．制御は，DCモータに流
れる電流量によってモータの回転速度を調整すること
によって行います．チューブ径が細いため少量の液体
をゆっくり正確に運搬することに向いています．仕組
み上，運搬する液体とモータ駆動部との接触がないた
め，医療や食品を扱う場面など衛生面が配慮される用
途で主に使用されています．

▶②水中ポンプ

水中ポンプ（**写真5**）は，羽根車が着いたDCモータ
を水中に沈め，羽根車が回転することで液体を排出口
へ掻き出す仕掛けになっています．制御は，蠕動ポン
プと同じくDCモータに流れる電流量によって回転速
度を調整します．モータの回転によって勢い良く水を
かき出すため，勢いを付けて大量の液体を運搬するこ
とに向いています．

今回は，細かな灌水量の制御を行いたいため，液体
用蠕動ポンプを使用することにしました．

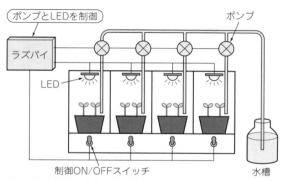

図2　ラズパイMy植物工場の構成

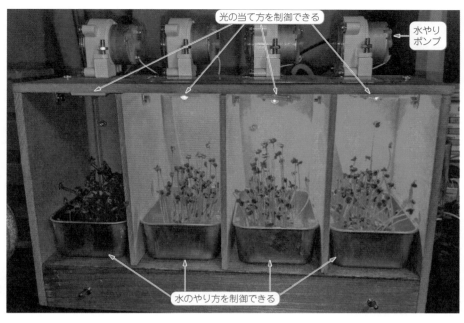

光の当て方を制御できる

水やりポンプ

写真1
最適な栽培条件を探る実験ができる「ラズパイMy簡易植物工場」

水のやり方を制御できる

入門　IoT　画像　大気　土壌　アイデア

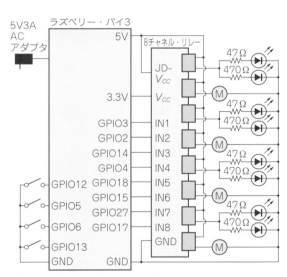

図3　植物工場のハードウェア構成

表1　筆者が使用した主要な電子部品

部　品	型　式	個　数	用　途	参考入手元
Raspberry Pi 3	Model B+	1	制御基板	秋月電子通商
8チャネル・リレー基板（ELEGOO）	－	1	リレー	Amazon
1W赤色パワーLED	OSR7XNE1E1E	4	栽培用LED	秋月電子通商
1W青色パワーLED	OSB5XNE1C1E	4	栽培用LED	秋月電子通商
6V液体用蠕動ポンプ（Yosoo）	－	4	灌水用ポンプ	Amazon
トグル・スイッチ1回路2接点	－	4	スイッチ	秋月電子通商

（a）ラズパイとリレー基板（試作ということで配線はぐちゃぐちゃですが…）

ラズベリー・パイ
リレー基板

（b）液体ポンプ

液体ポンプ
水をくみ上げる
シリコン・チューブ

（c）植物栽培に適したLED

赤：青＝10：1の強度のLED

写真2　主要な部品

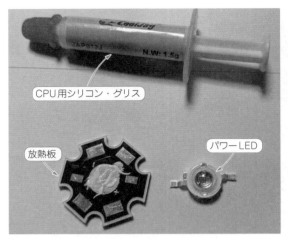

写真3　パワーLEDは放熱板を付ける

CPU用シリコン・グリス

放熱板

パワーLED

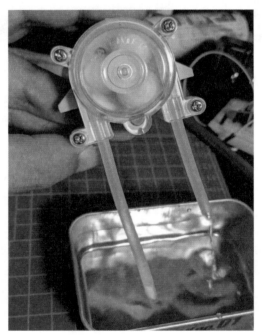

写真4　液体用蠕動ポンプ

（a）制御はDCモータに流れる
　　電流量で調整

（b）勢い良く水を掻き出す

写真5　水中ポンプ

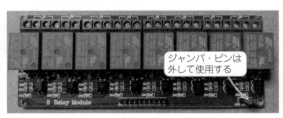

ジャンパ・ピンは
外して使用する

写真6　8チャネル・リレー基板（ELEGOO）

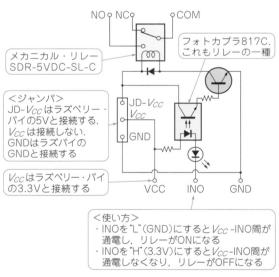

メカニカル・リレー
SDR-5VDC-SL-C

フォトカプラ817C.
これもリレーの一種

＜ジャンパ＞
JD-V_{CC}はラズベリー・
パイの5Vと接続する.
V_{CC}は接続しない.
GNDはラズパイの
GNDと接続する

V_{CC}はラズベリー・パイ
の3.3Vと接続する

＜使い方＞
・INOを"L"（GND）にするとV_{CC}-INO間が
　通電し，リレーがONになる
・INOを"H"（3.3V）にするとV_{CC}-INO間が
　通電しなくなり，リレーがOFFになる

図4　リレー基板の回路（1チャネルだけ抜粋）

● キー・デバイス3：ポンプON/OFF用リレー 基板

　8個のメカニカル・リレーが実装されたリレー基板
です（**写真6**）．リレーとは，外部から信号を受け取り
スイッチをON/OFFする部品です．その中でも，メ
カニカル・リレーは，電磁石により物理的に接点を開
閉させる機構を持ったリレーで，有接点リレーとも呼
ばれます．幅広い電流（今回使用したものは240V10A
まで）のON/OFFに使用でき，かつ電磁式のため絶
縁性があることが利点です．しかし，大きく場所を取

ることと切り替え時にカチャカチャうるさいのが難点
です．

　今回，使用するパワーLEDの駆動には約100mA，
蠕動ポンプの駆動には約300mAほどの電流が必要に
なるため，ラズベリー・パイのGPIO端子から直接供

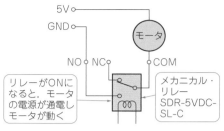

図5　リレーへの接続方法

5V
GND
モータ
NO　NC　COM
リレーがONになると，モータの電源が通電しモータが動く
メカニカル・リレー
SDR-5VDC-SL-C

表2　筆者が使用したプログラム開発環境

ソフトウェア名	バージョン	備　考
Raspbian	April 2019 (kernel 4.14)	OS
Python	3.5.3	プログラム言語
pigpio	1.38	ラズベリー・パイの周辺リソース
		制御ライブラリ
simplejson	3.10.0	JSONファイル読み書き

給することができません．そこで，このリレー基板を使い5V電源からの電力供給を，ラズベリー・パイのGPIO出力でON/OFFできるようにしています．

このリレー基板の1チャネルを抜粋した回路図を図4に示します．メカニカル・リレーの駆動には5Vが必要になるため，JD-V_{CC}のジャンパ・ピンを外し，JD-V_{CC}ピンにはラズベリー・パイの5V出力を接続し，GNDにはラズベリー・パイのGNDを接続します．このリレー基板の動作は，IN端子に接続したGPIOを"L"（GND）にすると対応するリレーがON（COM-NO間が接続）になり，"H"（3.3V）にするとリレーがOFF（COM-NC間が接続）になります．リレーの先には蠕動ポンプなどを図5のように接続します．

● 電源

今回作成した回路では，全てのLEDとポンプの電源をラズベリー・パイの5V端子から取っています．全てのLEDとポンプを同時に動作させた場合，約1.6Aの電流が必要になります．ラズベリー・パイの電源には5V 3AのACアダプタを使用していますが，ラズベリー・パイ3のUSB電源部に2.5Aのヒューズが挿入されているため，使用できるのは2.5Aまでです．これをラズベリー・パイ本体と外部機器でシェアするのですが，本体で約700mAと想定すると合計1.8Aとなりあまり余裕がありません．電源問題を回避する方法としては，5V駆動系の電源を別途用意するなどありますが，今回は「ポンプを2つ以上同時に作動させてはいけない」というソフトウェア仕様を追加することで回避することにしました．

ソフトウェア

● 開発環境

筆者が使用した簡易植物工場プログラムの開発環境と主要なライブラリを表2に示します．Pythonを使用して開発を行いGPIO制御にはpigpioと言うライブラリを使用しました．pigpioを使用するためには，デーモン・プログラムpigpiodの起動が必要なので，

ブート時にデーモンが自動的に起動するようターミナルで次のコマンドを実行します．

```
sudo systemctl enable pigpiod
sudo systemctl start pigpiod
```

● 栽培スケジュール管理

LEDの点灯時間と灌水のタイミングを栽培棚ごとに個別にスケジュールできるようにする必要があります．今回は，スケジュールは1日単位でテキスト・ファイルにJSON形式で記述するようにしました．JSON形式にすることで，プログラム上での扱いが簡単になります．

スケジュール記述例をリスト1に示します．スケジュールとして記述できるコマンドは表3の3つとし，"00：00"を起点に実施時間とともに記述していきます．1スケジュール1ファイルとし，プログラム起動時に読み込むファイルによって，栽培棚ごとのスケジュールを切り替えます．栽培中は，この1日のスケジュールを毎日繰り返すこととします．

● フローチャート

プログラムのフローチャートを図6に示します．

このフローを，次の3つのファイル（クラス）に分割して実装しています．

- main.py（リスト2）
  メイン・ループ処理．Planterインスタンスを生成し60秒ごとに更新をコールする．
- planter.py（リスト3）
  LED点消灯や灌水を行う．現在時刻のスケジュールを取得し，外部デバイスを操作する．
- schedule.py（リスト4）
  スケジュールの読み込みを行う．スケジュールファイルを読み込みパースする．

My植物工場で栽培実験に挑戦

製作した簡易植物工場を使ってブロッコリー・スプラウトを栽培してみました．5つの栽培容器を用意し，

入門

IoT

画像

大気

土壌

アイデア

リスト1　栽培スケジュール記述
（JSON ファイル）

```
{
    "schedule" : {
        "00:00" : "LED ON",
        "05:00" : "LED OFF",
        "08:00" : "WATERING",
        "15:00" : "WATERING",
        "17:00" : "LED ON"
    }
}
```

表3　スケジュール記述コマンド

コマンド名	処　理
LED ON	LED を付ける
LED OFF	LED を消す
WATERING	灌水する（1秒間）

リスト2　main.py

```
import pigpio                              #Planterインスタンス生成
import time                                planter1 = Planter('p1', BOX1_SW, BOX1_LED,
from planter                                          BOX1_MTR, 'plant1_schedule.json')
         import Planter                    planter2 = Planter('p2', BOX2_SW, BOX2_LED,
                                                      BOX2_MTR, 'plant2_schedule.json')
#ピンアサイン                               planter3 = Planter('p3', BOX3_SW, BOX3_LED,
BOX1_SW = 12                                           BOX3_MTR, 'plant3_schedule.json')
BOX2_SW = 5                                planter4 = Planter('p4', BOX4_SW, BOX4_LED,
BOX3_SW = 6                                            BOX4_MTR, 'plant4_schedule.json')
BOX4_SW = 13
                                           #メイン・ループ（60secタスク）
BOX1_LED = 3                               while True:
BOX2_LED = 14                                  start = time.time()
BOX3_LED = 18
BOX4_LED = 27                                  planter1.update()
                                               planter2.update()
BOX1_MTR = 2                                   planter3.update()
BOX2_MTR = 4                                   planter4.update()
BOX3_MTR = 15
BOX4_MTR = 17                                  sleep_time = 60 - (time.time() - start)
                                               time.sleep(sleep_time if sleep_time > 0 else 0)
```

リスト3　planter.py（抜粋）

```
-- 抜粋 --                                          self._gpio.write(self._water, LO)
class Planter:                                       time.sleep(sec)
    def __init__(self, plant_name, sw_pin, led_pin,  self._gpio.write(self._water, HIGH)
                 water_pin, schedule_file):
        self._gpio = pigpio.pi()                 def _operate(self):
                                                     req_led, req_water = self._schedule.get()
        self._name = plant_name                      if req_led == schedule.REQ_ON:
        self._sw = sw_pin                                self.led(True)
        self._led = led_pin                          else:
        self._water = water_pin                          self.led(False)
        self._schedule_file = schedule_file          if req_water == schedule.REQ_ON:
        self._schedule = schedule.Schedule(schedule_file)    self.watering(2)
        self._state = ST_STOP
                                                 def update(self):
        self._gpio.set_mode(sw_pin, pigpio.INPUT)    sw = self._gpio.read(self._sw)
        self._gpio.set_pull_up_down(sw_pin, pigpio.
                                    PUD_UP)          if self._state == ST_STOP:
                                                         if sw == HIGH:
        self._gpio.set_mode(led_pin, pigpio.OUTPUT)          self._schedule.load(self._schedule_file)
        self._gpio.set_mode(water_pin, pigpio.OUTPUT)         self._state = ST_OPERATION
        self._gpio.write(led_pin, HIGH)
        self._gpio.write(water_pin, HIGH)            elif self._state == ST_OPERATION:
                                                         if sw == LO:
    def led(self, on):                                       self._gpio.write(self._led, HIGH)
        if on:                                               self._gpio.write(self._water, HIGH)
            self._gpio.write(self._led, LO)                  self._state = ST_STOP
        else:                                                self._schedule.write_report("%s_report.
            self._gpio.write(self._led, HIGH)                            json"%(self._name))
                                                         else:
    def watering(self, sec=1):                               self._operate()
```

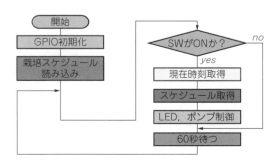

図6　システムのフローチャート

次の5つの方法でスプラウトの栽培を行いました．栽培期間は10日間とし，10日後の生長具合で評価します．

A．窓際に置き日光で育てる
B．LEDは消灯＋1日4回灌水
C．常にLEDを点灯＋1日4回灌水
D．常にLEDを点灯＋1日2回灌水
E．7時間（17〜24時）LEDを点灯＋1日4回灌水

● 1日目：播種

まずは種まきです．容器の中に培地となるスポンジを入れ十分に水を含ませます．そして，そのスポンジの上に重ならない程度に種をまきます（**写真7**）．雑菌の繁殖などを防ぐため，種はスプーンなどで扱うよう

リスト4　schedule.py（抜粋）

```
-- 抜粋 --
class Schedule:
    def __init__(self, filename=None):                          water = REQ_ON
        self._schedule = []                                     schedule_table.append([led,water])
        self._jsondata = None                                   t += datetime.timedelta(minutes=1)
        self._start = None                                  return schedule_table[1:]
        self._num_of_watering = 0
        self._len_of_lighting = 0                       def reset(self):
        if filename is not None:                            self._start = datetime.datetime.now()
            self.load(filename)                             self._num_of_watering = 0
                                                            self._len_of_lighting = 0
    def load(self, filename):
        with open(filename, 'r') as f:                  def get(self):
            data = json.load(f)                             now = datetime.datetime.now()
        self._jsondata = data                               table_index = now.hour * 60 + now.minute
        self._schedule = self._parse(self._                 requests = self._schedule[table_index]
                            jsondata['schedule'])           if request[0] == REQ_ON:
        self._start = None                                      self._num_of_watering += 1
                                                            if requests[1] == REQ_ON:
    def _parse(self, sche):                                     self._len_of_lighting += 1
        t = datetime.datetime(100,1,1)                      return requests
        schedule_table = [[REQ_OFF,REQ_OFF]]
        for i in range(24*60):                          def write_report(self, filename):
            led = schedule_table[i][0]                      dt = datetime.datetime.now() - self._start
            water = REQ_OFF                                 sche = sorted(self._jsondata['schedule'].items(),
            if t.strftime('%H:%M') in sche.keys():                          key=lambda x:x[0])
                ope = sche[t.strftime('%H:%M')]             report = {'schedule' : sche}
                if ope == 'LED ON':                         report['result'] = {'elapsed days' : dt.days,
                    led = REQ_ON                                          'num_of_times_watering' :
                elif ope == 'LED OFF':                                          self._num_of_watering,
                    led = REQ_OFF                                       'length_of_lighting' :
                if ope == 'WATERING':                                           self._len_of_lighting}
                                                            with open(filename, 'w') as f:
                                                                json.dump(report, f, indent=4)
```

にします．種をまいた後は，芽が出るまでは日の光が当たらない暗い場所に保管します．

● 3日目：発芽

種まきから2〜3日ほど経過すると，種から芽が出始めます（写真8）．霧吹きなどで水分を切らさないようにし，もうしばらく日の当たらない場所で育てます．

● 4日目：簡易植物工場へ移動

写真9のように芽が伸びてきたタイミングで，水を捨て，4つの栽培容器を簡易植物工場へ移動し，制御スイッチをONします．残り1つを窓際の日が当たる場所へ移動し，こちらは今まで通りのやり方で栽培します．

● 5〜9日目：栽培

簡易植物工場に移した後は，何もしませんでした（写真10）．栽培中は，スプラウトが水を吸い上げるのと培地からの蒸発などで水が減っていきますが，1日4回の自動灌水で十分補充できました．1日2回の栽培区でもスプラウトが枯れることはありませんでした．

● 10日目：収穫

種まきから10日間の栽培期間を終えた生長具合を写真11に示します．5つの栽培方法の中で，平均して最も生長したのは常時LEDを点灯させた（c）と（d）でした．意外にも最も生長が弱かったのは，日光で育て

た（a）でした．緑化具合は日光に当てた（a）が最も強く，LEDなしの（b）ではほとんど緑化しませんでした．また，灌水量による生長の差は（c）と（d）で確認できませんでした．

● 生長の差を考える

生長が最も悪かったのは，窓際で栽培した写真11の（a）でした．これは栽培期間中に著しく悪天候の日があり気温が16℃（ブロッコリー・スプラウトの適温は20〜25℃）まで低下したことが，生長を止めてしまった原因だと考えられます．日光で育てる場合，どうしても外気温の影響を受けやすい窓際に置くことになってしまいますが，LEDで栽培することによりこういった失敗は防ぐことができます．

LEDを照射することでスプラウトの生長と緑化を促進できることが確認できました．常時点灯させた（c）と（d）と7時間だけの（e）とでは生長に大きな差は確認できず，最も高く生長したのは（e）の10.5cm

写真7　種まきの様子　　　　写真8　発芽

写真9　この程度（1〜2cm）生長したら（4日目）栽培場所を移動

写真10　5日〜9日目までは植物工場にお任せ

（a）窓際

（b）LEDなし

（c）常時LED点灯

（d）常時LED点灯＋灌水
　　少ない（2回／日）

（e）7時間LED点灯

写真11　10日目の生長具合

でした（たまたまかもしれないが）．LED点灯スケジュールは，もっとデータをためて生長と緑化のバランスを観察してみる必要がありそうです．

　自動灌水することで水換え不要でスプラウトを栽培できました．灌水量の違う（c）と（d）では生長の差は見られなかったため，1日2回の容器に水がたまらない程度の量でもスプラウトの生長には十分だということが分かりました．

今後の展開

　今回は，1回の実験を紹介しましたが，引き続き今回の結果をフィードバックして栽培スケジュールを改善することで，さらに効率の良い栽培スケジュールを探っていくことができます．さらに，植物の生長の良し悪しを判断する評価関数（例えば今回のように平均高さ）を用意すれば，コンピュータが自動的に最適解を探索するような強化学習（ディープ・ラーニング）の環境が作れるかもしれません．植物工場の採算がとれないという問題も，今まで人間が見つけられなかった最適解をコンピュータが見つけてくれるかもしれません．

　とは言え，一番のネックは，栽培実験は結果が分かるまでとても時間がかかるということです．今回のような植物工場は栽培実験の効率化が図れるのではないかと思います．

◆参考・引用＊文献◆

(1) 大規模施設園芸・植物工場　実態調査・事例集.
　　https://www.maff.go.jp/j/seisan/ryutu/
　　engei/sisetsu/attach/pdf/index-10.pdf
(2) 豊かなくらしに寄与する光-光と植物-植物工場（文部科学省HP）.
　　https://www.mext.go.jp/b_menu/shingi/
　　gijyutu/gijyutu3/toushin/attach/1333537.htm
(3) 高辻 正基, 辻 貴之, 関 善範, 星 岳彦：可視発光ダイオードによる植物栽培実験, 植物工場学会誌7巻3号, pp.163-165, 1995年.

こいけ・まこと

第2部

農業IoT
製作＆実験

IoT簡易ビニールハウスの製作実験

安場 健一郎，須田 隼輔

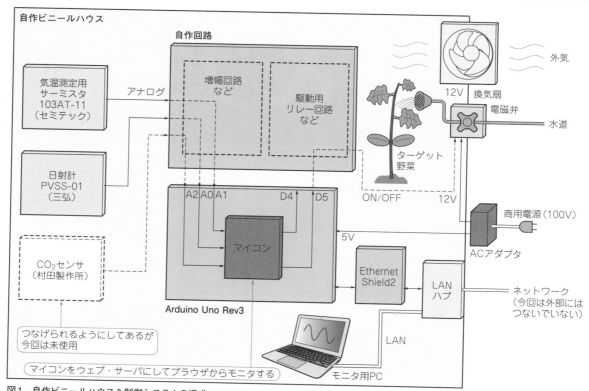

図1 自作ビニールハウス＆制御システムの構成

　農業で野菜などを作るのに，ビニールハウスなどを使って作物に雨が当たらないようにして栽培する方法があり，施設栽培と呼ばれています．皆さんの食卓に上っている，トマト，キュウリ，ナス，ピーマン，ホウレンソウなど多くの野菜がこういった施設で栽培されています．施設の中は，放っておくと冬は低温に，夏はかなりの高温になります．そのため，施設の中で冬は暖房をしたり，夏は換気をしたりしますが，それぞれ過度の温度調節をしないようにする必要があります．それを自動化すると，省力的に野菜を生産できるようになり便利です．

　施設園芸の環境制御は，今まで手動もしくはタイマやサーモスタットなどで実施していましたが，最近で

はコンピュータ制御が普及し始めています．

　しかし施設栽培用のコンピュータは概して高価です．施設で本格的に栽培するには長期間の安定性（すぐ壊れるようなものを使うことはできない），正確性などが求められますので仕方がありません．

　ただ，最近のラズベリー・パイやArduinoを利用すれば，かなり安価に施設の環境制御が可能になります．マイコンで収集したデータを後から解析することも簡単です．

　今回，簡易なハウス栽培の環境制御をイメージして，Arduinoを利用して環境制御用のコントローラを製作し，短期間動作テストを試みました（図1，写真1，写真2）．

入門

I o T

画像

大気

土壌

アイデア

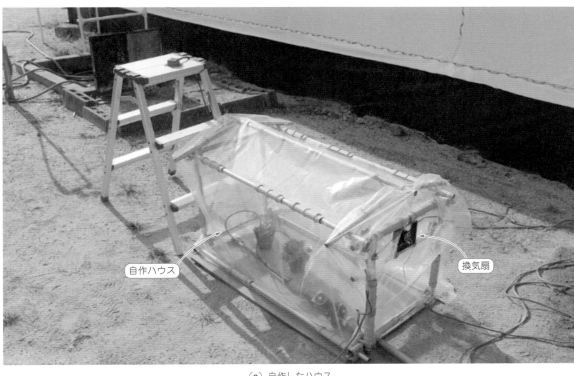

（a）自作したハウス

（b）今回は取りあえず鉢植えに
水やり（灌水）する

（c）日射計

写真1　IoT農業の実験を手軽に行えることを目指して簡易ビニールハウスを自作する
（b）の右側にある電磁弁で灌水自体は制御し，電磁弁が開くと左の方にあるチューブを通して植物体に水が灌水される

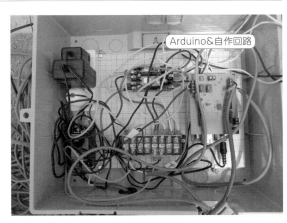

写真2　ビニールハウス制御装置も自作する
右の方にArduinoで作成したコントローラと自作の制御基板がある．換気扇と電磁弁を動作させるため，リレー回路を追加している

ハードウェア

　Arduinoを利用して，気温，日射量，CO_2濃度を測定して，換気扇と自動灌水を行うノードを作成しました．気温の測定にはサーミスタ103AT-11（セミテック），日射量はPVアレイ日射計PVSS-01（三弘）を使用しました．CO_2センサは今回使用していませんが，今後は村田製作所のセンサを接続できるようにしました．これらのセンサは電圧で測定値を出力するため

（サーミスタは5V電源と10kΩの抵抗と直列に接続する），センサ出力を必要に応じてOPアンプで増幅し，Arduinoのアナログ入力端子に接続しました．これらの測定値を基に，換気扇を動作させるようにします．日射量は積算値を計算し，設定した積算日射量を超えるごとに灌水を行います．

　出力はリレー接点としています．今回，換気は換

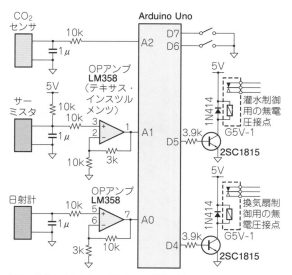

図2 自作したセンシング＆リレー制御回路
強制操作用のスイッチ類，換気扇や電磁弁を動かすためのリレーなどは
自分が使いたいタイプに応じた回路を作る必要がある．今回は G5V-1（オ
ムロン）という小型リレーを使った回路の例

扇，灌水は電磁弁を使用しました．接続する機器の仕
様に従って，追加の回路を自作する必要があります．
センサによる測定とリレー回路を搭載した，Arduino
に積載できる基板を感光基板（サンハヤト）で作成し
ました．回路を図2に，部品表を表1に，作成したコント
ローラを写真2に示しました．

● キー・デバイス1：ファン選びの勘どころ

今回，空冷用のファンはPC用のOWL-FE0925M-
BK（オウルテック）を利用しました．屋外で使用する
には正直，防水性が問題になるのでPC用はよくあり
ません．今回は実験の都合上，暫定的に使いました
が，もしこのまま使用するのであれば，ファンの周り
に防水対策が必要です．

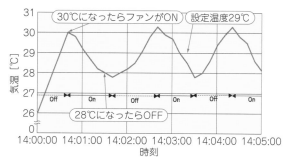

図3 換気扇で温度制御するときは現実的には不感温度幅を設け
ておくとON/OFF切り替えが頻繁に起こらない
換気の目標温度を29℃，不感温度幅を1℃に設定したときの例

表1 自作ビニールハウス制御装置に使った部品
ファンや電磁弁の選定は本文参照

部品表	購入先	個数	単価[円]
Arduino Uno Rev3		1	2,940
Arduino Ethernet Shield 2		1	3,240
トランジスタ 2SC1815GR		2	10
OPアンプ LM358N		1	20
ダイオード 1N4148		2	2
抵抗 10kΩ	秋月電子通商	6	－
抵抗 3.9kΩ		2	－
抵抗 3kΩ		2	－
積層セラミック・コンデンサ 1μF注1		4	－
DIPスイッチ 2極		1	50
リレー G5V-1 5VDC		2	310
基板端子ストリップ	RSコンポーネンツ	6	24注2
Arduino用の足の長いピン・ソケット・セット		1	185
サーミスタ 103AT-11		1	315
ポジ感光基板 NZ-P10K注2	千石電商	1	494
PVアレイ日射計	三弘	1	
ACアダプタ 12V1A	Amazon	1	2,019

注1：回路図には記載していないがOPアンプのパスコンでも1個使用
注2：感光基板を作成する材料も千石電商で購入
その他：送料が別途かかる場合があります

● キー・デバイス2：電磁弁選びの勘どころ

電磁弁はGSV-25A-25-DC24V（CKD）を使用しまし
た．流路がプラスチックで被覆されていてさびの心配
が少なく，水耕栽培などではよく使われている電磁弁
だと思います．通常の水耕栽培ですと液肥を作成して
灌水を行うので，電磁弁の選択も重要になってきま
す．水圧が低い水道だと，今回の電磁弁の場合，開い
ても灌水できないかもしれません（その場合が多いか
もしれない）．そういうときは，電磁弁の前段にポン
プ（川本ポンプのカワエースなど）を設置する必要が
出てくるのですが，ここでは詳細な説明は割愛しま
す．

水や空気の制御の基礎知識

● ハウスでの換気扇の動かし方

ハウスに設置する換気扇は，温度制御の目標値を決
めておいて，頻繁に換気扇のON/OFFが起こらない
ように不感幅を設けて制御することがよく行われます
（図3）．29℃に換気扇の制御目標を設定し不感温度幅
を1℃に設定すると，気温が上昇して30℃に達すると
換気扇が動作し，28℃まで低下すると換気扇を停止し
ます．また気温が上昇し30℃まで達すると動作し…
ということを繰り返します．

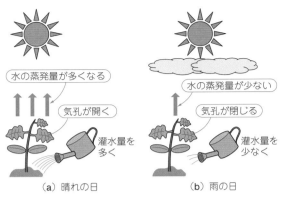

（a）晴れの日　　　　　　（b）雨の日

図4　水やり量が日射量に比例する基本メカニズム
作物の水やり（灌水）は晴れの日は多く，雨の日は少なくする．雨の日は地面が濡れるから灌水を少なくするのではなく，植物が吸水する量が少なくなるから，灌水を少なくする

　制御と言ってもハウス栽培の場合，日射量は急に変化しますし，屋外の風速の変化に敏感に影響を受けないため精密な制御を実施する必要性がなく，このような簡単な方法で制御を行うのが一般的です．また，真夏には多くの植物の生育適温の30℃以下まで気温を換気によって下げることは容易でないことから，ほとんど日中は動作しっぱなしになります．

　ということで，ハウス環境は一部の開閉機器（窓開閉や遮光カーテン）を除くと簡単な方法で制御できます．

● ハウスでの灌水の方法

　今でも生産現場では，土の乾き具合を見て手動で灌水する場合がほとんどです．自動で灌水しようとすると，タイマを使う方法が一般的です．ただ，タイマの場合，晴れた日の灌水量に合わせて設定する必要があるため，雨の日は過剰に灌水してしまうことになります．そのため，雨の日はタイマによる灌水を止める必要があります．

　植物は一般的に日射量に比例して吸水します（図4）．晴れの日は，葉の気孔が開いてたくさん水を吸収し蒸発させます．また，雨の日（夜間も）は日射量が少ないので気孔が閉じてほとんど水を吸収しません．雨の日に灌水量を減らすのは，雨によって土がぬれるためだけではなく，植物の吸水そのものが強く影響しています．そのため，日射量に比例して灌水を行う方式が，一部の高機能な灌水システムでは導入されています．この方式を日射比例灌水方式と言います．日射量の単位はkW/m²ですが，日射比例方式では日射量が何MJ/m²たまったら灌水を何分するという設定を行います．ちなみに，J＝W×秒です．そこで2MJ/m²日射量がたまるごとに灌水する設定にすると，屋外の日射量が0.5kW/m²で一定だとして，2000÷0.5＝4000秒ごとに1回灌水することになります．

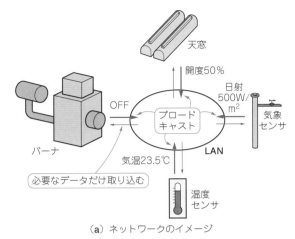

（a）ネットワークのイメージ

```xml
<?xml version="1.0" ?>
<UECS ver="1.00-E10">
<DATA type="InAirTemp" room="1"
region="1" priority="29">23.5</DATA>
<IP>192.168.1.111</IP>
</UECS>
```
気温23.5℃

（b）UDPでブロードキャストする内容はXMLで記述

図5　ビニールハウスなどの施設園芸向けの環境制御用通信プロトコルUECS（ウエックス）の仕組み
ノードとしては農業（施設園芸）でよく使われる機器が想定されている．各ノードは自身の保有する情報をネットワーク内の全ての機器にUDPブロードキャストする．今回はG5V-1（オムロン）という小型リレーを使った回路を作る

　植物の大きさによって灌水の時間は変える必要がありますが，灌水のタイミングは日射量によって自動的に調整されますので，自動灌水の方式としては優れた方式といえるでしょう．今回灌水については日射比例灌水ができるように作成しました．

　日射比例灌水を行う場合には時間当たりの灌水量は一定である必要があります．幸い，水圧がかかると一定量（2L/時間とか4L/時間とか）の水を大規模に灌水できる機器が広く普及しているので，これを利用して灌水用の電磁弁とつなげることとします．

農業用のIoT通信プロトコル「UECS」について

● 特徴

　ビニールハウスなどでの施設園芸や植物工場などにおいて，LANを利用した情報のやり取りで環境制御を実施することを目指したUECS（Ubiquitous Environment Control System，ユビキタス環境制御システム）という通信プロトコルがあります．施設園芸でよく使われる温度センサや日射センサ，温度制御用のヒータや窓開閉装置などがシステムのノードとして想定されています（図5）．星教授（近畿大学，執筆時点）を中心に開発

表2 無料で使えるUECS対応ソフトウェアあれこれ
ソフトウェアやURLは随時更新されるので，適宜読みかえてください

ソフトウェア	特　徴
UECS-GEAR試用版	データを記録し多彩なグラフ機能などが使える高機能なソフトウェア．未来の予測などの機能も搭載されている．執筆時点では試用版
UECS管理ソフト	データを記録し，グラフ表示ができるシンプルなソフトウェア．インターネットに接続できると日報メールやFTP転送などもできる．農研機構のホームページより
UECSテスター	データを記録するのではなく，UECSの通信文を送受信できるUECSを理解するのに適したソフトウェア．wabit社のホームページより
UECS送受信機	上記と同じようなソフトウェア

されました．

　UECSのノードは，UDPのブロードキャスト通信を利用してLANの中の全ての機器に自身の持つ情報（気温を測定するノードなら気温，制御系のノードならON/OFFの情報など）を発信しています．

　制御系のノードはLANの中に流れている情報のうち必要なものをキャッチして動作させることができます．また，流れている通信文を全て傍受すれば，システム全体のログをとることができます．

　この伝達方法はネットワークに詳しい方には乱暴な方法に感じられるかもしれませんが，実際に使っていて問題があると感じたことはなく，施設園芸で使う情報伝達にはこの程度の方法で十分であると感じています．

　UECSの通信方法は，規約で決められていて公開されているため[1]，誰もがノードを作ることができます．

● 無償で試せるソフトウェアも用意されている

　モニタ・ソフトウェアは農研機構が開発したものなどが無償で利用できます[2]（後ほど紹介）．UECS対応のクラウド・サービスを利用すれば，インターネットを利用して，温室内の情報を知ることができます．

　環境制御を自動で実施するためだけであれば，UECSを導入する必要もありませんが，正常に動いて

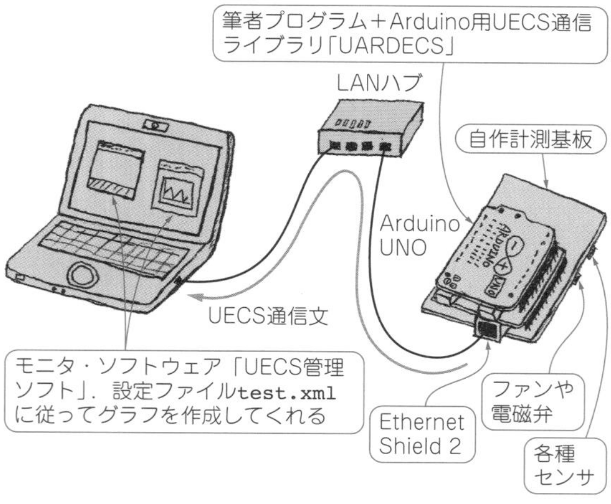

いるかを確認したり動作ログをとったり，今後農業IoTとして応用を広げたりするためにはUECSを導入しておくと便利です．そのため，今回，UECSに対応できる環境制御コントローラを作成してみました．

ソフトウェア

● UECS通信対応Arduinoライブラリ

　今回のUECSに対応したノードは，UARDECSというArduinoをUECSに対応させるライブラリを利用してArduinoの統合開発環境で開発しました．UARDECSはインターネット上からダウンロード可能で[3]，イーサネットをサポートしたボードで利用することができます．UARDECSを使うと簡単なコードの記述でUECSの通信文を発信したり，受信したりすることが可能になり，UECSノードを簡単に構築できます．受信もできるので，将来的には他のUECSノード情報を受信して環境制御に反映して…といった連携も可能になります．今回ArduinoのボードはArduino Uno R3とEthernet Shield2を利用しました．Arduinoは回路もソフトウェアも全て公開されているので，安心してノードとして利用することができます．

　その他UECS通信対応の無償で使えるソフトウェアを表2に，今回したソフトウェアを図6に示します．

● 処理フロー

　プログラムの処理フローを図7に示します．最初にArduinoのピン，イーサネット関係の設定，UECSの通信文（CCMと呼んでいる），ウェブ・ページの登録を行った後，ループに入ります．

　通信文は，リスト1に示すように，UECSSetCCM関数を利用して登録を行います．関数の最初の引き数をfalseに設定すると，そのCCMは受信する側に設定され，trueに設定すると送信する側に設定されます．その他のプログラムの記載方法はここでは取りあえず必要ないので割愛しますが，UARDECSに関連する詳細は文献[3]のサイトを参照してください．

筆者プログラム＋Arduino用UECS通信ライブラリ「UARDECS」
LANハブ
自作計測基板
Arduino UNO
UECS通信文
モニタ・ソフトウェア「UECS管理ソフト」．設定ファイルtest.xmlに従ってグラフを作成してくれる
Ethernet Shield 2
ファンや電磁弁
各種センサ

図6　今回の自作ビニールハウスで使用したソフトウェア

● Arduinoプログラムのウェブ・サーバとしての機能

ウェブ・ページの登録については，UARDECSは内部に構造体であるUECSUserHtmlの配列を持っていて，そこで各種設定（換気の目標気温の設定など）を行う画面を構築できます．本コントローラのhtmlサーバが提供するウェブ・ページを**図8**に示します（詳細な説明はここでは行わない．詳しくはUARDECSの関連サイトを参照）．

これらの初期設定を終了した後，ループに入ります．ループの中では，センサの測定，環境制御機器へのON/OFFの制御方法の決定，制御リレーへの出力を1秒ごとに実施しています．換気扇制御部分のプロ

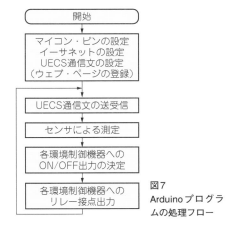

図7
Arduinoプログラムの処理フロー

リスト1　UECS通信の設定（抜粋）

UECSSetCCM関数で通信文の登録を実施する．最初の引き数で受信か送信かを設定．最後から2番目の引き数が小数点の位置を設定する．最後の引き数が送受信の間隔を定義する．ループに入る前に定義しておくと，ユーザがUECSの通信文の処理に関するソースを書かなくても自動的に送受信をしてくれる

```
// UserCCM setting
// CCM用の素材
//可読性を高めるためCCMIDという記号定数を定義しています
enum {
  CCMID_TIME,
  CCMID_RAD,
  CCMID_SUMRAD,
  以下同様に書く
  CCMID_dummy, //CCMID_dummyは必ず最後に置くこと
}
const int U_MAX_CCM = CCMID_dummy;
UECSCCM U_ccmList[U_MAX_CCM];

//CCM定義用の素材
const char ccmNameTIME[] PROGMEM= "時刻";
const char ccmTypeTIME[] PROGMEM= "Time";
const char ccmUnitTIME[] PROGMEM= "";

const char ccmNameRAD[] PROGMEM= "日射";
const char ccmTypeRAD[] PROGMEM= "Radiation.xXX";
const char ccmUnitRAD[] PROGMEM= "kW/m2";
以下同様に書く

void UserInit(){
  U_orgAttribute.mac[0] = 0x90;
  U_orgAttribute.mac[1] = 0xa2;
  U_orgAttribute.mac[2] = 0xda;
  U_orgAttribute.mac[3] = 0x10;
  U_orgAttribute.mac[4] = 0xdd;
  U_orgAttribute.mac[5] = 0xe5;
  UECSsetCCM(false,  CCMID_TIME,        ccmNameTIME,       ccmTypeTIME,       ccmUnitTIME,       29, 0, A_10S_0);
  UECSsetCCM(true,   CCMID_RAD,         ccmNameRAD,        ccmTypeRAD,        ccmUnitRAD,        29, 0, A_10S_0);
  UECSsetCCM(true,   CCMID_SUMRAD,      ccmNameSUMRAD,     ccmTypeSUMRAD,     ccmUnitSUMRAD,     29, 2, A_10S_0);
  UECSsetCCM(true,   CCMID_CO2,         ccmNameCO2,        ccmTypeCO2,        ccmUnitCO2,        29, 0, A_1M_0);
  UECSsetCCM(true,   CCMID_TEMP,        ccmNameTEMP,       ccmTypeTEMP,       ccmUnitTEMP,       29, 1, A_10S_0);
  UECSsetCCM(true,   CCMID_RELAY_VENT,  ccmNameRELAY_VENT, ccmTypeRELAY_VENT, ccmUnitRELAY_VENT, 29, 0, A_10S_0);
  UECSsetCCM(true,   CCMID_RELAY_IRRI,  ccmNameRELAY_IRRI, ccmTypeRELAY_IRRI, ccmUnitRELAY_IRRI, 29, 0, A_10S_0);
  UECSsetCCM(false,  CCMID_VENTRCA,     ccmNameVENTRCA,    ccmTypeVENTRCA,    ccmUnitVENTRCA,    29, 0, A_1M_0);
  UECSsetCCM(false,  CCMID_VENTRCM,     ccmNameVENTRCM,    ccmTypeVENTRCM,    ccmUnitVENTRCM,    29, 0, A_1S_0);
  UECSsetCCM(false,  CCMID_IRRIRCA,     ccmNameIRRIRCA,    ccmTypeIRRIRCA,    ccmUnitIRRIRCA,    29, 0, A_1M_0);
  UECSsetCCM(false,  CCMID_IRRIRCM,     ccmNameIRRIRCM,    ccmTypeIRRIRCM,    ccmUnitIRRIRCM,    29, 0, A_1S_0);
}
```

注釈：
- UECSSetCCM関数で定義したり通信文（CCM）の送受信値へのアクセスを簡単にしたりするためenumを定義している．CCMID_SUMRAD以下も同様に書き，最後はCCMID_dummyとする
- U_ccmList配列はCCMを格納していて、UserInit関数内のUECSsetCCMを利用して、通信文の情報を設定する
- UECSsetCCM関数で使用する文字列を定義する．const char ccmUnitRAD[] 以下も同様に書く
- MACアドレス

UECSsetCCM関数はUECSの通信文であるCCMを登録する関数
第1引き数：trueなら送信側，falseなら受信側
第2引き数：CCMの登録番号．サンプルの最初で定義したenumを使用する
第3引き数：ノードのhttpサーバで表示される通信文の内容を表した文字列
第4引き数：通信文のDATAタグ内のtype属性の文字列
第5引き数：通信文の内容の単位
第6引き数：通信文のDATAタグ内のpriority属性の値
第7引き数：小数点の位置．CCMの値が235でこの引き数の値が1ならDATAタグの値を23.5として送信する
第8引き数：送受信の間隔．第1引き数がtrueのときにはA_1S_0，A_10S_0，A_1M_0なら，それぞれ，1秒，10秒，1分間隔で送信する．falseの場合は設定値の3倍の時間CCMを受信できていなければ，UECSCCM構造体のvalidity値がfalseになる

栽培ノード

CCM Status

Info	S/R	Type	SR Lev	Value	Valid	Sec	Atr	IP
時刻	R	Time	A_10S_0				(5-0-0)	255.255.255.255
日射	S	Radiation.xXX	A_10S_0	290			(5-0-0)	255.255.255.255
積算日射	S	SumRad.xXX	A_10S_0	0.60			(5-0-0)	255.255.255.255
CO2	S	InAirCO2.xXX	A_1M_0	767			(5-0-0)	255.255.255.255
温度	S	Temp.xXX	A_10S_0	36.1			(5-0-0)	255.255.255.255
換気扇用リレー	S	oprVent.xXX	A_10S_0	100			(5-0-0)	255.255.255.255
灌水用リレー	S	oprIrri.xXX	A_10S_0	0			(5-0-0)	255.255.255.255
換気扇操作A	S	VentrcA.xXX	A_1M_0	0	-		(5-0-0)	255.255.255.255
換気扇操作M	S	VentrcM.xXX	A_1S_0	0	-		(5-0-0)	255.255.255.255
灌水操作A	S	IrrirA.xXX	A_1M_0	0	-		(5-0-0)	255.255.255.255
灌水操作M	S	IrrirM.xXX	A_1S_0	0	-		(5-0-0)	255.255.255.255

Status & SetValue

Name	Val	Unit	Detail
換気温度	30.0	C	換気扇を動かす温度
換気不感温度幅	0.5	C	
換気制御方法	自動 ▼		
灌水積算日射量	2.0	MJ/m2	
1回あたり灌水時間	80	秒	
灌水制御方法	自動 ▼		

send

図8 今回のArduinoマイコン・プログラムはウェブ・サーバとしてアクセスして換気制御方法や灌水制御方法を選択可能
制御方法は"自動"，"停止"，"運転"が選択可能

グラムの抜粋を**リスト2**に示します．コントローラの換気扇の制御では2つの強制動作モードを用意しています．1つはhtmlサーバが提供するウェブ・ページでの設定です．**図8**の換気制御方法を「停止」もしくは「運転」にしておくとsetONOFFAutoVent変数の値がそれぞれ，1および2になりセンサの測定情報を無視して，制御リレーの出力を決めるようになります．また，自動にしておいても（setONOFFAutoVent変数が0），UECSの通信文で換気扇を強制操作する通信文（ここではVentrcM.xXXおよびVentrcA.XX）を受信した場合もセンサの測定情報を無視して動作します．つまりウェブ画面の換気制御方法を「自動」にしてあり，強制操作するための通信文を受信していない場合に，センサの値によって動作することになります．

この動作方法は自動灌水の設定でも同様になります．

リスト2 換気扇の制御部（抜粋）
自動制御の他に，ウェブ・ページからのON/OFF操作や，UECSの強制操作用の通信文受信時の対応なども含まれている

```
void UserEverySecond(){
//センサ値読み込み
  U_ccmList[CCMID_TEMP].value = getTemp10(((signed long)analogRead(A1)));   ← センサ値を読み込み（A1端子）温度を取得

//換気処理の判断
if(setONOFFAUTOVent == 0){     // auto        ← ウェブ・ページ上の換気制御方法の選択が「自動」になっている場合の換気判断
    if(U_ccmList[CCMID_VENTRCM].validity == true){
        if(U_ccmList[CCMID_VENTRCM].value == 0){
            U_ccmList[CCMID_RELAY_VENT].value = 0;
        }else if(U_ccmList[CCMID_VENTRCM].value > 0 && U_ccmList[CCMID_VENTRCM].value <= 100){
            U_ccmList[CCMID_RELAY_VENT].value = 100;
        }else{
            U_ccmList[CCMID_VENTRCM].validity = false;
        }
    }else if(U_ccmList[CCMID_VENTRCA].validity == true){
        if(U_ccmList[CCMID_VENTRCA].value == 0){
            U_ccmList[CCMID_RELAY_VENT].value = 0;
        }else if(U_ccmList[CCMID_VENTRCA].value > 0 && U_ccmList[CCMID_VENTRCA].value <= 100){
            U_ccmList[CCMID_RELAY_VENT].value = 100;
        }else{
            U_ccmList[CCMID_VENTRCA].validity = false;
        }
    }else{
        if(U_ccmList[CCMID_RELAY_VENT].value == 0 && U_ccmList[CCMID_TEMP].value >= (setVentTemp + setVentThreTemp)){
            U_ccmList[CCMID_RELAY_VENT].value = 100;
        }else if(U_ccmList[CCMID_RELAY_VENT].value == 100 && (setVentTemp - setVentThreTemp) > U_ccmList[CCMID_TEMP].value){
            U_ccmList[CCMID_RELAY_VENT].value = 0;
        }
    }
}else if(setONOFFAUTOVent == 1){        // off       ← ウェブ・ページ上の換気制御方法の選択が「停止」になっている場合
    U_ccmList[CCMID_RELAY_VENT].value = 0;
}else{                                  // on        ← ウェブ・ページ上の換気制御方法の選択が「運転」になっている場合
    U_ccmList[CCMID_RELAY_VENT].value = 100;
}

//換気の出力
    if(U_ccmList[CCMID_RELAY_VENT].value ==100){
        digitalWrite(relayPinVent, HIGH);
    }else{
        digitalWrite(relayPinVent, LOW);
    }
}
```

ウェブ・ページ上の換気制御方法の選択が「自動」になっている場合でVentrcM.xXX通信文を3秒間隔より短い間隔で受信している場合の換気判断．通信文の値が0のときは停止，1～100のときは運転，それ以外のときは本通信文を無効とする

ウェブ・ページ上の換気制御方法の選択が「自動」になっている場合でVentrcM.xXX，VentrcA.xXX通信文を受信していないときは，ウェブ・ページ上の「換気温度」「換気不感温度幅」の値と測定したA1端子に接続したサーミスタによる温度測定値との間で動作方法を判断

換気扇用のリレー・ピンに換気判断の出力を反映する

ウェブ・ページ上の換気制御方法の選択が「自動」になっている場合でVentrcA.xXX通信文を3秒間隔より短い間隔で受信している場合の換気判断．通信文の値が0のときは停止，1～100のときは運転，それ以外のときは本通信文を無効とする

リスト3　図9のソフトウェアの表示画面に関する記述（UECS管理ソフトに含まれるtest.xml）

```xml
<?xml version="1.0"?>
<ROOT>
    <PRESET_CCM>
        <DATA room="5" region="0" order="0" priority="29" type="Temp.xXX" name="ハウス気温"></DATA>
        <DATA room="5" region="0" order="0" priority="29" type="oprVent.xXX" name="ハウス換気制御"></DATA>
        <DATA room="5" region="0" order="0" priority="29" type="Radiation.xXX" name="ハウス日射"></DATA>
        <DATA room="5" region="0" order="0" priority="29" type="SumRad.xXX" name="ハウス積算日射"></DATA>
        <DATA room="5" region="0" order="0" priority="29" type="oprIrri.xXX" name="ハウス潅水制御"></DATA>
    </PRESET_CCM>
    <GRAPH>
        <GRAPH_MIN title="温室環境1" rangeleft="C" rangeright="kW/m2" width="800" height="300" day="3">
            <DATA axis="left">ハウス日射</DATA>
            <DATA axis="right">ハウス積算日射</DATA>
        </GRAPH_MIN>
        <GRAPH_MIN title="温室環境2" rangeleft="ppm" rangeright="%" width="800" height="300" day="3">
            <DATA axis="left">ハウス気温</DATA>
            <DATA axis="right">ハウス換気制御</DATA>
        </GRAPH_MIN>
        <GRAPH_MIN title="CO2制御" rangeleft="" rangeright="" width="800" height="300" day="3">
            <DATA axis="left">ハウス積算日射</DATA>
            <DATA axis="right">ハウス潅水制御</DATA>
        </GRAPH_MIN>
    </GRAPH>
</ROOT>
```

吹き出し注釈：
- 今回このように設定
- 固定
- この情報を表す文字列
- グラフのタイトル
- 左右軸の説明
- グラフのサイズ
- 何日分のデータを表せるか
- GRAPHタグ内のGRAPH_MINタグで作成するグラフの情報を記載する．DATAタグの値はPRESET_CCMタグ内のDATAタグのnameの文字列を記載する．axisは左軸にするか右軸にするかでleftもしくはrightと記載する
- PRESET_CCMタグ内のDATAタグで受信するCCMの情報を登録する．登録する情報はブラウザでhttp://192.168.1.xxxでアクセスして確認できる．nameタグはこの情報を表す文字列

グラフを表示させる手順

　グラフを表示させる手順を以下に示します．URLなどは変わることがあるので，適宜読みかえてください．

(1) PCのUDP16520-16529ポートを開いて送受信可能にする．

(2) 自分のPCのIPアドレスを変更して192.168.1.xxxに設定する．xxxの部分は1-254の範囲（ただし開発したノードで使うので7は使えない）

(3) 農研機構のホームページからソフトウェア「UECS管理ソフト」をダウンロードする．
https://www.naro.affrc.go.jp/nivfs/contents/kenkyu_joho/uecs/index.html

(4) 圧縮されているので解凍する．

(5) Javaがインストールされていなければ下記のサイトからインストールする．
https://java.com/ja/download/

(6) 作成したノード（コントローラ）のDIPスイッチを両方ともOFFにする（OFFにするとIPアドレスが192.168.1.7に固定されるようにプログラムを作ってある）．

(7) PCとノードをLANハブに接続し全て電源を入れる．

(8) PCからブラウザでhttp://192.168.1.7へとアクセスし，作成したノードが提供するhtmlサーバにアクセスし，Network Configのリンクをクリックし設定画面を開く（図9）．

栽培ノード

LAN

address: 192 : 168 : 1 : 53
subnet: 255 : 255 : 255 : 0
gateway: 192 : 168 : 1 : 1
dns: 192 : 168 : 1 : 1
mac:90a2da10dde5

UECS

room:5　region:0　order:0
uecsid:000000000000

Node Name

栽培ノード
send

Please push reset button.

returnTop

図9
「UECS管理ソフト」を使ってリスト3の設定ファイルでモニタリングする場合の作成ノードの設定

(9) ノードのDIPスイッチを全てONにして，ノードの電源を入れ直す．上の設定だと192.168.1.53にアドレスが書き換えられる．また，UECSの通信文のroom属性値の値が5に変更される．

(10) (3)でダウンロードしたソフトウェアに付属するtest.xmlを添付ファイルのものに変更する（リスト3）．

(11) ダウンロードしたソフトウェアUECSLoggingSoft2012.jarをダブルクリックして起動する．

(12) ソフトウェアを起動したそのフォルダの下にDATAフォルダが作成され，そこに，1分ごとに最新の情報を更新したグラフ画像（jpeg形

表3　簡易ビニールハウスの自作に使った部品

部　品	価　格 [円]	使用数
タフパイプ 19.1 × 1.0 × 2000	411（1本）	100cm × 5本
		50cm × 8本
		30cm × 4本
クロスワン（19mm用）	53（1個）	16個
トップセッター（19mm用）	228（10個入り）	6個
天井ジョイント（19mm用）	168（1個）	2個
農POフィルム	980（幅1.35m × 長さ5m）	約2.15m²
パッカー（19mm用）	1,180（50個入り）	28個
PC用ファン	1,300	1個

写真3　強度が必要なところはクロスワンという金具で固定

式）や，受信値一覧を示したHTMLファイルが作成される．

ファイルはJPEGで出力されるので，HTMLを記述すれば複数のファイルをブラウザで確認できるようになります（HTMLなしでも1つずつは閲覧できる）．

簡易ビニールハウスの自作

ハウスは19mmの農業用パイプと接続用金具を利用した簡単なものを作成しました（図10，p.49）．パイプ・カッタを用いてパイプを切断し，それらとクロスワンという接続用金具を用いて50cm × 100cm × 50cmの直方体の枠組みを作成しました（表3，写真3）．その上に，雨水が天井部分にたまらないように，パイプとトップセッターという接続用金具で，

高さ10cmほどの三角屋根を作成しました．できた骨組みの側面および天井部分に農POフィルム（耐久性が高く，べとつかず，施設園芸資材として主流となっているビニールハウス用フィルム）をパッカー（ハウスの骨組みにフィルムを張る際に用いる固定用具）で張り付けました．そして，ハウスの妻面にPC用のファンを取り付け，作成したコントローラで制御できるようにしました．また，灌水は電磁弁を取り付けて，点滴ドリップ灌水システム（養液栽培の一種のロックウール栽培のときに使われる灌水方法）で灌水できるようにしました．点滴ドリップ灌水システムは，茎や葉を濡らすことなくピンポイントで植物の根に液肥を供給することができるため，他の灌水方法と

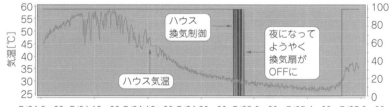

（a）温室環境2：ハウス気温

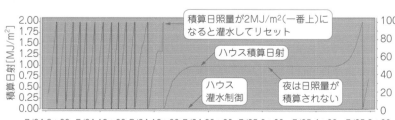

（b）温室環境1：ハウス積算日射

図11

実験：シクラメンを置いたビニールハウスをパソコンからモニタリングできた

左のグラフの赤線が気温，青線が換気扇の動作．30℃換気目標としたが，日中は暑くて（最高58℃）ほとんど動作しっぱなしになり，今回はさすがに長時間の栽培制御実験は行えなかった．夜間はONとOFFを繰り返しながら，夜中は停止しており正常に動作することが確認できる．右のグラフの赤線が積算日射量で，2MJ/m²ごとに灌水のタイミング（青線）になり積算温度が0にリセットされている

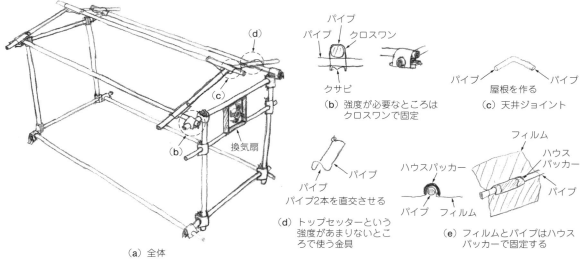

（a）全体

図10　簡易ビニールハウスの自作方法

（b）強度が必要なところは
　　　クロスワンで固定

（c）天井ジョイント

（d）トップセッターという
　　　強度があまりないとこ
　　　ろで使う金具

パイプ
パイプ2本を直交させる

（e）フィルムとパイプはハウス
　　　パッカーで固定する

比べて液肥の無駄が少ないのが特徴です．今回，作成時期が7月下旬と猛暑の時期で，簡易ハウス内の温度がほとんどの植物の生育適温を大きく上回ったため，実際の植物栽培は行わず，簡易ハウスにおける日射と温度の測定および換気の動作試行のみを実施しました．

実験：シクラメン栽培制御

　実際の栽培をイメージするため，シクラメンをハウスに置いて実験を行いました．現実的には，この日は屋外が35℃を超える猛暑で，普通にハウスで植物を栽培するには厳しい条件でしたので，実際に栽培したわけではありません．施設栽培は冬にメリットがありますが，今回はご容赦ください．

　UECS通信モニタ・ソフトウェアが無償で農研機構のサイトからダウンロードでき，それを利用することで，換気扇が正常に動作し，$2MJ/m^2$ごとに積算日射がリセットされ灌水の信号が出ていることが確認できました（図11）．冬の栽培ですとこれに加温を組み合わせる必要があります．最近，施設栽培ではやっているCO_2施用（CO_2濃度を上げると植物がよく育つ）なども面白いのではと思います．

応用のヒント

● 本格的な栽培制御を行うためのポイント

　今回の記事で紹介したコントローラは施設を利用した営利栽培や高価な園芸作物の栽培には適しません．入力側の過電圧の対策，サージ対策，漏電対策などがハードウェア的には必要です．また今回はウォッチ

ドッグ・タイマ用の外付け回路を準備していませんが，これも実際の制御に利用しようとすると必須になります．他にも細かい部分で気になる点は多々あります．今回は，施設の環境制御の基礎的な部分の紹介という位置づけです．

● まずは計測からはじめるのがよし

　Arduinoを利用して簡単に環境制御を実施できるコントローラを作成してみました．筆者らは，研究用途でも，結構，UARDECSを使ってさまざまな機器の試作を行っています．販売を予定している機器の環境制御動作のチェックなども，まずArduinoでテストして，テスト・コードを開発業者に渡してといった手順で行う場合もあります．UECS対応ですので，データ収集が容易というのがやはり使ってみての利点です．

　制御用途には実栽培レベルで利用するには，さまざまな工夫が必要ですが，計測用途であれば気楽に実施できるのではないかと思います．本稿を読んで施設の環境制御・環境計測に興味を持っていただければ幸いです．

◆参考文献◆
(1) ユビキタス環境制御システム通信実用規約 version 1.00 − E10.
　　https://uecs.jp/uecs/kiyaku/UECSStandard 100_E10.pdf
(2) ユビキタス環境制御システム（UECS）技術.
　　http://www.naro.affrc.go.jp/nivfs/ contents/kenkyu_joho/uecs/index.html
(3) 低コストUECSで温室の環境を手軽に計測制御しよう.
　　https://uecs.org/

やすば・けんいちろう，すだ・しゅんすけ

本稿の実験は「革新的技術開発・緊急展開事業（うち地域戦略プロジェクト）」UECSを有効活用した低コストでスマートな施設園芸の実現の研究成果の一部を利用しています．

第5章

ESPマイコン×Googleデータ解析で試す

水やりデータのクラウド管理に挑戦

小池 誠

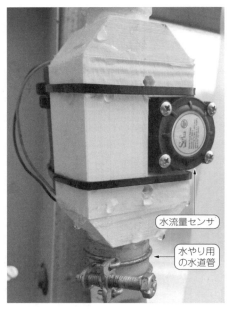

写真1 自作した畑の水やり(灌水)モニタリング装置

農業で10年かかるという「水やり」をIoTで見える化

植物を育てる上で,水やり(灌水という)はとても重要な作業の1つです.そして,枯らさないように水をやればよいという単純なものではなく,最適なタイミングと量をマスタすることで,植物の成長を促したり病害を防いだりするとても奥深い作業です.農業の世界では「水やり10年」などと言われたりもするほどです.

とはいえ,やはり10年はちょっと長いですね.もっと早くマスタできるように,まずは水やりの見える化・定量化を実施してみます.水流量センサとWi-Fiを搭載する低コスト・低消費電力のESP32マイコン・モジュールを使って,クラウド上に水やりモニタを構築します.ITを活用することで,勘と経験の世界と言われる水やりをデータとして見える化し,データを見ながら考え,分析することで素早く水やりマスタになりましょう.

今回作った灌水モニタリング装置の構成

今回制作した灌水モニタリング装置を写真1に,実験の構成を図1に示します.

● センサ部

写真2(a)の水流量センサを使用しました.秋月電子通商で購入できます.センサ・ボディ内を流れる水

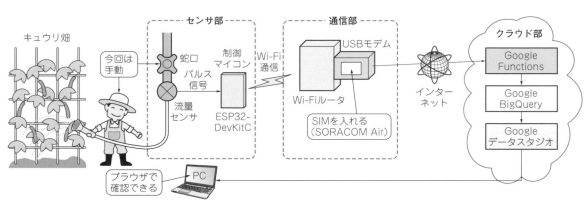

図1 IoT水やりモニタリングの構成

（a）水流量センサ

（b）水流量パルスをカウント
してクラウドにアップ
ロードするための小型
IoTマイコン・モジュー
ルESP32-DevKitC

写真2　水流量を量るためのハードウェア

表1　筆者が今回使ったIoT水やりモニタリング装置の主なハード
ウェア

名　称	型　名	用　途	参考入手先	備　考
水流量センサ	SEN0217	水流用の計測	秋月電子通商	―
マイコン・モジュール	ESP32-DevKitC	センサ制御		ESP32
SIMカード	SORACOM Air forセルラー 標準	インターネット接続	Amazon	―
USB通信モデム	L-03D		―	NTTDoCoMo
Wi-Fiルータ	DCR-G54/U		―	I-O DATA

量を，パルス信号として取得できます．

　センサから出力されるパルス信号を，ESP32
[**写真2（b）**]を使って数えることで，1分間に流れる
水量を計測できます．このセンサを，灌水用ホースに
挟み込むことで，畑に水やりを行った時間と水量を計
測します．

● 無線データ通信部

　計測したデータは，インターネットを通じてクラウ
ド上のデータベースへ保存します．今回インターネッ
トへの接続はSORACOM Airを使用しました．

　SORACOM Airは，IoT向けのデータ通信用SIM
サービスです．基本料金10円／日＋データ通信量0.24
円／Mバイト（上り）と比較的安価で利用できる通信
サービスでした（執筆時点）．もし同じような実験を
行いたい場合は，そのとき利用できる通信サービスを

選んでください．

　使用した部品を**表1**に示します．

　SORACOM AirのSIMカードを差し込んだ通信モ
ジュール[**写真3（a）**]をWi-Fiルータに搭載し，防水の
ためビニール袋に包んで畑に設置しました[**写真3（b）**]．
これで，ESP32からWi-Fiルータを経由してインター
ネット上にデータを送信できる環境が整いました．

● IoTクラウド

　クラウド側では，ESP32から送信されてきたデータ
を保存するデータベースを用意します．今回はデータ
保存先としてGoogle Cloud Platform（以下GCP）の
BigQueryを使用しました．

　BigQueryとは，ビッグ・データ解析用サービスで，
1Pバイト（ペタ・バイト）や数億行にも及ぶデータに対
し高速にクエリを実行することができます．今回の場
合，灌水モニタリング装置で扱うデータ量は数バイト
／日ほどなので，明らかにオーバスペックなのですが，

（a）通信モジュール（Wi-Fi＋
　　通信SIM入りUSBドングル）

ビニール袋に包んで防水

（b）ビニール袋に包んで畑に設置した様子

写真3
無線データ通信の
ためのハードウェア

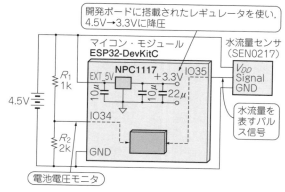

開発ボードに搭載されたレギュレータを使い、4.5V→3.3Vに降圧

マイコン・モジュール ESP32-DevKitC

NPC1117

EXT_5V +3.3V IO35

22μ

IO34

GND

R_1 1k

4.5V

R_2 2k

電池電圧モニタ

水流量センサ（SEN0217）

V_{DD} Signal GND

水流量を表すパルス信号

図2 水流量センサ部の回路

今回の場合はほとんど無料と言ってよいほどの料金で使用できるため採用しました（執筆時点）．

- BigQueryの使用料金がストレージ毎月10Gバイトまで無料
- クエリ実行毎月1Tバイトまで無料
- データのエクスポート無料
- データ挿入0.01ドル/200Mバイト

　クラウド全体では，ESP32から送信されてくるデータをGCP Functions（次項で解説）経由でBigQueryに保存し，保存したデータは無料のBIツールGoogleデータスタジオを使って可視化するという構成になっています．

こんなことにも使える

● 水道代節約マスター

　家庭の水道に設置することで，日々の水使用量をモニタリングできるようになります．無駄な水の使い方を見える化することで，水道代を節約することができるでしょう．また，水を出しっぱなしにするとブザーが鳴るなどアラート機能を追加するとよりよいかもしれません．

表2 農業用で使えそうな水流量センサの例
全てホール素子を使った方式．情報は執筆時点のものなので適宜読み替えてください

型名	品名	動作電圧[V]	計測範囲[ℓ/分]	パイプ径（管用並行ネジG）	材質	入手先の例
YF-S201	Sea	3.5～12	1～30	G1/2	プラスチック	秋月電子通商
YF-S401	Sea	5～12	0.3～6	G1/8		DFRobot
FS400A G1	なし	5～18	1～60	G1		eBay
YF-DN50	Sea	5～24	5～300	G2		
YF-B10	なし	4.5～18	1～30	G1/2	銅	Amazon, eBay

● 花壇の水やりマスター

　庭の花壇の水やりをモニタリングしてもよいかもしれません．クラウド上でモニタリングできるので家族で水やり状況を共有することも朝飯前です．うっかり忘れてしまうのを防止できますし，水やり当番のサボりも一目瞭然です．

ハードウェア

● キー・デバイス1：水流量センサ

　水流量センサ部の回路を図2に示します．

　水流量センサは，SEN0217（DFRobot）を使用しました．動作電圧3.5～12Vで水量の計測範囲は1～30ℓ/分です．ESP32の動作電圧3.3Vでは若干電圧が足りませんが，事前に3.3Vで動作させて出力が得られることが確認できたので，今回はそのまま使用しています（本来は，センサ動作電圧の電源ラインを用意すべきだが）．

　センサの仕組みは簡単で，センサ・ボディ内に水が流れると内部にある磁石の付いたロータが回転し，磁石が回ることによる磁界の変化をホール素子で検出するという仕組みです．センサの出力はデューティ50％±10％のパルス出力で，1パルス＝1回転になっています．メーカ仕様では，450パルスで1ℓの水量となるようです．つまり，1分間に何パルスあるかを計測すれば，流量（ℓ/min）を求めることができます．

　その他，比較的購入しやすい水流量センサを表2に示します．部品選定の参考にしてください（執筆時点）．

● キー・デバイス2：制御用の小型IoTマイコン・モジュールESP32-DevKitC

　制御用ボードは，ESP32-DevKitC（Espressif Systems）を使用しています．ESP32-DevKitC（以下ESP32）は，Wi-Fi＆Bluetooth搭載の省電力無線モジュールESP-WROOM-32の開発ボードです．比較的安価に入手できる点や，Arduino IDEやMicroPythonなどで簡単に開発環境の構築ができる点がメリットです．また，低消費電力で使えるのも特徴の1つで，ディープ・スリープ・モードで消費電流は10μAまで抑えることができます．

● 電源…単3乾電池3本で動かす

　今回は，ESP32を単3乾電池3本（4.5V）で動かします．電池電圧からESP32の動作電圧3.3Vへ変換する必要がありますが，開発ボードの回路を確認すると既に3.3Vレギュレータが実装されているので，電池を開発ボードのEXT_5Vポートに接続するだけで使用できます．なるべく電力消費を抑えるため水が流れて

表3　筆者が今回使用した開発環境

名　称	バージョン	取得元
Arduino IDE	1.8.5	https://www.arduino.cc/en/software
Arduino core for ESP32 Wi-Fi chip	1424b6d1a4435830b908d2d45c74b1af06831ca7（コミットハッシュ）	https://github.com/espressif/arduino-esp32

いないときにはディープ・スリープ・モードに入るように制御します．そして，電池電圧の低下をモニタリングするために，GPIO34ピンに電池電圧を入力しています．ただし，ESP32へは3.3V以上の電圧をそのまま入力はできないため，抵抗R_1=1kΩとR_2=2kΩを使って分圧した電圧をA-Dコンバータを使ってモニタしています．

その1：制御プログラム

　制御プログラムについて解説します．プログラムの開発環境は，表3に示す通りです．今回の制御のポイントは，消費電力を下げるため水が流れていない間はESP32をスリープ・モードに遷移させている点です．しかし，常時スリープ状態では正常に動作しているかどうかの判断がつかないため，1時間おきに間欠ウェイクアップをさせ電池電圧を送信することで，リモートから死活確認ができるようにしています．制御フローを図3に，プログラムをリスト1に示します．

● パルスをカウントする
　水流量計のパルス・カウントは，割り込み処理を使って実装しています（リスト1の①）．GPIO35の立ち上がりエッジで割り込みをかけ，カウンタをインクリメントします．計測開始時にこのカウンタを0クリアして，指定時間が経過した後にカウンタ値を確認することで，水流量計の回転数を計測します．

● ディープ・スリープ・モードに移行する
　電池消費を抑えるため，モニタリングが不要な際にはディープ・スリープ・モードに移行します．しかし，制御が必要なときにはウェイクアップして制御を開始しなければなりません．そのために，次の2つのウェイクアップ要因を追加しています．
・水が流れ出した（GPIO35に変化があった）とき
・スリープ・モードに入ってから1時間経過したとき
　GPIO35の変化によるウェイクアップは，現在の端子レベルを確認しその逆をウェイクアップ要因として設定することで実装できます（リスト1の②）．時間経過によるウェイクアップは，スリープ時間をμsで指定することで実装できます（リスト1の③）．uint64_t型であることに注意が必要です．

その2：クラウド側の処理

　クラウド側の構築方法について説明します．今回使用したクラウド・サービスは2つです（執筆時点）．
① Google Functions：
　https://cloud.google.com/functions/
② Google BigQuery：
　https://cloud.google.com/bigquery/
　Google Functions（図4）は，サーバレスで簡易なアプリケーションや処理を構築できるクラウド・サービスで，任意のイベント（HTTPリクエストやストレージへのデータ追加など）をトリガとして処理を実行できます．

　そこで今回は，
ESP32からセンサ・データが送信（POST）されたら，それをBigQueryに保存する
という処理に使用しています．
　Googleのクラウド環境は更新されていくので，以降は適宜読みかえてください．

● 使い方
　GCPコンソール（https://console.cloud.

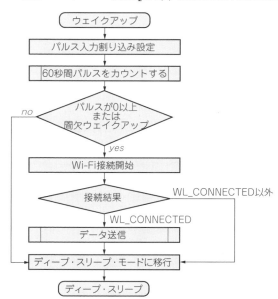

図3　水流量センサ制御プログラムの処理フロー

リスト1　水流量センサ制御プログラム

```c
#include <esp_deep_sleep.h>
#include <WiFi.h>
#include <HTTPClient.h>

#define PULSE_PIN 35  //水流量センサからの入力(GPIO35)
#define V_PIN     34  //電圧モニタ入力(GPIO34)

#define REC_SIZE 60
#define STOP_CNT 5

#define PULSE_PER_LITER 450

#define SSID "Wi-FiアクセスポイントのSSID"
#define PASS "Wi-Fiアクセスポイントのパスワード"

volatile uint32_t pulse_counter;

portMUX_TYPE mux = portMUX_INITIALIZER_UNLOCKED;
#define DI() portENTER_CRITICAL_ISR(&mux);
#define EI() portEXIT_CRITICAL_ISR(&mux);

/*
 * カウンタをインクリメント(割り込み処理)・・・①
 */
void IRAM_ATTR handler() {
  DI();
  pulse_counter++;
  EI();
}

/*
 * 1秒間パルスをカウントする
 */
uint16_t count_pulse() {
  uint16_t pulse;
  DI();
  pulse_counter = 0;
  EI();
  delay(1000);
  DI();
  pulse = pulse_counter;
  EI();
  return pulse;
}

/*
 * センサ値をサーバへ送信する
 */
void push_server(float waterflow, float voltage) {
  char s[36];
  sprintf(s, "{\"flow\":\"%.2f\",\"voltage\":\"%.2f\"}",
                                      waterflow, voltage);

  HTTPClient http;
  //Google Functionsで作成したエンドポイントに書き換える
  http.begin("https://asia-northeast1-????.cloudfunctions.net/post");
  http.addHeader("Content-Type", "application/json");

  int response = http.POST(s);

  if (response > 0) {
    Serial.println(http.getString());
  } else {
    Serial.println(response);
  }

  http.end();
}

void setup() {
  Serial.begin(115200);
  delay(10);
  Serial.println("wakeup ESP32");

  //パルス入力の割り込み設定
```

```c
  pinMode(PULSE_PIN, INPUT);
  attachInterrupt(digitalPinToInterrupt(PULSE_PIN), handler, RISING);

  //60秒間パルスをカウントする
  uint8_t zero_count = 0;
  uint16_t total_pulse = 0;
  uint16_t pulse;
  for (int i = 0; i < REC_SIZE; i++) {
    pulse = count_pulse();
    total_pulse += pulse;
    Serial.print(pulse); Serial.print("/"); Serial.println(total_pulse);
    if (pulse == 0) {
      zero_count++;
      if (zero_count > STOP_CNT) break;
    } else {
      zero_count = 0;
    }
  }

  float waterflow = (float)total_pulse / PULSE_PER_LITER;
  float voltage = ((float)analogRead(V_PIN) / 4096) * 3.3 * 1.5;
  Serial.print("P:"); Serial.println(waterflow);
  Serial.print("V:"); Serial.println(voltage);

  if (waterflow > 0 || esp_sleep_get_wakeup_cause()
                          == ESP_SLEEP_WAKEUP_TIMER) {

    WiFi.begin(SSID, PASS); //Wi-Fi接続開始

    Serial.println(); Serial.println();
    Serial.print("Wait for WiFi...");
    while (WiFi.status() == WL_NO_SHIELD) {
      Serial.print(".");
      delay(500);
    }

    switch(WiFi.status()) {
    case WL_NO_SSID_AVAIL:
      Serial.println("ERROR:No SSID available");
      break;
    case WL_CONNECTED:
      Serial.println();
      Serial.print("WiFi connected/IP address:");
      Serial.println(WiFi.localIP());
      push_server(waterflow, voltage); //データ送信
      break;
    default:
      Serial.println("ERROR:WiFi not connected");
      break;
    }
  }

  /*
   * DeepSleepモードへ移行
   */
  Serial.println("deep sleep");
  esp_deep_sleep_pd_config(ESP_PD_DOMAIN_RTC_PERIPH,
                                 ESP_PD_OPTION_AUTO);

  /*GPIO35の変化時にWakeUp・・・②
    現在のGPIO35のレベルを確認し、その反対をWakeUp要因として設定する*/
  int state = digitalRead(PULSE_PIN);
  esp_deep_sleep_enable_ext0_wakeup(GPIO_NUM_35, !state);

  /* 1時間後にWakeUp・・・③ */
  uint64_t sleep_time = 60 * 60 * 1000000ULL;
  esp_deep_sleep_enable_timer_wakeup(sleep_time);

  esp_deep_sleep_start(); //スリープ開始

}

void loop() {

}
```

google.com)上にアクセスして操作を行います.

▶ステップ1：Functions APIを有効化

(a) コンソール・メニューから［APIとサービス］→［ライブラリ］を選択

(b) "functions" を検索しGoogle Functions APIがヒットしたら開いて［有効化］ボタンをクリック

▶ステップ2：新規関数の登録

(a) コンソール・メニューから［Cloud Functions］を選択

(b) ［関数を作成］をクリック

(c) 任意の関数名を入力（例：post）

(d) トリガを［HTTPトリガー］にする

(e) ソースコードは［インラインエディタ］とし，リスト2に示すプログラムをindex.jsと，package.jsonに記入する（ランタイムにはNode.jsを指定）

(f) 実行する関数の欄に［receivedData］と記入する

(g) その他のリージョンを［asia-northeast1］にする

(h) ［作成］ボタンをクリック

　問題なく作成できると一覧に関数名が表示されます. この関数名をクリックしてトリガ・タブを見るとHTTPリクエストのエンドポイント（URL）が確認できます. このURLにセンサ・データをPOSTすることで，先ほど登録した処理が実行されBigQueryに

リスト2　クラウド側に入力するプログラム

```
/**
 * Responds to any HTTP request that can provide a
                      "message" field in the body.
 *
 * @param {!Object} req Cloud Function request
                                         context.
 * @param {!Object} res Cloud Function response
                                         context.
 */
var moment = require('moment-timezone');
var gcloud = require('gcloud')({
  projectId: '自分のプロジェクトID'
});

exports.receivedData = (req, res) => {
  if (req.body.flow === undefined ||
                  req.body.voltage === undefined) {
    res.status(400).send('No message defined!');
  } else {
    let bigquery = gcloud.bigquery();
    let table = bigquery.dataset('waterflow_1').
                                table('data_2018');
    let now = moment().tz('Asia/Tokyo').
                     format("YYYY-MM-DD HH:mm:ss");

    table.insert({
      date : now,
      flow : req.body.flow,
      voltage : req.body.voltage
    }, function(err, insertErrors, apiResponse){
      if (insertErrors > 0) {
        res.status(400).send('BQ insert error!');
      } else {
        res.status(200).send('Success: ' +
            req.body.flow + "/" + req.body.voltage);
      }
    });

  }
};
```

（a）index.jsのプログラム

```
{
  "name": "sample-http",
  "version": "0.0.1",
  "dependencies": {
  "gcloud": "^0.28.0",
    "moment-timezone": "latest"
  }
}
```

（b）package.jsonの内容

データが保存されます注1.

その3：クラウド側のデータ分析

Google BigQuery（図5）は，1Pバイト，10億レコード以上の大規模データを高速に集計・分析するためのデータウェア・ハウス・サービスです．Googleの十八番（おはこ）とも言える大規模な分散並列処理により高速にクエリを実行できる他，従来のリレーショナル・データベース（MySQLやOracleなど）とは異なりカラム型

注1：GCP側のバージョンアップにより操作や表示が変わっている場合があります．その場合は，GCPの公式ドキュメントを参考に設定を行ってください．

ブラウザ上でNode.jsを使って関数を記述しサーバ上にデプロイ．簡単なウェブ・マイクロサービスなどはアプリケーション・フレームワーク（RailsやDjangoなど）を準備しなくても簡単に作れそう

図4　ブラウザ上でクラウドで動かす関数を定義

（列指向）のデータベースとなっている点が特徴です．カラム型データベースとは，列ごとにデータをまとめて保存する方式で，データの集計・分析といった列方向の操作に特化することで高速化を実現しています．IoT／ビッグ・データ時代のサービスともいえ，大量のIoTデバイスから逐次送信されてくるデータを高速に分析するような用途に向いています．また，GoogleデータスタジオやColaboratoryなどのBI・分析ツールと簡単に連携できることもBigQueryを使うメリットです．

今回扱うデータ量は少ないですが，そのためほぼ無料枠内で使用できるという点もあり採用することにしました．ただし，無料枠以上の使用は従量課金制なので，大容量のテーブルを扱う場合には付属の見積もりツールなどを利用しながら操作するのをオススメします．

● 使い方
▶ 1.BigQuery API を有効化
（a）コンソール・メニューから［APIとサービス］→［ライブラリ］を選択
（b）"bigquery" を検索しGoogle BigQuery APIがヒットしたら開いて［有効化］ボタンをクリック
▶ 2.データセットを追加
（a）コンソール・メニューから［BigQuery］を選択
（b）左メニュー下にあるテーブル一覧からプロジェクト名をクリック
（c）画面右側中段の［＋データセットを作成］ボタンをクリック
（d）Dataset ID に［waterflow_1］を記入し，Data location で［US］を選択（※USを選択しないとデータスタジオとの連携ができない）

図5 BigQuery コンソール画面

（画面内の注釈）
- ここにクエリを記述する
- テーブルの追加などはここのボタンで操作する
- 作成したテーブル一覧

表4　BigQueryで今回作成するテーブルのスキーマ

Name	Type	Mode
date	TIMESTAMP	REQUIRED
flow	FLOAT	REQUIRED
voltage	FLOAT	REQUIRED

(e) [OK] ボタンをクリック

▶ 3. テーブルを追加
(a) テーブル一覧から追加されたデータセット名クリック
(b) 画面右側中段の [＋テーブルを作成] ボタンをクリック
(c) 宛先テーブルの欄に [data_2018] を記入
(d) スキーマに表4に示す3件を追加
(e) [テーブルを作成] ボタンをクリック

● 動作テスト

最後にFunctionsとBigQueryの動作テストを行います．GCPコンソールに戻って下記の手順で行います．

▶ 1. コンソール・メニューから [Cloud Functions] を選択
▶ 2. 関数一覧から登録した関数の右端にある [?] をクリックし，[関数をテスト] を選択
▶ 3. トリガとなるイベント欄に次のテスト・データを記入
```
{"flow" : "0.2", "voltage" : "3.3"}
```
▶ 4. [関数をテスト] ボタンをクリック
▶ 5. "Success： ～" と表示されれば問題ありません

動作確認

BigQueryに保存したデータを確認するためにGoogleデータスタジオを使います．データスタジオは，いわゆるBIツールでGoogleスプレッドシートやBigQueryなどのデータを簡単に可視化することができます．実験を行った2018年7月時点ではまだベータ版でしたが無料で使用することができました[注2]．

● 手順

データスタジオにアクセスします．
```
https://datastudio.google.com/
```
▶ 1. データソースの登録
(a) 左側メニューから [データソース] を選択
(b) 右下の [＋] 追加ボタンをクリック
(c) 一覧の中からBigQueryを選択
(d) BigQueryの項で作ったテーブルを選択して，右上の [接続] ボタンをクリック
▶ 2. レポートの作成
(a) 左側メニューから [レポート] を選択
(b) 右下の [＋] 追加ボタンをクリック
(c) 先ほど作ったデータソースを選択
(d) レポートのエディット画面になったら，自分の好きなようにグラフを配置する

データスタジオは慣れるまでは分かりにくい部分もありますが，操作を間違えて元データを消してしまうような心配はないので，いろいろ試しながら操作方法を覚えていくのがよいと思います．また，下記のチュートリアルなども参考になるかもしれません．また，現状ではあまり細かいカスタマイズができないため，あくまでお手軽BIツールという用途に限られます．詳細な分析や機械学習を使った分析を行いたい場合は，ある程度Pythonの知識が必要ですがColaboratoryがオススメです．
```
チュートリアル：
https://support.google.com/
datastudio/answer/6283323
```

実験

実際にこの灌水モニタリング装置を畑に持ち込ん

注2：2022年時点では，「Googleデータポータル」という名称になっていますが，基本的な使用方法に変更はありません．

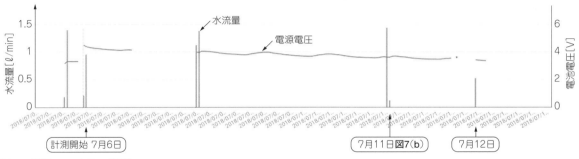

図6　1週間のモニタリング結果

入門

IoT

画像

大気

土壌

アイデア

で，データを1週間ほど取ってみました．装置を設置したのは，7月のキュウリ・ハウスになります．キュウリにとって水やりは非常に重要です．熟練者の判断で，水路のバルブを手動で開け閉めすることで行いました．

● 実験結果

1週間ぐらいモニタリングした結果を図6に示します．水やりを行った日時と水流量をグラフから確認できます．

1週間ほど運用して電池電圧は，1.13V低下（4.48V→3.35V）となりました．1日に最低24回Wi-Fi接続を行うような制御では，ざっくり見積もって11日ぐらいしか持ちませんが，1日1回に制限すれば単3電池3本で8カ月間ぐらい持ちそうです（実験では確認できていないが…）．

もう少し，詳細なデータを見てみましょう．灌水量のグラフを図7に示します．なお，このグラフはPythonのMatplotlibライブラリを使用して作成しています．データスタジオでは分単位のグラフが作成できないため，詳細な分析はデータをローカル（または，Google Colaboratoryなど）に保存して行います．BigQueryからのデータ取得は，Pythonで使用できるPandasとPandas_gbqライブラリ（どちらもpipでインストール可）を使うことで簡単に取り込むことができます．

グラフを見ると，水流量が一定ではなく毎分変化しています．通常の灌水作業は，複数のバルブを同時に操作しています．そのため，各ラインの水圧にばらつきが発生してしまっていることが考えられます．加えて，灌水に使用する農業用水は，複数の畑で共有して使用しているため，他の畑で水を使い出すことによっても水圧がばらつくと考えられます．

つまり，今までの「30分間だけ水をかける」といった時間を基準にした管理では正確性に欠け，灌水量が足りていなかったり，やりすぎてしまっていたりしたかもしれません．IoTでモニタすることで，灌水量を正確に把握することができ，無駄のない一定量の灌水

(a) 2018年7月2日のデータ

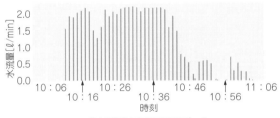

(b) 2018年7月11日のデータ

図7　灌水状況を詳しく見てみる

を実現できる可能性が見えてきました．IoT技術は大切な水資源を無駄なく使うという面でも活用できそうです．

まとめ

今回は，水流量計と無線モジュールを使って簡易的な灌水モニタリング装置を作ってみました．今まで勘や経験でやっていたことも，こういった装置を作ってデータを取って可視化することで新しい発見があるかもしれません．また，データが蓄積されれば，今後機械学習などを活用した分析につなげることも可能です．まずは，お手軽装置で身近なデータを取り始めてみるということが，今後面白い何かに広がっていきそうな気がします．

こいけ・まこと

ラズパイIoTカメラ&センサ①…実験の背景と構成

安場 健一郎

本稿では，ラズベリー・パイ（Raspberry Pi）とセンサ&カメラを組み合わせた，植物観察IoTシステムを作ります．農作物の栽培から観察日記まで幅広く使えると思います（**写真1**，**図1**）．

はじめに

● 50年前は手押し耕運機の時代だったのに…

最近，大学の講義の関係で植物栽培の歴史を調べる必要があって，昔の農業の写真などをながめていました．1960年代には，トラクタも普及しておらず手押しの耕運機で畑を耕し，田植え機もないので手で稲を田んぼに植えつける，そんな時代でした（ナイター田植えをしている写真などもあります！）．

それが，50年少し経過しただけで，GPSを使って無人で畑を耕して，コンバインや田植え機などは広く普及し，農業は変わったなと実感しています．

● 植物の時間軸をICTで可視化

野菜を中心とした植物をかれこれ30年近く作り続けて，植物と人間の時間軸は違うことを感じています．人間の目でじっと見ていても植物はほとんど動きがないけれども，1日単位だと植物も変化しています．植物にもし目があったならば，人間など目にも止まらぬ速さで動き回っているため，認識すらできないでしょう．

農業のこれからの進歩を止めてはならぬ！という気持ちをこめて（少し気負いすぎだが），植物の動きをICT利用で可視化する，植物観察カメラ&センサ・システム（と植物栽培日報ソフトウェア）なるものを作成しようと思います．

植物の生育は環境に応じて進みます．そこで植物の生育と環境条件を簡単に結びつけることができないかと考えました．植物の栽培記録とともに紹介します．

（a）USBカメラで植物（下の方に葉ダイコンが見える）を上から撮影

（b）USBカメラを接続しているラズベリー・パイ

（c）同じハウスに設置したIoT（UECS）センサ・ノード（Arduinoを利用して作成）

写真1 植物栽培をアシストするラズパイ観察カメラ&センサ・システムを作る

図1
撮影したカメラ画像やセンサ値はネットにUPする

（a）カメラ画像

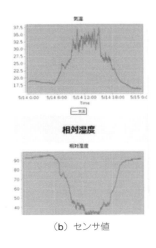

（b）センサ値

入門

IoT

画像

大気

土壌

アイデア

製作の背景

　植物が生長していく中で最大のイベントは多分，花を咲かせることだと思います．野菜を栽培していると，花が咲くことはプラスに働いたりマイナスに働いたりします．

　植物の生長は，さまざまな環境条件から影響を受けます．キャベツ，ダイコン，タマネギなどは，低温に一定期間以上遭遇した後に，日が長くなってくると開花する性質があります．想定していない時期に開花すると困るため，さまざまな工夫が必要になります．

▶ダイコンの生長環境

　例えばダイコンの種を冬にまいて栽培すると，春には花が咲いて売り物にならなくなってしまいます．そのため，透明なプラスチックのトンネルをかぶせることで，周りの空気を暖めて栽培します．そうすると，ダイコンは花をつけずに春に収穫することが可能となります．しかし，天気が悪い日が続くとトンネルの中が温まらずに花をつけてしまって栽培に失敗してしまいます．

▶ホウレンソウの生長環境

　ホウレンソウは光の当たる時間に応じて花をつけます．日が長くなると開花する性質を持っていて，それ

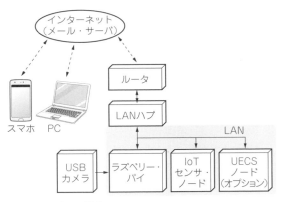

図2　ハードウェア構成

写真2　植物観察カメラ＆センサ・システムのハードウェア
ラズベリー・パイに自作した植物栽培日報ソフトウェアを入れて動かす．IoT (UECS) センサ・ノードには Arduino Uno と Ethernet Shield 2 を利用し，自作の計測制御基板を利用して作成．文献(4)で作成した IoT ノードも接続可能

表1　ラズパイ×カメラ・ノードの部品

部　品	参考購入先	個　数	単価[円]
Raspberry Pi 3 B	共立エレ	1	5200
Raspberry Pi 用 AC アダプタ	ショップ	1	980
USB カメラ C-270	Amazon	1	2043

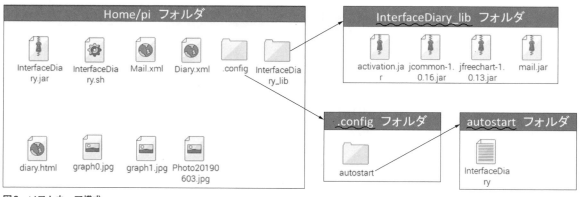

図3 ソフトウェア構成

表2 ラズパイ×カメラ・ノードで使うソフトウェア

ファイル	内容
`InterfaceDiary.jar`	写真を撮影して，UECSの通信文を収集してメールを送信する，Raspberry Pi内で動作するソフトウェア
`InterfaceDiary.sh`	`InterfaceDiary.jar`を起動するバッチ・ファイル．内部は，`sudo java -jar /home/pi/InterfaceDiary.jar`と記載してある
`InterfaceDiary_lib`内のファイル	4つのjarファイルがソフトウェアを利用するために必要
`InterfaceDiary.desktop`	`/home/pi/.config/autostart`フォルダ内にユーザが記載する．拡張子の`.desktop`が表示されていないので注意
`diary.html`, `PhotoXXXXXXXX.jpg` `GraphY.jpg`	`InterfaceDiary.jar`が自動的に作成する日報ファイル．`XXXXXXXX`の部分は撮影日で，`Y`の部分はグラフの通し番号で作成される

ほど強い光でなくても反応してしまうことが知られています．ですので，都市近郊で街灯などが数多く点灯しているようなところでは，そこだけトウ立ち（花をつけること）してしまうことがあります．もちろん，水，肥料，光などを利用して光合成を行って生長するわけですから，量的な面でも環境の大きな影響を受けています．

このようなことから，環境測定の情報と植物の生育が自動的に記録されるソフトウェアを作ってみてはどうかと考えました．

実験の構成

● 機能…ラズパイから定期的にセンサ値や画像をUPする

今回はラズベリー・パイを利用します．屋外に置い

ておくことを考えると，安価であれば壊れてもダメージが少ないです．カメラも取り付けやすく，世界中に使っている人がいるので，もし分からないことがあっても調べやすいでしょう．

ラズベリー・パイにUSBカメラを付けて1日1回，自動的に植物を撮影するとともに，簡単な設定ファイルを作れば自動的に温度や日射量などのデータも集められます．

また，毎日，日報としてメールでこれらの情報が送られてくるようにしておけば，日々の植物の変化を自動的に観察できます．楽しさもあるのではと考えました．

● ハードウェアの構成

使用した植物観察日誌システムの機器構成を**写真2**と**図2**，**表1**に，実際に運用している様子を**写真1**に示します．

マイコン基板は，ラズベリー・パイ（今回は3タイプB）を使用しました．USBカメラは定番ロジクールのC270を用意し，USB電源は3Aの電流を流せるタイプを使用しました．

気温，相対湿度，日射量を測定するためのセンサ・ノードの作り方は別の機会に紹介します．

● ソフトウェアの構成

データ収集の枠組みには，UECS（ユビキタス環境制御システム）と呼ばれるIoT通信プロトコルのオープンソース・ソフトウェアを利用します（コラム1）．UDPのブロードキャスト通信でセンサの測定値や，環境制御機器の動作情報がUECSのノードから送信されているものを，LANに接続したRaspberry Piで収集するようにしたいと思います．UECSを用いた実験については，参考文献（4）でも紹介しています．

ソフトウェアの構成を**図3**と**表2**に示します．

コラム **農業用のIoT通信プロトコル「UECS」について** 安場 健一郎

● 特徴

ビニールハウスなどでの施設園芸や植物工場などにおいて，LANを利用した情報のやり取りで環境制御を実施することを目指したUECS（Ubiquitous Environment Control System，ユビキタス環境制御システム）という通信プロトコルがあります．施設園芸でよく使われる温度センサや日射センサ，温度制御用のヒータや窓開閉装置などがシステムのノードとして想定されています（図A）．星教授（近畿大学，執筆時点）を中心に開発されました．

UECSのノードは，UDPのブロードキャスト通信を利用してLANの中の全ての機器に自身の持つ情報（気温を測定するノードなら気温，制御系のノードならON/OFFの情報など）を発信しています．

制御系のノードはLANの中に流れている情報のうち必要なものをキャッチして動作させることができます．また，流れている通信文を全て傍受すれば，システム全体のログをとることができます．

この伝達方法はネットワークに詳しい方には乱暴な方法に感じられるかもしれませんが，実際に使っていて問題があると感じたことはなく，施設園芸で使う情報伝達にはこの程度の方法で十分であると感じています．

UECSの通信方法は，規約で決められていて公開されているため[1]，誰もがノードを作ることができます．

● 無償で試せるソフトウェアも用意されている

モニタ・ソフトウェアは農研機構が開発したものなどが無償で利用できます[2]．UECS対応のクラウド・サービスを利用すれば，インターネットを利用して，温室内の情報を知ることができます．

環境制御を自動で実施するためだけであれば，UECSを導入する必要もありませんが，正常に動いているかどうかを確認したり動作ログをとったり，今後農業IoTとして応用を広げたりするためには導入しておくと便利です．そのため，今回，UECS対応のIoT端末を作成してみました．

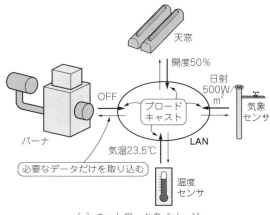

（a）ネットワークのイメージ

```
<?xml version="1.0" ?>
<UECS ver="1.00-E10">
<DATA type="InAirTemp" room="1"
region="1" priority="29">23.5</DATA>
<IP>192.168.1.111</IP>
</UECS>
```
気温23.5℃

（b）UDPでブロードキャストする内容はXMLで記述

図A ビニールハウスなどの施設園芸向けの環境制御用通信プロトコルUECSの仕組み
ノードとしては農業（施設園芸）でよく使われる機器が想定されている．各ノードは自身の保有する情報をネットワーク内の全ての機器にUDPブロードキャストする

◆参考・引用＊文献◆
(1) ユビキタス環境制御システム通信実用規約 version 1.00 – E10．
https://uecs.jp/uecs/kiyaku/UECSStandard100_E10.pdf
(2) ユビキタス環境制御システム（UECS）技術．
https://www.naro.affrc.go.jp/nivfs/contents/kenkyu_joho/uecs/index.html
(3) 低コストUECSで温室の環境を手軽に計測制御しよう．
https://uecs.org/
(4) 安場 健一郎，須田 隼輔：簡易ビニールハウスの自作＆IoT制御に挑戦，特集「ラズパイ・カメラ・センサ IT農耕実験」第3章，Interface，2018年10月号，CQ出版社．
(5) 空気に含まれる水（湿度）と植物生産（星 岳彦 氏のサイト）．
https://www.hoshi-lab.info/env/humid-j.html
(6) 特集 ラズパイ・カメラ・センサ IT農耕実験，Interface，2018年10月号，CQ出版社．

やすば・けんいちろう

本稿の内容は，農林水産省「食料生産地域再生のための先端技術展開事業現地実証研究委託事業」および農研機構生研支援センター「イノベーション創出強化研究推進事業委託事業」の研究成果の一部を利用しています．

入門 IoT 画像 大気 土壌 アイデア

ラズパイIoTカメラ&センサ②
…カメラ部の製作&栽培実験

安場 健一郎

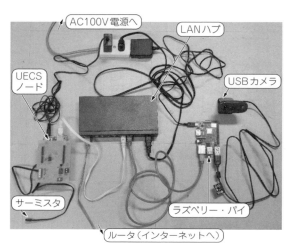

写真1 植物観察カメラ&センサ・システムのハードウェア
ラズベリー・パイに自作した植物栽培日報ソフトウェアを入れて動かす.
IoT（UECS, ユビキタス環境制御システム）センサ・ノードには Arduino
Uno と Ethernet Shield 2 を利用し，自作の計測制御基板を利用して作成.
文献（4）で作成したIoTノードも接続可能

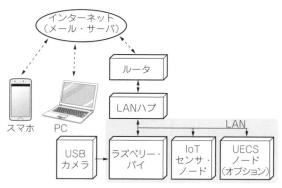

図1 ハードウェア構成

表1 筆者が使ったラズパイ×カメラ・ノードの部品

部 品	参考 購入先	個 数	参考単価 [円]
Raspberry Pi 3B	共立エレ ショップ	1	5200
Raspberry Pi 用 AC アダプタ		1	980
USB カメラ C-270	Amazon	1	2043

プログラミング

● 構成

　ラズパイ植物栽培カメラ&センサ全体のハードウェア構成を**写真1**と**図1**に示します．今回のカメラ・ノードで使用するハードウェアを**表1**に，ソフトウェアの構成を**図2**と**図3**および**表2**に示します．

　作成したソフトウェアのフローチャートを**図4**（p.64）に示します．

● 手順

　まずラズベリー・パイ（Raspberry Pi）にOS（本稿執筆時はRaspbian）をインストールします．

　その後，USBカメラ撮影用のフリーのライブラリであるfswebcamをインストールします．一度，fswebcamで写真が撮れるかどうかを確認した後に，InterfaceDiaryという観察システム用ソフトウェアをラズベリー・パイに入れます．

　ソフトウェアを使用する手順を**図5**に示します．

● 観察プログラムの設定

　起動する前に，`Diary.xml`と`Mail.xml`の2つのファイルを編集します．Javaで書かれているので，Javaのソフトウェアを立ち上げる方法で起動できます．

　立ち上がるのが確認できたら，リブートしたときのRaspbian自動起動の設定を行って，いきなり起動するようにしておきます．

▶設定ファイル①…`Diary.xml`の記述

　このファイルは，ラズベリー・パイが1日1回写真撮影をする時刻と，日報メールを送信する時刻を設定します（**リスト1**）．ソフトウェアは日付変更時に日報のHTMLファイルを作成します．そのHTMLファイルをメールで送信したい時刻を設定します．また，日本発の温室栽培用の環境制御システムであるUECSに準拠した通信文を自動的に収集することができるようになっています．どの通信文の情報を集めるかをこのファイルに記載します．

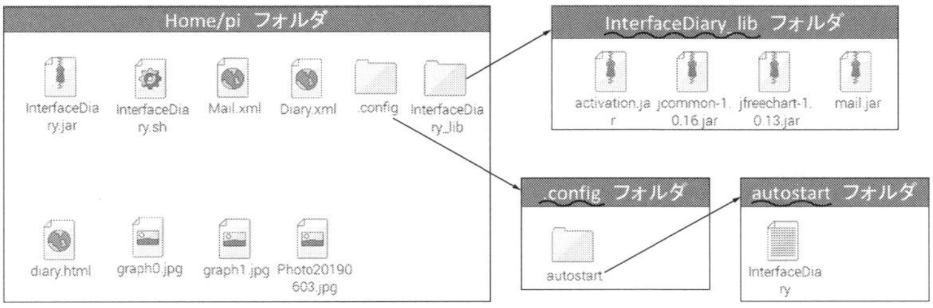

図2　ラズパイ・カメラ・ノードのソフトウェア構成

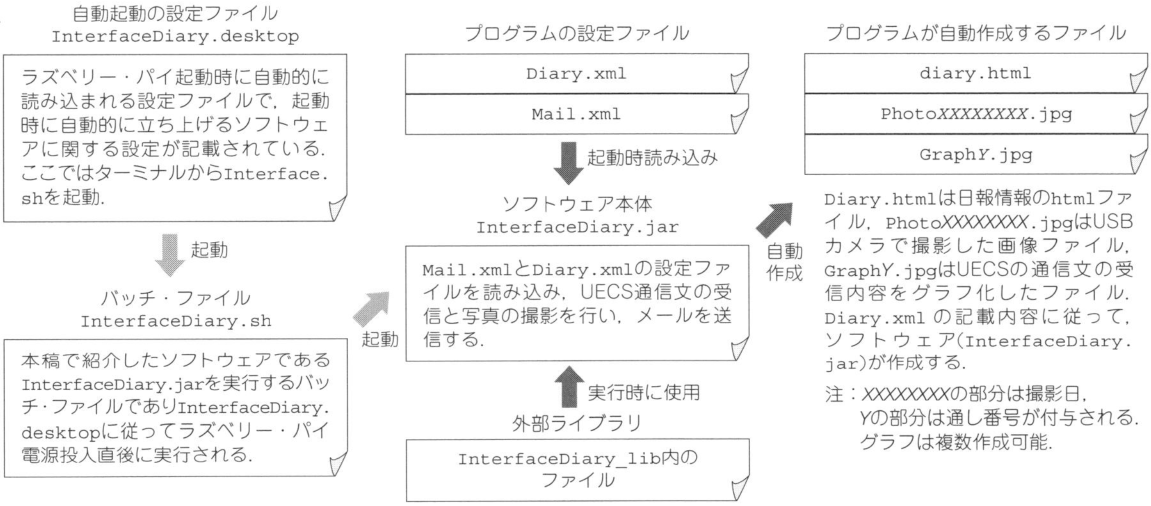

図3　使用するファイルの関係

表2　ラズパイ×カメラ・ノードで使うソフトウェア

ファイル	内　容
InterfaceDiary.jar	写真を撮影して，UECSの通信文を収集してメールを送信する，ラズベリー・パイ内で動作するソフトウェア
InterfaceDiary.sh	InterfaceDiary.jarを起動するバッチ・ファイル．内部は，sudo java -jar /home/pi/InterfaceDiary.jarと記載してある
InterfaceDiary_lib内のファイル	4つのjarファイルがソフトウェアを利用するために必要
InterfaceDiary.desktop	/home/pi/.config/autostartフォルダ内にユーザが記載する．拡張子の.desktopが表示されていないので注意
diary.html, PhotoXXXXXXXX.jpg GraphY.jpg	InterfaceDiary.jarが自動的に作成する日報ファイル．XXXXXXXXの部分は撮影日で，Yの部分はグラフの通し番号で作成される

▶設定ファイル①…Mail.xml記述

　このファイルは，メール送信サーバの設定を記載します（リスト2）．注意しないといけないのはパスワードが平文になっている点です．普段使っているメー

① Raspbianをインストールした SDカードを入れたラズベリー・パイを用意する．USBカメラとキーボード，マウスを接続．
② インターネットに接続し，USBカメラを撮影するライブラリであるfswebcamをインストールする．
　sudo apt-get install fswebcam⏎
　とターミナルで入力する．
③ ソフトウェアであるInterfaceDiaryとソフトウェアを起動するのに必要なライブラリの入ったフォルダInterfaceDiary_libを/home/piフォルダにコピーする．
④ Diary.xmlとMail.xmlに必要事項を記載する．
⑤ ファイル・マネージャを起動してCTRL＋hキーを押して隠しフォルダを表示させる．
⑥ .configフォルダの下にautostartフォルダを作成する．
⑦ InterfaceDiary.desktopというファイルをautostartフォルダ内に作成して，
　[Desktop Entry]
　Name=InterfaceDiary
　Exec=lxterminal -e /home/pi/InterfaceDiary.sh
　Type=Application
　Terminal=true
　と記述して保存する．
⑧ /home/piフォルダにInterfaceDiary.shというファイルを作成して，
　sudo java -jar /home/pi/InterfaceDiary.jar⏎
　と記述して保存する．
⑨ ターミナルで，
　sudo chmod 777 InterfaceDiary.sh⏎
　と入力し，InterfaceDiary.shを実行可能状態にする．
⑩ 再起動してソフトウェアが立ち上がるかを確認する．

図5　日報ソフトウェアを使用する手順

リスト1　設定ファイル①…Diary.xmlの記述内容

```
<?xml version="1.0" encoding="UTF-8" standalone="no"?>
<DIARY>
  <PHOTO>
    <TIME hour="14" minute="0" />          写真を撮影する時刻
  </PHOTO>
  <MAILSEND hour="0" minute="5" mail_title="岡山大学野菜" />   メールを送信する時刻とメールのタイトル
  <CCM>
    <DATA room="1" region="1" order="1" priority="29" type="InAirTempE.xXX" name="東気温" />
    <DATA room="1" region="1" order="1" priority="29" type="InRHE.xXX" name="東相対湿度" />
    <DATA room="3" region="1" order="1" priority="29" type="Temp2.xXX" name="学生実験気温" />
    <DATA room="3" region="1" order="1" priority="29" type="opr.xXX" name="学生実験冷房リレー" />
  </CCM>
</DIARY>
```

受信するUECSの通信文の情報．今回のソフトウェアは，同じネットワークに接続されたUECSノードの情報を自動的に収集しログする機能を搭載している．UECSノードは下記のような通信文を，UDP16520ポートを使ってブロードキャスト・アドレスでおよそ10秒間隔で送信している．

```
<?xml version="1.0"?>
<UECS ver="1.00-E10">
<DATA type="Temp2.xXX" room="3" region="1" order="1" priority="29">23.5</DATA>
<IP>172.23.6.50</IP>
</UECS>
```

上の通信文の例は，温度を測定して換気扇を動かすUECSノードから送信される通信文の例．DATAタグの内容をDiary.xmlのDATAタグ内に転記し，name属性でこの情報に分かりやすい名前を付ければ，自動的にこの通信文を収集して，1日の時系列グラフを作成して日報で送信できる．

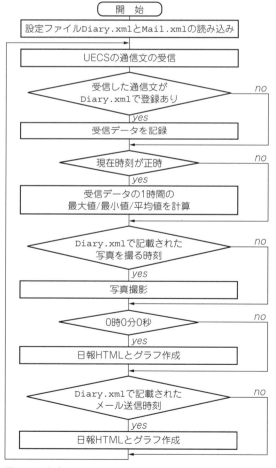

図4　ラズパイ・カメラ・ノード用の日報作成ソフトウェア InterfaceDiaryのフローチャート

ル・サーバなどの情報を使うと非常に危険ですので，セキュリティには十分注意してください．

gmailを使うときは，gmailの設定で「安全性の低いアプリのアクセス」を有効にする必要がありました．

実験

● セットアップ

今回の実験は，写真2の栽培プランタで写真3のような畑で行いました．

ラズベリー・パイの電源を入れて，観察日誌プログラムInterfaceDiaryを起動すると動き始めます．

● 実際に送られてくるHTML

実際にメールで送られてきた観察結果HTMLファイルをダウンロードしてブラウザで表示させると，図6（p.66）のようになります．発芽直後の5月3日，中間期の5月14日，実験終了時期の5月29日の写真が表示されています．

● センサ・データや写真の見方

5月3日の時点でも気温は35℃超えでかなり高温となっています．ダイコンの栽培温度というより，ほとんどの作物の生育適温を超える環境にあったといえます．実験を行ったハウスが小さかったことも影響していると思います．

5月14日にはかなり生育差が広がりました．その後，たっぷり水やり（灌水）をするようにして，5月29日には少し生育差が縮まりました．

植物を観察して水やりを少し変えるだけでも，生育を改善できます（写真4, p.66）．ただ，全体に高温で推移していることもあり，ダイコンの生育は悪そうです．

リスト2　設定ファイル②…Mail.xmlの記述内容

```
<?xml version="1.0" encoding="UTF-8" standalone="no"?>
<MAIL>
<ADDRESS address="xxxxxx@gmail.com" />
<ADDRESS address="yyyyyy@gmail.com" />
<SENDER address="InterfaceGmail@gmail.com" nickname="岡山大インターフェースコラボモニタソフト" />
<SMTP auth="1" pass="XXXXXXXXXXXX" port="465" server="smtp.gmail.com" ssl="1" startTLS="1" user="InterfaceGmail" />
<POP pass="rtry" port="300" server="zz" smtp="0" user="ee" />
</MAIL>
```

送信先メール・アドレス

メール送信元の情報
ニックネームは通信相手として表示される

POPタグはほとんど使うことがないが，
とりあえず何らかの値を入れておく

SMTPタグはSMTPサーバの情報を入力．
SMTP-AUTH，SSL，startTLSを使う場合にはauth属性，ssl属性，
startTLS属性をそれぞれ1に，使わない場合は0に設定する．pass属性は今
回平文としているので，セキュリティ的には良くないので，使用には十分注意

（a）ホーム・センタで購入した材料（プランタ，
液肥，固形肥料，種子）

（b）入手しやすい固形肥料をまいてよくかき混ぜてから
ターゲットである葉ダイコンの種まきをする

写真2　栽培実験に使った材料

（a）実験を行ったハウス

（b）キュウリが栽培されている真ん中に今回の
ターゲットの葉ダイコンのプランタを配置

写真3　実験の様子

　今回，高温なハウス内での栽培となりましたが，防
水性のあるUSBカメラを使って屋外で撮影してみた
り，違う時期に栽培してみたりすると，ダイコンの生
長は全然変わってくるのではないかと思います．

◆参考・引用＊文献◆
(1) ユビキタス環境制御システム通信実用規約 version 1.00 –
E10.
https://uecs.jp/uecs/kiyaku/UECSStandard
100_E10.pdf
(2) ユビキタス環境制御システム（UECS）技術.
https://www.naro.affrc.go.jp/nivfs/
contents/kenkyu_joho/uecs/index.html
(3) 低コストUECSで温室の環境を手軽に計測制御しよう.
https://uecs.org/
(4) 安場 健一郎，須田 隼輔：簡易ビニールハウスの自作＆IoT
制御に挑戦，Interface，2018年10月号，CQ出版社.
(5) 空気に含まれる水（湿度）と植物生産（星 岳彦 氏のサイト）.
https://www.hoshi-lab.info/env/humid-j.
html
(6) 特集 ラズパイ・カメラ・センサ IT農耕実験，Interface，
2018年10月号，CQ出版社.

やすば・けんいちろう

入門
IoT
画像
大気
土壌
アイデア

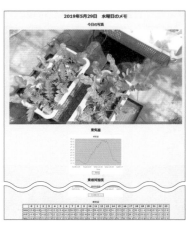

| （a）5月3日 | （b）5月14日 | （c）5月29日 |

図6　写真がHTMLファイルとして送信される
葉ダイコンの様子．図は各日の1分後とUECSノードから収集したデータを1分ごとの時系列のグラフとしたもの．表は1時間ごとの，最大，平均，最小値が表示されている

5月3日に各処理区とも発芽する

（a）5月3日

5月9日には液肥区の方が，少し生育が良くなっています．

（b）5月9日

5月15日には生育が大きな差になっています．固形肥料処理は葉の色が濃く，本葉が大きく生長できていない状況です．葉色が濃いということは，肥料は足りていて，葉が展開していないのはおそらく水不足で植物がのびのび生長できていないと判断できます．おそらく肥料量が多くて水を吸いにくくなっているのではと推察できます．そこで，プランタ下から水がしたたり落ちるまで十分に灌水するようにしました．

（c）5月15日

5月31日には植物の大きさがかなり回復しています．逆に，液肥処理は双葉が黄色くなってきています．これは，窒素肥料が足りていないときに発生する現象で，もう少し液肥の施用回数を増やす必要がありました．いずれにしても写真を毎日残して見ているだけでも，いろいろな観察が可能になります．

（d）5月30日

写真4　植物（葉ダイコン）の実際の栽培
各写真とも上側のプランタが液肥処理，下側が固形肥処理です．
一般的に，植物の栽培に慣れてない人は灌水量が少なくなる傾向があります．表面が湿ったらすぐそこで灌水をやめてしまいます．そうすると，プランタの水が表面から蒸発して，地表付近に肥料分がたまり，植物の生育に悪影響を及ぼします（専門用語で塩類集積と呼ぶ．ハウス栽培でよくある）．今回の栽培を見ても，水やり1つで大きく植物の生長が変わることを実感できるのではないかと思います

本稿の内容は，農林水産省「食料生産地域再生のための先端技術展開事業現地実証研究委託事業」および農研機構生研支援センター「イノベーション創出強化研究推進事業委託事業」の研究成果の一部を利用しています．

ラズパイIoTカメラ&センサ③
…センサ部の製作

安場 健一郎

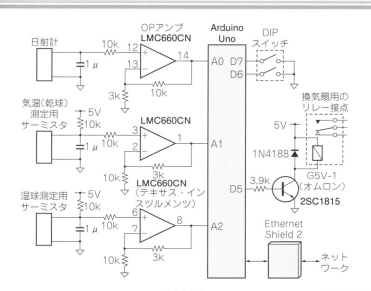

（a）回路

図1
製作したIoT気温／相対湿度／日射量センサ・ノード

通信にはオープンソースUECSを使う．制御回路が要らない場合はG5V-1を使ったリレー回路は不要．気温（乾球）測定用のサーミスタとリレーが連動するようになっている．制御の設定はブラウザで実施するようになっている．（b）の設定の場合は23±0.5℃で換気扇が動作する．ノードは，最下層のArduino Uno R3と，中間層のArduino Ethernet Shield 2，最上層のエッチングして製作した自作基板からなっている

Interface
CCM Status

Info	S/R	Type	SR Lev	Value	Valid	Sec	Atr	IP
気温(乾球)	S	InAirTemp.xXX	A_10S_0	25.8			(1-1-1)	255.255.255.255
相対湿度	S	InAirHumid.xXX	A_10S_0	89			(1-1-1)	255.255.255.255
日射	S	WRadiation.xXX	A_10S_0	20			(1-1-1)	255.255.255.255
ノード状態	S	cnd.aXX	A_1S_0	0			(1-1-1)	255.255.255.255

Status & SetValue

Name	Val	Unit	Detail
気温(乾球)	25.8	C	
湿球温度	24.5	C	
換気扇スイッチ	Auto ∨		
換気層温度	23.0	C	
制御不感温度幅	0.5	C	

send

returnTop

（b）ブラウザからノードにアクセスすると
設定画面が表示される

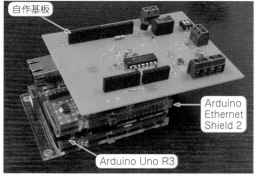

自作基板
Arduino Ethernet Shield 2
Arduino Uno R3

（c）植物センサ・ノード実物

作るIoT気温／湿度／日射量センサ・ノード

● 機能と構成

作成した植物栽培記録ソフトウェアと連動させるものとして，Arduinoを利用したノードを栽培期間中に使用しました．サーミスタを利用して温度を2点測定することが可能で，換気扇を動作させるリレー接点を有し，農業向けオープンソース通信UECSの通信文を送信するものです．

今回さらに，栽培実験終了後でしたが，このノードを少しアレンジした気温・相対湿度・日射量測定ノードを作成してみました［図1，表1（p.70），リスト1］．

このノードはサーミスタを2本使用して，気温と湿球温度（温度センサ表面を湿らせたガーゼで覆って気化熱で温度を下げたときの温度）を測定します．

サーミスタ2本は通風筒に入れて測定します．通風筒内で測定した気温と湿球温度から相対湿度を計算できます．乾湿球を利用した湿度の測定については，文献（5）などが参考になります．

スケッチの利用のためにはUARDECSのライブラリが必要になるので，サイト（https://uecs.org/arduino/uardecs.html）からUARDECS
を入手し，手順に従ってArduinoの統合開発環境をセットアップして，Uardecs.hをインクルードできるようにしておく必要があります．バージョンも
更新されるので，利用に際してはUARDECSの説明書を一読ください

```
#include <SPI.h>
#include <Ethernet2.h> //Arduino IDE Ver1.7.2以降はW5500搭載機種
#include <avr/pgmspace.h>
#include <EEPROM.h>
#include <Uardecs.h>

const byte U_InitPin = 6;
const byte U_InitPin_Sense=HIGH;

const byte relayPin = 5;
boolean relayStatus = false;

const char U_name[] PROGMEM= "UARDECS Node v.1.1";
                              //MAX 20 chars
const char U_vender[] PROGMEM= "XXXXXXXX Co.";
                              //MAX 20 chars
const char U_uecsid[] PROGMEM= "000000000000";
                              //12 chars fixed
const char U_footnote[] PROGMEM=
                    "UARDECS Sample Program Thermostat";
//const int U_footnoteLetterNumber = 48;
                              //Abolished after Ver 0.6
char U_nodename[20] = "Sample";
            //MAX 19chars (This value enabled in safemode)
UECSOriginalAttribute U_orgAttribute;
                              //この定義は弄らないで下さい

//HTML関係
const char NAME0[] PROGMEM= "気温（乾球）";
const char UNIT0[] PROGMEM= "C";
const char NOTE0[] PROGMEM= "";
signed long dryTemp;

const char NAME1[] PROGMEM= "湿球温度";
signed long wetTemp;

const char NAME2[] PROGMEM= "換気扇スイッチ";
const char UNIT2[] PROGMEM= "";
const char UECSAUTO[] PROGMEM = "Auto";
const char UECSON[] PROGMEM = "On";
const char UECSOFF[] PROGMEM = "Off";
const char *stringAUTO[3]={
  UECSAUTO,
  UECSON,
  UECSOFF,
};
signed long setRelay;

const char NAME3[] PROGMEM = "換気扇温度";
signed long setONTempFromWeb;

const char NAME4[] PROGMEM = "制御不感温度幅";
signed long setThreTemp;
```

```
//dummy定数
const char** DUMMY = NULL;
const int U_HtmlLine = 5; //web設定画面で表示すべき項目の総数
//表示素材の登録
struct UECSUserHtml U_html[U_HtmlLine]={
//{名前，入出力形式，単位，詳細説明，選択肢文字列，選択肢数，
                              値，最小値，最大値，小数桁数 }
{NAME0, UECSSHOWDATA, UNIT0, NOTE0, DUMMY, 0,
                              &(dryTemp), 0, 0, 1},
{NAME1, UECSSHOWDATA, UNIT0, NOTE0, DUMMY, 0,
                              &(wetTemp), 0, 0, 1},
{NAME2, UECSSELECTDATA, UNIT2, NOTE0, stringAUTO, 3,
                              &(setRelay), 0, 0, 0},
{NAME3, UECSINPUTDATA, UNIT0, NOTE0, DUMMY, 0,
                              &(setONTempFromWeb), 0, 600, 1},
{NAME4, UECSINPUTDATA, UNIT0, NOTE0, DUMMY, 0,
                              &(setThreTemp)  , 0, 30, 1},
};
//UECS通信文の設定
enum {
CCMID_InAirTemp,
CCMID_InAirHumid,
CCMID_WRadiation,
CCMID_cnd,
CCMID_dummy,  //CCMID_dummyは必ず最後に置くこと
};
//CCM格納変数の宣言
//ここはこのままにして下さい
const int U_MAX_CCM = CCMID_dummy;
UECSCCM U_ccmList[U_MAX_CCM];

//CCM定義用の素材
const char ccmNameTemp[] PROGMEM= "気温（乾球）";
const char ccmTypeTemp[] PROGMEM= "InAirTemp.xXX";
const char ccmUnitTemp[] PROGMEM= "C";

const char ccmNameRH[] PROGMEM= "相対湿度";
const char ccmTypeRH[] PROGMEM= "InAirHumid.xXX";
const char ccmUnitRH[] PROGMEM= "%";

const char ccmNameRad[] PROGMEM= "日射";
const char ccmTypeRad[] PROGMEM= "WRadiation.xXX";
const char ccmUnitRad[] PROGMEM= "W/m2";

const char ccmNameCnd[] PROGMEM= "ノード状態";
const char ccmTypeCnd[] PROGMEM= "cnd.aXX";
const char ccmUnitCnd[] PROGMEM= "";

//UARDECS初期化用関数
void UserInit(){
```

（吹き出し注記）
- このヘッダ・ファイルは下記のサイトから入手 https://uecs.org/arduino/uardecs.html
- このピンはDIPスイッチに接続. IPアドレスの初期化に利用
- リレーの接続ピンの設定
- UARDECSの説明書に従って設定.任意の値でとりあえずは問題ない
- ノードに搭載されているHTMLサーバで使用する文字列と変数を登録
- U_html構造体を使って，ブラウザで表示する項目数を設定
- ブラウザで表示するための構造体の登録
- UserInit関数内でUECSの通信文の設定をするための変数の定義
- 通信文を定義するための素材を入力. ここで記載した通信文を作成したノードが送受信できる
- UserInit関数はUARDECSの初期化関数で，MACアドレスの設定と通信文の初期設定を行う

● **相対湿度の計算Arduinoプログラム**

　なお計算は，Arduinoに書き込んだスケッチの
UserEverySecond関数の後半の部分で実施して
います．気温と湿球温度を自動的に記録して，湿り空
気の計算（相対湿度，絶対湿度，露点温度，飽差）が
行えますが，今回は特に日本人にとって身近な相対湿
度を自動的に計算するプログラムとしています．

● **改造のヒント**

　空気に後どれだけ水蒸気が入るかを表す飽差制御は
施設園芸の環境制御でブームになっていますので，プ
ログラムを修正して飽差を計算し，植物栽培日誌ソフ
トウェアと連動させるのも面白いかもしれません．

　Diary.xmlファイルに登録すれば，毎日の温度
変化を記録しメールで送信するようにできます．気
温，湿球温度以外にも，太陽電池を利用した日射セ
ンサが接続可能です［文献（6）でも紹介］．今回は温
度によってリレーを制御するプログラムとしておきま
した．

　ちなみに，**写真1**（p.70）に掲載した通風筒は，発泡
スチロールを切り抜いて，テープで固定する簡単なも
のです．本来は日射をさえぎって，センサに常に風を

入門　IoT　画像　大気　土壌　アイデア

```
//MACアドレス設定. 必ずEthernet Shieldに書かれた値を入力して下さい
  U_orgAttribute.mac[0] = 0x90;
  U_orgAttribute.mac[1] = 0xa2;
  U_orgAttribute.mac[2] = 0xda;          [MACアドレスの登録]
  U_orgAttribute.mac[3] = 0x11;
  U_orgAttribute.mac[4] = 0x37;
  U_orgAttribute.mac[5] = 0x1c;
//通信文の作成
  UECSsetCCM(true, CCMID_InAirTemp, ccmNameTemp,
              ccmTypeTemp, ccmUnitTemp, 29, 1, A_10S_0);
  UECSsetCCM(true, CCMID_InAirHumid, ccmNameRH,
              ccmTypeRH, ccmUnitRH, 29, 0, A_10S_0);
  UECSsetCCM(true, CCMID_WRadiation, ccmNameRad,
              ccmTypeRad, ccmUnitRad, 29, 0, A_10S_0);
  UECSsetCCM(true, CCMID_cnd        , ccmNameCnd ,
              ccmTypeCnd , ccmUnitCnd , 29, 0, A_1S_0);
}
                                        [通信文の登録]
//Webページから入力が行われ各種値を取得後以下の関数が呼び出される
//この関数呼び出し後にEEPROMへの値の保存とWebページの再描画が行われる
void OnWebFormRecieved(){        [日射量, 気温, 湿球温度の
}                                A-Dコンバータによる測定]

//毎秒1回呼び出される関数 ←        [毎秒呼び出される関数]
void UserEverySecond(){
  U_ccmList[CCMID_WRadiation].value =
              (signed long)analogRead(A0) * 5 / 4; // 日射測定
  dryTemp = getTemp10((signed long)analogRead(A1));
                                             // 気温測定
  U_ccmList[CCMID_InAirTemp].value = dryTemp;
  wetTemp = getTemp10((signed long)analogRead(A2));
                                             // 湿球温度測定
// 以下, 気温と湿球温度から相対湿度の計算
  double esw, es, e;
  esw = 6.1078 * pow(2.718, 17.27 * ((float)wetTemp /
              10) / (((float)wetTemp / 10) + 237.3));
  e = esw - 1013 * (((float)dryTemp / 10) - ((float)
                       wetTemp / 10)) * 0.5 /755;
  es = 6.1078 * pow(2.718, 17.27 * ((float)dryTemp /
              10) / (((float)dryTemp / 10) + 237.3));
  U_ccmList[CCMID_InAirHumid].value =
                       (signed long)(e / es * 100);
// Relay操作
  if(setRelay == 0){
    if(relayStatus && dryTemp < setONTempFromWeb
                              - setThreTemp){
      relayStatus = false;
    }else if(relayStatus == false && dryTemp >
                   setONTempFromWeb + setThreTemp){
      relayStatus = true;
    }
  }else if(setRelay == 1){
    relayStatus = true;
```

```
  }else{
    relayStatus = false;
  }
  if(relayStatus){
    digitalWrite(relayPin, HIGH);
  }else{
    digitalWrite(relayPin, LOW);      [A-Dコンバータで測定し
  }                                    た気温とウェブ画面で設
}                                      定した情報を基に換気扇
                                       制御用のリレーを制御]
// 1分に1回呼び出される関数
void UserEveryMinute(){
}

//メインループ
void UserEveryLoop(){
}

//setup()実行後に呼び出されるメインループ
void loop(){
  UECSloop();
}
//起動直後に1回呼び出される関数
void setup(){
  UECSsetup();
}

// サーミスタの端子間電圧を温度に変換
signed long getTemp10(signed long _analogread){ ←
  signed long a;
  signed long b;                        [サーミスタ間の電圧を
  if(_analogread > 855){                 温度に変換する関数]
    a = -839;
    b = 818136;
  }else if(_analogread > 728){
    a = -790;
    b = 775443;
  }else if(_analogread > 604){
    a = -804;
    b = 785437;
  }else if(_analogread > 490){
    a = -875;
    b = 828019;
  }else{
    a = -1009;
    b = 893402;
  }
  return (_analogread * a + b) / 1000;
}
```

[気温と湿球温度から相対湿度を計算]

当てておく必要があります. 今回, 作成したものはや や通風筒が大きくてセンサに光が当たりやすい構造に なっているので, ハウスなどに設置する際には, 直接 センサに太陽光が当たらないように, 温度が高いもの から遠ざけて設置する方がよいです.

作物栽培ガイド

● 実験しやすい作物

今回, ダイコンを栽培植物として選びましたが, い つ何を作るのかというのは非常に重要です. 今回の実

験のように短期間で植物を作りたいときには, アブラ ナ科の野菜がよいです. ミズナ, コマツナ, ダイコ ン, カブなどです.

個人的に家庭でプランタを使って栽培するのにお勧 めするのは, 葉ネギ, 大葉, ハーブ, パセリなど薬味 的に使用するものです. 少量購入すると高いですし, 少し収穫しても植物は残りますので, また, しばらく したら収穫可能になります.

● 人気があるトマトはプランタでは難しめ

トマト, キュウリ, ナスなどの実のなる野菜は植物

表1 IoTセンサ・ノードの部品

部品	参考購入先	個数	参考単価[円]
Arduino Uno Rev3	秋月電子通商	1	2940
Arduino Ethernet Shield 2	RSコンポーネンツ	1	2916
OPアンプLMC660CN		1	340
抵抗10kΩ		7	–
抵抗3kΩ		3	–
積層セラミック・コンデンサ1μF*1	共立エレショップ	4	–
DIPスイッチ2極		1	–
Arduino用のピン・ソケット・セット	Amazon	1	185
基板端子ストリップ	RSコンポーネンツ	3	24
サーミスタ103AT-11	千石電商	2	315
ポジ感光基板NZ-P10K*2		1	494
PVアレイ日射計	三弘	1	
ACアダプタ12V1A	Amazon	1	2019

＊1：回路図に含まれていないOPアンプの電源部のパスコンにも
　　1つ使用
＊2：エッチング基板作成にかかる部材費用は除いてある

（a）全体　　　　　　　　（b）相対湿度を測る

写真1　気温と湿度をちゃんと測るために必要な通風筒を簡易的に作成する
装置上部の四角い部分は発泡スチロールにアルミ・テープを貼り付けて作成．写真（a）で，DC12 Vで動作するブロアが四角い部分の端に接続されて，四角い筒状になっている部分に常に風を送るようになっている．写真（b）で，緑の針金で支持された白いガーゼに包まれたサーミスタ（四角い筒の中の右側）とガーゼで包まれていないサーミスタ（四角い筒の中の左側）がある．前者は湿球温度を，後者は気温を測定するためのサーミスタである．ガーゼは四角い筒の下部に接続された円筒状の水つぼにつながっていて，ガーゼは常に湿った状態にある．サーミスタをArduinoに接続して気温と湿球温度を測定し相対湿度を計算している．サーミスタが直射日光に当たらないように設置方法を工夫する必要がある

も大きくなりますのでプランタで作るには難易度が高いと思います．トマトは大変人気のある野菜ですが，種をまいてから収穫できるまでかなりの時間がかかります．時間が長くかかるということは，病虫害の対策をとる必要がありますし，一般的には難易度が高くなります．

● 種まきの時期

作物栽培のポイントは，種まきの時期です．種を購入したら，袋の裏にいつ種をまきなさいと指示されていると思います．まずはこれを守って栽培するのが無難だと思います．ただ，価格が安いものであればこれと違う時期に種をまいてみるのも面白いかもしれません．というのは，例えば低温や日が長くなると花を咲かせる植物などもありますので，普段見慣れた姿と違う植物の姿を見ることができるかもしれません．

● 肥料の勘どころ

また，今回肥料として固形肥料と液肥を使用しました．固形肥料は，家庭菜園用のものならどれを使用しても，そこそこのものが栽培できると思います．一度施肥してしまうと取り出すことができないので，植物の状態を見ながら水やりを調節したり，肥料が足りないと思ったら追肥をしたりする必要があります．

液肥は水道水と混ぜて使用するケースが多いと思います．固形肥料に比べると手間がかかるのと，ややコスト高になる傾向があります．ただ，固形肥料よりも作りやすいと思います．栽培していて生育が悪いなぁ

と思って調節したりするのが難しい場合は液肥を使用する方が楽だと思います．

● 害虫対策の勘どころ

今回，害虫にも悩まされそうになりました．ダイコンなどを栽培していると，チョウやガの幼虫，キスジノミハムシ，アブラムシなどさまざまな虫がやってきます．これらを防ぐためには，不織布というやわらかい通気性のあるシートなどを隙間なくかぶせて，虫が寄ってこないようにするのが，プランタなどで栽培する際に1番とりやすい対策ではないかと思います．栽培期間が短いものであれば，かなり有効な方法になると思います．

応用センシングについて… pH，EC，硝酸イオンの測定

土壌コンディションを表す，pHや電気伝導度（EC；土壌中の肥料が多いか少ないかを表す），硝酸イオンは，病気や虫の害がないけれども植物の調子が悪いなぁと感じるときに測定する代表的なものです．

これらの測定は，土を採取してよく乾燥させて，一定量を測り，量を測った水とよく混和させた混濁液を利用して測定する方法がよくとられます．直接，土壌水を注射器のようなもので採取するキットなども販売されています．

● その1：pHセンシングの勘どころ

pHは高い場合も低い場合も，植物に必要なイオンが足りなかったり過剰になったりして生育が悪くなります．最適なpHは作物によって異なりますが多くの場合6～7くらいが無難だと思います．例えばホウレンソウは低pHに弱い作物の代表です．pHはpHメータで計ればよいですが，家庭ではpH試験紙といわれるpHによって色が変わる試験紙が売られていますのでこれを使うのが一番簡単ではないかと思います．

● その2：電気伝導度ECセンシングの勘どころ

EC値は土壌溶液の電気抵抗を計っていると考えてもらえばよいと思います．溶液に電極を浸すと，電気が流れますが溶液の肥料濃度（イオンの濃度）が多いと電気が流れやすくなることを利用して，土壌溶液中に含まれる肥料濃度の目安とします．EC値の単位は土壌溶液の抵抗値の逆数で，電気の通りやすさと考えていただければ分かりやすいと思います．土と水を1：5の割合で抽出した場合には，土質にもよりますが，多くの場合1 mS/cm以上だと肥料が多過ぎだと思います．本当は，植物に必要なイオンを個別に測ればよいのですがあまりに手間がかかりますのでEC値を肥料がどの程度含まれているかの目安にします．

土壌溶液に直流を流すと，水が電気分解したり電極に塩が析出したりして，抵抗値を測定することが難しくなります．そのためECを測定するECメータは溶液に交流を流してホイートストン・ブリッジ回路を利用して測定するものが多いと思われます．ECメータは高いので…，と書き始めてAmazonで検索したのですが，びっくり*！！！*，1000円程度で購入できるものもあるようです．筆者は使ったことがありませんので，何とも言えませんが…．

● その3：硝酸イオン・センシングの勘どころ

植物が土から得る最も重要な栄養分は窒素になります．空気中の窒素ガスは植物には利用できないので，地中にある窒素の含まれたイオン，特に硝酸イオンが植物の生育にとって重要です．硝酸イオンは，薬品と反応させて硝酸イオンと薬品が結びついたときに生じる色を見て測定する方法が簡便でよく使われます．正確に測定するにはそれなりの機器が必要ですが，およその測定でよいのであれば，定量イオン試験紙などを使えば測定することが可能となります．乾燥した土100g当たり5mgくらいの硝酸態窒素（硝酸イオンに含まれる窒素）量が，多くの場合で適正の目安になり，10mgだと多いと思いますが，土質や栽培する作物によっても変わります．

ちなみに土壌pH，EC，土壌に含まれる水の量を測定するセンサは開発されているのでリアルタイムな測定が可能になっています．硝酸イオンを含めた各種イオンについてのリアルタイム・モニタリングはまだこれからといった段階です．

最後に

今回は家庭などでも手軽に使えるものということで，センサ値や写真を定期的に（日記形式で）メールで送るようなものをイメージして作ってみました．部屋の中で花の栽培などをしている方には，開花までの情報を逐一記録できます．実際の農業でも実用的な価値があるのではと思っていますし，実際にキュウリ栽培の研究で利用しています．今後は，画像を見て，AIに接続して生育診断みたいなことができれば面白いのではと思います．

実験テーマとして肥料のやり方を取り上げましたが，肥料は多すぎても少なすぎても良くないですし，どのくらい肥料が入っているのか目に見えないのが普通に作物を作るのに難しいところです．本記事を読んだ人が土の中の肥料の状態がリアルタイムに見えるような装置を考えついてくれればと期待しています．他にも，測りたくても測れないものは農業関係ではいっぱいありますので，農業に役に立つICTにつながっていけば幸いです．

いうまでもないことですが，本稿のプログラムは無人でディジタル画像を撮影するものですので，プライバシなどには十分配慮して使用してください．植物以外の撮影には用いないでください．実験に際しては，法律なども守り，自己責任で使用してください．

◆参考・引用＊文献◆
(1) ユビキタス環境制御システム通信実用規約 version 1.00 − E10.
　　https://uecs.jp/uecs/kiyaku/UECSStandard100_E10.pdf
(2) ユビキタス環境制御システム（UECS）技術．
　　https://www.naro.affrc.go.jp/nivfs/contents/kenkyu_joho/uecs/index.html
(3) 低コストUECSで温室の環境を手軽に計測制御しよう．
　　https://uecs.org/
(4) 安場 健一郎，須田 隼輔；簡易ビニールハウスの自作＆IoT制御に挑戦，Interface，2018年10月号，CQ出版社．
(5) 空気に含まれる水（湿度）と植物生産（星 岳彦 氏のサイト）．
　　https://www.hoshi-lab.info/env/humid-j.html
(6) 特集ラズパイ・カメラ・センサ IT農耕実験，Interface，2018年10月号，CQ出版社．

やすば・けんいちろう

本稿の内容は，農林水産省「食料生産地域再生のための先端技術展開事業 現地実証研究委託事業」および農研機構生研支援センター「イノベーション創出強化研究推進事業委託事業」の研究成果の一部を利用しています．

入門
IoT
画像
大気
土壌
アイデア

71

第9章 IoT センシングの生かしどころ!

IoT気象観測システム①…
農業向けに求められること

黒崎 秀仁

筆者の工作室に眠る寿命の尽きたセンサの山

写真1 環境用のセンサはほとんど消耗品の世界

農業向けのIoT気象観測システムを作る

今はまさに農業用ICT，IoTの時代と言えるほどたくさんの企業が参入し，センシング用の機器を販売しています．既製品がたくさんある状況でも，筆者は温室気象観測システムを自作しようとしています．それは，高度なICT，IoT機器を農業用に大量に設置するにはメンテナンスの問題を解決する必要があるからです．センサなどを温室内に置いて1年もすればカリカリに日焼けし，ホコリまみれになります．現在普及しつつある機器も数年後には劣化します．そのとき，メンテナンスをどうするのかという問題が発生します．5年前から農業用センサを自作してきた筆者の工作室の惨状を写真1に示します．これが今後，読者に起こりうることです．決定的に人材が不足しつつある状況で，専門のスタッフが全ての農家の機器を交換して回るのは無理があるのではないでしょうか．しかし，自作した装置であれば，ユーザが構成部品を把握しているので，自分でメンテナンスができます．コストにもメリットがあります．

企業は，センサの価格に利益を含めて販売する必要がありますが，自作機ならば部品代だけで生産できます．今回，筆者は通販とホーム・センタで入手できる

（a）センサ・ユニット

（b）自作センサ・ユニット・コントロール基板

写真2 農業向けの気象観測センサ・ユニットを自分で安価に製作できるととても実験しやすい

部品だけで作れる本格的な温室気象観測センサ・ユニット（**写真2**）を開発しましたので解説します．4項目（気温，湿度，飽差，CO_2）を計測できるセンサ・ユニットを3万円で製造することを目標にしました．さらに，安いだけでなく実用的な精度が出せるものを目指しました．それでは，手始めに，農業用に求められるセンシングの要点から説明します．

農業用センサ装置に求められること

● 気温を測るのは難しい

センサの技術が発達した現在では，温度を測れるセンサは安価でものすごくたくさんの種類があります．研究目的にはよく，小型の温度データ・ロガーが使われます．1台1万円〜数万円と，実験機器としては安く，長期間温度データを記録できます．

ところが，我々のように農業用にデータを取る者には常に悩みがあります．それは，こういった温度データ・ロガーには，温度を測れるとは書いてありますが，気温を測れるとはどこにも書かれていないのです．

実は気温を測るのはとても難しいのです．読者の中には小学校の頃に理科の実験で気温を測定した経験がある人もいると思います．たぶん，「直射日光に当てず，風通しのよいところで測定すること」と言われたはずです．気温を測定するには日射や電気的な発熱などの外乱を除かなければならず，そのためにセンサを特殊な容器に収める必要があります[1]．かつては日射の影響を除くために百葉箱の中に温度計を入れましたが，現在では百葉箱も誤差が大きすぎるという理由で気象庁の正式な気象観測には使われていません．

代わりに今，使われているのは，強制通風筒と呼ばれるものです（**図1**）．これは，2重の金属管の中にセンサを入れ，片側からファンで強制的に通風すること

でセンサの温度を気温に近づけ，日射の影響を排除するように工夫されています．逆に言えば温度センサに通風しない場合，ちょっと日射が当たるだけで気温とはズレた値を示してしまうことがあるのです．

図1（**b**）に通風した温度センサと通風しない温度センサの例を示します．このように値にズレが生じているのに気づかないと後からデータの分析に支障をきたします．

ビッグ・データやAIの重要性が語られるようになって久しいですが，与えられたデータが間違っていたら，間違った結論を出す危険性があります．そして，さらに問題なのが，この高精度な気象観測用の通風筒が高価なことです．通風筒だけで10万円近く，内蔵するセンサにも10万円，さらにデータ・ロガーを足したら20万円ほど上乗せされます．研究者でも調達するのに苦労し，温室の中に何台も取り付けられるようなものではありません．

● 湿度を測るのも難しい

最近は飽差というパラメータが重要視されるようになってきました．飽差は気温と湿度から計算可能なパラメータです．植物にとって光合成が活発になる飽差の範囲が決まっており，その範囲に温室の気温と湿度を制御しようとしています[2]．湿度は植物を育てる上で重要な要素なのです．ところが，湿度も正確に測るのは難しいのです．

かつて湿度は，乾球湿球温度計というもので測定されてきました．これは2つの温度計が対になっており，片側に水で湿らせたガーゼが巻いてあるようなものです．普通の温度計（乾球）と水で湿らせた温度計（湿球）の温度差から対応表を見て湿度を推定します．しかし，常に水を補給し続ける（正確さを期すなら蒸留水が必要）煩わしさがあります．できれば電気的に測定したいというのは当然の流れでした．

（a）気温測定用の強制通風筒

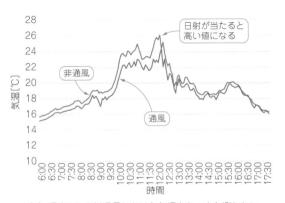

（b）温度センサは通風しないと気温をちゃんと測れない

図1　環境センサの難しいところ…気温を測るのも簡単じゃない

（a）温室で使われるミスト　　　（b）乾燥後に生じた不純物

写真3　温室で使われるミストと乾燥後に生じた不純物

そこで，さまざまな湿度センサが開発されました．現在主流のものは，抵抗変化型と静電容量変化型の2種類です．いずれのタイプも乾湿膜を電極で挟んだような構造をしており，乾湿膜が空気中の水蒸気を吸収したり，脱湿したりすることによって生じる電気的な特性の変化を検出します[3]．

これらのセンサはかなり安価になっています．温度と湿度の同時測定が可能なものでも1000円未満で入手できるようになっています[4]．しかしながら，湿度測定が簡単に…とはいきませんでした．確かにセンサ自体は安価になったのですが，寿命が短いという問題に直面したのです．

湿度センサは構造上，必ず水蒸気を検知するための開口部が必要でした．完全な防水・防塵が困難なのです．

温室の湿度を制御するためにはミストが使われます（**写真3**）．ミストの水源に使われる地下水には不純物が溶けており，乾燥すると粉塵になって飛散します．この粉塵がセンサの開口部に入ってしまうと，値が狂ってしまうのです．さらに，もともと農業用の温室はホコリが多いので，こうしたホコリが付着してどんどんセンサを狂わせてしまいます．

高湿度環境も厄介です．冬の夜の温室は湿度100%に達することが日常的にあります．高湿度環境はセンサの特性上測定しにくくなるだけでなく，寿命を縮め

ます[5]．

おまけに湿度センサは有機ガスや酸，アルカリにも弱いという弱点があります[6]．近くで有機溶剤やアルコールを使うのも禁止なので，基板の洗浄やコーティングなどはできません．湿度センサのデータシートには，「メーカ指定の特殊な袋に保管すること」と書かれていることがあります[7]．一般的なプラスチック容器やビニール袋に含まれる可塑剤に長期間暴露すると，保管中に校正値が狂います．販売店の保管状況まで気にしないといけないほどデリケートなものなのです．

湿度センサのあまりの弱点の多さ故に，温室向けの装置ではあえて旧式の乾球湿球温度計を使っていることもあります（**写真4**）．

● CO$_2$も測りたい

現在，施設園芸の分野で一番ホットなのがCO$_2$ガスの制御です．植物は骨格を形成する炭素をCO$_2$から得ており，これがなければ成長できません．そのため，CO$_2$ガスは植物にとって最も重要な肥料と言えます．しかし屋外では大気中のCO$_2$濃度はほぼ一定（およそ400ppm）で，制御できませんでした．

温室であれば，窓が閉められる期間があると，植物が温室内のCO$_2$ガスを吸い尽くして成長が止まる二酸化炭素飢餓が発生します．そのため，積極的にCO$_2$ガスを与えるCO$_2$施用が行われるようになっています．

CO$_2$施用の歴史は古く，1979年の論文に既にその構想が書かれています[8]．40年を経過した今，はやっている理由は，センシング技術が大きく進歩し，コストダウンが進んだからです．

昔のCO$_2$センサは数十万円したので，とても農業の現場で使えるような価格ではなく，CO$_2$濃度を調べてフィードバック制御することができませんでした．ところが今のCO$_2$センサは1万円台で実用的な精度のものが入手できます[9]．さらに，農業用の小型CO$_2$施用装置も開発されており，ちょっと設備投資するだ

写真4　今でも使われている乾球湿球温度計

写真5　農業用の小型CO$_2$ガス発生（施用）装置

けでCO_2の制御ができるようになりました（**写真5**）．ですから，施設園芸の現場ではCO_2濃度はぜひ把握したいパラメータになっています．

設計の方針

● 構造は単純に

構造を単純にするのは，製造コストを下げる常とう手段です．素人の工作を想定して，加工精度が低くても問題なく組み上がること，使用工具が少ないこと，はんだ付けの箇所を減らすことが自作機に必要な要素です．

マイコンを搭載する基板は専用のものを設計しました．最初から防水箱（WB-DM，未来工業）に内蔵することを前提にしたため，部品の配置やケーブルの引き出し位置もそれに合わせて調整しました．箱に合わせて基板を作ることで，組み立てが簡単になります．

基板の部品数はとにかく減らしました．しかし，電源周りなどは高効率なものを使って発熱を減らすなど，妥協していない部分もあります．

● 消耗品は交換を前提にしつつも防塵処理を施す

温湿度センサは，乾球湿球温度計という選択肢もあります．しかし，給水のための構造が必要で装置が大型化するため，寿命を気にしつつも安価な温湿度センサSHT31（センシリオン）を用いることにします．その代わり防塵処理としてタイベック・シートでセンサを覆う方法を開発しました．これで，ある程度，ホコリには耐えてくれます．ただし，高湿度環境での劣化は防げないので精度を維持するために定期交換することを前提とします．

通風筒の構造はウェブで公開されている自作用のマニュアル[10]を参考にし，分解清掃を簡単にするため，簡略化しました．通風ファンは消耗品であり，いつかは止まりますが，ここは妥協せずに，長寿命タイプPAAD16010BH（ワイドワーク）を使いました．安いファンを使うと1年持ちません．

CO_2センサはAmazonで購入可能な高湿度対応型S-300G（ELT SENSOR）を使います．このCO_2センサは，応答速度が遅いので通風したくなるのですが，高湿度対応をうたったセンサでも接続用コネクタの隙間にホコリや水滴が入れば耐えられません．価格が1万円ぐらいで安易に壊したくないので，通風筒には入れず，基板上に直接搭載して自然通風とします．

● オープンソース農業用ネットワーク通信を使う

センサ・ユニットにはデータの記録機能がありません．長期間連続してデータを記録するには，LAN経由で1度どこかに送信するという形をとります．

農業向けにUECSというオープンソースのネット
ワーク通信規格がありますので，センサのデータは，その形式にのっとって送信します．この規格に沿って作ってあれば，他のUECS対応ソフトウェアなどを活用できます．また，今回は割愛しますが，UECS対応クラウドと契約して中継機を設置すればクラウドとも連携できますので，そのまま商業温室にも使えるという実用性の高いものになります．クラウドに接続しないスタンドアロンな環境ではWindows PCを記録用に使うことができますので，その方法を後述します．

使い勝手を考えるとWi-Fiなどを使って通信を無線化したいところです．しかし，残念ながらWi-Fiの周波数帯は水分の多い植物に吸収されやすい性質があります．群落内にセンサを設置したとき，Wi-Fiだと電波が届かないことがあるので，信頼性を重視して有線LANを搭載しました．但し，確実に見通しの効くところであればWi-Fiで通信を中継することは可能です．

◆参考文献◆

(1) 技術資料4　気温等の測定方法，環境省．
https://www.env.go.jp/air/life/heat_island/guideline/mat04.pdf

(2) 星 岳彦；測るもの：飽差（湿度）道具：温湿度センサ，Interface，2019年4月号，pp.16-18，CQ出版社．

(3) 電気式湿度センサ，第一科学．
https://www.daiichi-kagaku.co.jp/situdo/note/arekore10/

(4) 星 岳彦；測るもの：屋外や温室の湿度 道具：湿度（相対湿度）センサ，Interface，2019年2月号，pp.12-13，CQ出版社．

(5) 星 岳彦ら；温室環境計測機器のための低コスト相対湿度センサの耐候性評価，農業情報研究，Vol.25，No.3，pp.79-85，2016年．

(6) データシート：SHT3x-DIS温湿度センサ，2017年，Sensirion．
https://www.sensirion.com

(7) Handling Instructions For SHTxx Humidity and Temperature Sensors，2018年，Sensirion．
https://www.sensirion.com

(8) 古在 豊樹；温室の複合環境制御とマイクロコンピュータの利用，施設と園芸，No.24，pp.7-12，1979年．

(9) 星 岳彦；測るもの：植物のエサの量 道具：CO_2ガス・センサ，Interface，2018年10月号，pp.14-16，CQ出版社．

(10) UECS-Pi DIYキット 内気象ノード，2018年，ワビット．

くろさき・ひでと

第2部

第10章　気温や湿度を安定的に測るために

IoT気象観測システム②…大気センシング機構の製作

黒崎 秀仁

マイコンを入れる

安定状態を測る
ための通風筒

写真1　きちんと温度や湿度を測るための大気センシング部を作る
（再掲）

第9章〜第12章では，農業用に使える気象観測IoTセンサを作っています．本稿では大気センシング部（**写真1**）を作ります．

第9章〜第12章の関連ファイル一式（ソースコードや基板ガーバ・データ）はGitHubから入手できます．

https://github.com/UECS/monilaria-appendix

大気センシング部の製作

● 工具あれこれ

表1に筆者が使用した工具を示します．ボール盤が使えない環境を想定して，穴あけは全てハンド・ドリルでできるようにして，穴径を4mmに統一しました．穴の位置が1〜2mmズレても大丈夫なように設計しています．

● 構成部品

図1に通風筒の構成部品と外観を示します．筆者の

表1　筆者が今回使用した工具類

工具	参考メーカ，仕様、用途など
電動ドリル・ドライバ	マキタなど
ドリル・ビット	φ4.0mm
ホール・ソー	φ38mm 木工・樹脂用
ホット・グルー・ガン	ダイソー
ホット・ボンド用グルー・スティック	ダイソー
精密ナット・ドライバ・セット	ベッセル TD-57
ワイヤ・ストリッパ	ベッセル No.3500E-1
はんだごて	白光 No.984-01
はんだ吸い取り線	白光 FR150-86
こて台	白光 No.603
ヤニ入り糸ハンダ	白光 FS402-03 φ1mm 150g 鉛入り
精密プラス・ドライバ	汎用品
プラス・ドライバ	汎用品
小型ニッパ	汎用品，よく切れるもの
養生テープ	日東電工 No.396
ラジオ・ペンチ	汎用品
ハサミ	汎用品
カッターナイフ	汎用品
マスキング・テープ	汎用品
アルミ線	太さ2mm．長さは1台当たり30cm程度消費
定規	30cm程度のもの
サドルバンド2個	カクダイ サドルバンド 6250-50
木ネジ4個	3×10mm程度
木板	下敷き用．厚さ10mm以上

（a）工具

項目	備考
Windows PC	Windows 7以降，要インターネット接続環境
LANケーブル	ストレート カテゴリ 5e以上 長さは適宜
プリンタとプリンタ用紙	穴あけ位置の作図用

（b）PC周辺

購入実績のある通販サイトを記載しました（原稿執筆時のもので，在庫があることを保証するものではありません）．

写真2	部品	型名	詳細	購入先の例	必要個数
(b)	ウォル・ボックス	ウォル・ボックス	未来工業 ウォル・ボックス	モノタロウ	1
(c)	DCファン	PAAD16010BH	ワイド・ワーク 60×60mm 4200rpm DC12V	Amazon	1
(d)	縦樋（たてとい）	KQ0241H	縦樋ミルク・ホワイト φ60mm（150mmに切断して使う）	モノタロウ	1
(e)	エルボ	KQ0542	縦樋用 エルボ ミルク・ホワイト φ60mm 90°	モノタロウ	2
(f)	断熱材	LTV-30	ライト・チューブ 内径38mm 厚み10mm（100mmに切断して使う）	ホーム・センタ コーナンやカインズホーム	1
(g)	ケーブル・タイ	TRJ150B	TRUSCO ケーブル・タイ 耐候性タイプ 幅3.6×長さ142mm	モノタロウ	10
(h)	Groveケーブル	SEEED-110990038	Grove - 4ピン・ケーブル 50cm	スイッチサイエンス	1
(i)	SHT31	AE-SHT31	SHT31使用 高精度温湿度センサ・モジュール	秋月電子通商	1
(j)	タイベック	1442R	デュポン タイベック 1442R 白 ソフトタイプ（80×80mmを4枚）	Amazon	1

（a）仕様など

（b）ウォル・ボックス

（c）DCファン

（d）縦樋（たてとい）

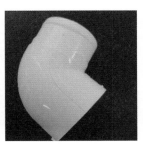

（e）エルボ

（f）断熱材

（g）ケーブル・タイ

（i）温湿度センサSHT31

（h）防塵処理した温湿度センサ

（j）タイベック

図1　筆者が大気センシング用通風筒に使用した部品

　断熱材は通販サイトに30本入りのものしか見つからず，近所のホーム・センタ「コーナン」で購入しました．類似品でも寸法が一致すれば使うことができます．縦樋とエルボも建築資材としてホーム・センタで販売されていることが多く，寸法の同じ白色の類似品であれば使うことができます．ただし，縦樋のメーカは統一する必要があります．

　材料の調達で一番難しいのは縦樋を150mmに切る作業です．縦樋に養生テープを巻き，寸法の一致するサドルバンド（カクダイ サドルバンド 6250-50）で木板にネジ止めして，パイプ・ソーで切断すると楽です．

● センサの防塵処理

　センサ部分のはんだ付けの順番を写真2に示します．Groveケーブルの片側のコネクタを切除して，温湿度センサSHT31モジュールにはんだ付けします．このとき，SHT31の穴径がギリギリのサイズなので，より線を数本切って細くするとやりやすいでしょう．SHT31が軽すぎて動いてしまうときはクリップで挟み，重りに固定して作業します．

　防塵処理手順を写真3に示します．タイベックを3枚準備し，1枚はSHT31を中央に載せて養生テープで机上に貼り付けて固定します［写真3（a）］．もう1枚は被覆用です．最後の1枚はテスト用とします．

　ホット・グルーガンを準備し，温まったらテスト用

（a）ケーブルの片側の
コネクタを切除

（b）より線を数本切って
細くするとやりやすい

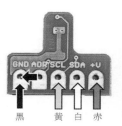

（c）SHT31（裏面）の結線

黒　黄　白　赤

（d）ADRのピンはGNDに
接続する

写真2　温湿度センサのはんだ付け手順
SHT31の裏面にはピン名が印字してあるのでGroveケーブルの各線を図のようにはんだ付けする（ADRのピンはGNDに接続する）

（a）SHT31をタイベックの
中央に

（b）ホット・ボンドを落とす

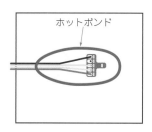

ホットボンド

（c）SHT31の周囲1cmの
範囲を楕円形に囲む

（d）被覆用タイベックを
上から被せて接着

（e）ホット・ボンドで固めた
周囲を切る

（f）防塵処理の完成

写真3
温湿度センサの防塵処理の手順
注意：最初に余剰なタイベックに
試し撃ちして縮れないか（温度が高
すぎないか）確認する

タイベックに試し撃ちします［**写真3（b）**］．このとき，ホット・ボンドが落ちた所が縮れるようなら，温度が高すぎるので温度を下げます．テスト用タイベックにホット・ボンドを落としても変化がないようなら，そのままホット・ボンドでSHT31の周囲1cmの範囲を楕円形に囲みます［**写真3（c）**］．センサにホット・ボンドが付かないように注意します（基板に付くのは大丈夫）．ホット・ボンドが冷えないうちに，被覆用タイベックを上から被せて指でなぞって接着します［**写真3（d）**］．固まったら，センサのケーブルの出口をホット・ボンドで補強します．最後に，ハサミでタイベックのホット・ボンドで固めた周囲を涙滴型に切って完成です［**写真3（e）（f）**］．

● **通風筒の組み立て**

　断熱材の中央と端，切れ目の周囲4カ所に穴を開けます［**写真4（a）**］．ケーブル・タイ2本で切れ目を縫い合わせるような形にして，防塵処理済みのSHT31を隙間に入れます［**写真4（b）**］，ケーブル・タイを締めて閉じます［**写真4（c）**］．このとき，SHT31モジュール本体をケーブル・タイで圧迫しないよう，また，センサが断熱材から飛び出さないように注意します．

　写真5でウォル・ボックスと縦樋の加工を説明します．採寸の面倒な箇所には穴あけ場所をプリンタで印刷した型紙（記事冒頭の欄外で紹介したGitHubダウンロード・データに同梱）を養生テープで貼り付けて位置指定します．縦樋に型紙を貼り，5cm間隔で2カ

写真4
温湿度センサを断熱材
に固定する手順

（a）断熱材の4カ所に穴を
開ける

（b）防塵処理済みのSHT31を
隙間に入れる

（c）ケーブル・タイを締めて
閉じる

（a）5cm間隔で2カ所に
φ4mmの穴を開ける

（b）開口部を作る

（c）5cm間隔で2カ所に
φ4mmの穴を開ける

（d）屋根部分に針金を
通せる穴を開ける

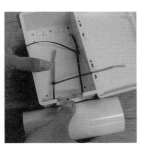

（e）縦樋にはケーブル・タイを
2本通す

（f）ウォル・ボックスの穴に
通す

（g）新しいケーブル・タイ2本
で固定

（h）ニッパで余剰箇所を切断

写真5　穴あけと縦樋の固定する手順

所にφ4mmの穴を開けます［**写真5（a）**］.

　ウォル・ボックスは，最初に中に入っているプラスチック板のネジを外して取り出した後，底の薄い部分をニッパで切断して，開口部を作ります［**写真5（b）**］.ウォル・ボックス用の型紙を貼り付けて5cm間隔で2カ所にφ4mmの穴を開けます［**写真5（c）**］.

　ウォル・ボックスの屋根部分にも穴を開けて針金を通せるようにしておくと後で吊り下げるときに便利です［**写真5（d）**］.

　穴あけが終わった縦樋にはケーブル・タイを2本通します［**写真5（e）**］.このケーブル・タイをウォル・ボックスの穴に通して引っ張ります［**写真5（f）**］.

　さらに，新しいケーブル・タイ2本を穴から出ているケーブル・タイに取り付けて，ウォル・ボックスの底まで押し下げ固定します［**写真5（g）**］.このとき，ケーブル・タイの裏表を間違えると固定できないので注意してください.ケーブル・タイを正しい方向に挿すとジーッという音がします.少し引っ張ってケーブル・タイが抜けないのを確認したらニッパで余剰箇所を切断します［**写真5（h）**］.

● エルボの穴あけと取り付け

　穴あけが必要なエルボは1つだけです.もう片方には何の加工も要りません.エルボには大きい口と小さい口があります.大きい口から奥に8mmの場所に2カ所にφ4mmの穴を開けます［**図2（a）**］.相対する場

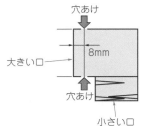

（a）大きい口から奥に8mmの場所に2カ所 φ4の穴を開ける

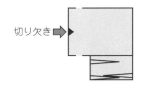

（b）深さ5mm程度の三角形の切り欠きを 作る

（c）エルボの大きい口の1カ所を ニッパで切る

図2　エルボの穴あけ手順
注意：穴あけが必要なエルボは1つだけ

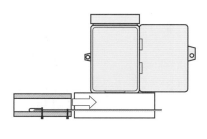

（a）左側からSHT31取り付け済みの 断熱材を押し込む

（b）縦樋の左端に合わせる

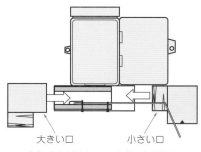

（c）穴あけ済みのエルボは右側から 小さい口を差し込む

図3　温度センサとエルボの取り付け

（a）ケーブルを引き出す

（b）ラベルのある側が外向き

（c）エルボの穴2つを貫通

（d）相対する側の穴から引き出す

（e）ケーブル・タイに挿して 固定

（f）環状に連結

（g）ケーブルが動かないように する

（h）温湿度の測定であれば完成

写真6　ファンの固定手順

（a）円形に穴を開ける

（b）裏から穴の周囲にボンドを塗る

（c）タイベックを貼り付け

（d）CO_2センサ用の通気口

写真7　CO_2センサ用通気口の作成手順（CO_2センサを使わないときは不要）

所に2カ所に開いていればよいので，開ける場所は必ずしも図の通りでなくても構いません．

　次にエルボの大きい口の1カ所をニッパで切り，深さ5mm程度の三角形の切り欠きを作ります［図2（b）］．

　図3でエルボの取り付けについて説明します．ウォル・ボックスを正面から見て左側からSHT31取り付け済みの断熱材を押し込み，縦樋の左端に合わせます．次に，未加工のエルボを縦樋の左側に配置し，大きい口を差し込みます．穴あけ済みのエルボは右側から小さい口を差し込みます．

　写真6でファンの固定を説明します．SHT31のケーブルはエルボの切り欠きから引き出し，養生テープで動かないように貼り付けます［写真6（a）］．

　DCファンはラベルのある側が外向きです［写真6（b）］．DCファンの1つの穴にケーブル・タイを通し，そこからさらにエルボの穴2つを貫通させ［写真6（c）］，DCファンの相対する側の穴に通して引き出します［写真6（d）］．

　そして，新しいケーブル・タイをDCファンの穴から出ているケーブル・タイに挿して固定します［写真6（e）］．このときも，ケーブル・タイの裏表に注意してください．ファンを手で回してみて，ケーブルに干渉しないことを確認します．2本のケーブル・タイを環状に連結し［写真6（f）］，これをエルボの周囲に巻いて締めあげ，ケーブルが動かないようにします［写真6（g）］．これでSHT31のケーブルが動いてDCファンに干渉するのを防ぎます．温湿度のみの測定であればこれで完成です［写真6（h）］．

● CO_2センサ用通気口の作成

　この工程はCO_2センサを取り付けない場合は不要です．

　ウォル・ボックスの下から70mmの場所にφ38mmのホール・ソーで円形に穴を開けます［写真7（a）］．次に，裏側から穴の周囲にホット・ボンドを塗ります．［写真7（b）］．80×80mmにカットしたタイベックを貼り付け，指でなぞって接着します［写真7（c）］．写真7（d）がCO_2センサ用の通気口になります．

◆参考文献◆
(1) 技術資料4　気温等の測定方法，環境省.
　　https://www.env.go.jp/air/life/heat_island/guideline/mat04.pdf
(2) 星 岳彦；測るもの：飽差（湿度）道具：温湿度センサ，Interface，2019年4月号，pp.16-18，CQ出版社.
(3) 電気式湿度センサ，第一科学.
　　https://www.daiichi-kagaku.co.jp/situdo/note/arekore10/
(4) 星 岳彦；測るもの：屋外や温室の湿度 道具：湿度（相対湿度）センサ，Interface，2019年2月号，pp.12-13，CQ出版社.
(5) 星 岳彦ら；温室環境計測機器のための低コスト相対湿度センサの耐候性評価，農業情報研究No.25，Vol.3，pp.79-85，2016年.
(6) データシート：SHT3x-DIS温湿度センサ，2017年，Sensirion.
　　https://www.sensirion.com
(7) Handling Instructions For SHTxx Humidity and Temperature Sensors，2018年，Sensirion.
　　https://www.sensirion.com
(8) 古在 豊樹；温室の複合環境制御とマイクロコンピュータの利用，施設と園芸 No.24，pp.7-12，1979年.
(9) 星 岳彦；測るもの：植物のエサの量 道具：CO_2ガス・センサ，Interface，2018年10月号，pp.14-16，CQ出版社.
(10) UECS-Pi DIYキット 内気象ノード，2018年，ワビット.

くろさき・ひでと

IoT気象観測システム③…
気象観測センサのプログラム

黒崎 秀仁

写真1　自作センサ・ユニット・コントロール基板
ハードウェアは次章で解説

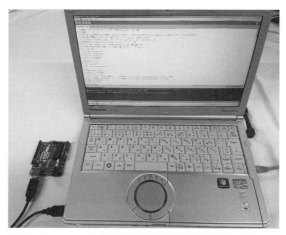

写真2　Arduinoへのプログラム書き込みは取り付け前に行う

　第9章〜第12章では農業向け気象観測センサを自作しています（**写真1**）．今回はマイコン・ボード（Arduino）のプログラムを作成して書き込みます．ソフトウェアは更新されるので適宜読みかえてください．

　関連ファイル一式（ソースコードや基板ガーバ・データ）はGitHubから入手できます．

https://github.com/UECS/monilaria-appendix

● マイコンへのプログラム書き込み

　Arduino Unoへのプログラムの書き込みは，基板に取り付ける前に行います（**写真2**）．新品ならばどのタイミングで書き込んでも大丈夫ですが，過去に何かに使っている場合は，基板取り付け前にプログラムを上書きしておかないとトラブルの原因になります．

　開発にはWindows PCを用いたので，Windows版のArduino IDE 1.8.9で説明します．IDEのインストール手順や詳細な操作方法は割愛しますが，インストールが必要なライブラリが3つあります．Arduino IDEを起動し，［CTRL］＋［SHIFT］＋［I］キーを押します．ライブラリの検索画面が出るので検索欄に「ELTS300」と入力して出てくるものと，「UARDECS_MEGA」と入力して出てくるものをインストールします（旧バージョンのUARDECS_MEGAを使っている方はインストール前に旧バージョンを削除する）．さらに，「Ethernet2」を検索して「Ethernet2 by Various」と書かれているライブラリの最新バージョンをインストールします（**図1**）．

● ソースコード

　ソースコードは，次の3つのファイルに分かれています．

リスト1：気象観測センサのプログラム（Arduino用）
リスト2：温湿度センサSHT31用ドライバ
　　　　　（Mysht3x.h, Mysht3x.cpp）

　Mysht3x.hとMysht3x.cppは，SHT31用のドライバです．計測コマンドと読み出しコマンドのタイミングを指定するため独自のものになっています．コンパイルするにはこれらのファイルを全て同じフォルダに入れておく必要があります．

リスト1　気象観測センサのプログラム（Arduino用のスケッチ）

```
//UECS対応型簡易センサユニット スケッチ H.kurosaki 2019/5/28
                                     Arduino UNO/MEGA用
//初期IPアドレスは192.168.1.7、サブネットマスク255.255.255.0
                                                       です
//ファン停止、温湿度センサエラーを検出するとcnd.mICにエラー値を送信し
                                                       ます
//CO2センサが無い場合、自動的にデータ送信が停止します（エラーにはなりま
                                                       せん）
#include <SPI.h>
#include <Ethernet2.h>
#include <avr/pgmspace.h>
#include <avr/wdt.h>
#include <EEPROM.h>
#include <Wire.h>
#include "mysht3x.h"
#include "s300i2c.h"
#include <Uardecs_mega.h>

SHT3x sht3x = SHT3x();
static char SHT3XAddr;
S300I2C CO2S300(Wire);
#define OPRMODE_ERR_SHT3xSENSERR      0x20000000
                                 //SHT31センサ異常
#define OPRMODE_ERR_FANSTOP           0x40000000
                                     //ファン故障

#define PIN_FANRPM     8
#define PIN_MCDL       9

//IPアドレスリセット用ジャンパーピン設定
const byte U_InitPin = 3;
const byte U_InitPin_Sense=LOW;

// ノードの基本情報
//注意：このプログラムを内蔵した機器を販売する場合は正規のUECS-IDの
                                     取得が必要です
const char U_name[] PROGMEM= "Sensor Node";
                                         //MAX 20 chars
const char U_vender[] PROGMEM= "WARC/NARO";
                                         //MAX 20 chars
const char U_uecsid[] PROGMEM= "000000000000";
                                         //12 chars fixed
const char U_footnote[] PROGMEM= "Sensor node by
                              H.Kurosaki/NARO";
char U_nodename[20] = "node";//MAX 19chars (This
                      value enabled in safemode)
UECSOriginalAttribute U_orgAttribute;
                                //この定義は弄らないで下さい

//Web上の設定画面に関する宣言
//web設定画面で表示すべき項目の総数
const int U_HtmlLine = 0;
// 表示素材の登録
struct UECSUserHtml U_html[U_HtmlLine]={
};

// CCM用の素材
enum {
CCMID_InAirTemp,
```

```
CCMID_InAirHumid,
CCMID_InAirHD,
CCMID_InAirCO2,
CCMID_cnd,
CCMID_dummy,  //CCMID_dummyは必ず最後に置くこと
};

//CCM格納変数の宣言
const int U_MAX_CCM = CCMID_dummy;
UECSCCM U_ccmList[U_MAX_CCM];

//CCM定義用の素材
const char ccmNameTemp[] PROGMEM= "Temperature";
const char ccmTypeTemp[] PROGMEM= "InAirTemp.mIC";
const char ccmUnitTemp[] PROGMEM= "C";

const char ccmNameHumid[] PROGMEM= "Humid";
const char ccmTypeHumid[] PROGMEM= "InAirHumid.mIC";
const char ccmUnitHumid[] PROGMEM= "%";

const char ccmNameHD[] PROGMEM= "HumidDiff";
const char ccmTypeHD[] PROGMEM= "InAirHD.mIC";
const char ccmUnitHD[] PROGMEM= "g m-3";

const char ccmNameCO2[] PROGMEM= "CO2";
const char ccmTypeCO2[] PROGMEM= "InAirCO2.mIC";
const char ccmUnitCO2[] PROGMEM= "ppm";

const char ccmNameCnd[] PROGMEM= "NodeCondition";
const char ccmTypeCnd[] PROGMEM= "cnd.mIC";
const char ccmUnitCnd[] PROGMEM= "";
//------------------------------------------------------
//UARDECS初期化用関数
// 主にCCMの作成とMACアドレスの設定を行う
//------------------------------------------------------
void UserInit(){
//注意：Wiz550ioに貼ってあるMACアドレスを左から順に入力すること
U_orgAttribute.mac[0] = 0x00;
U_orgAttribute.mac[1] = 0x00;
U_orgAttribute.mac[2] = 0x00;        MACアドレス
U_orgAttribute.mac[3] = 0x00;        を書き換える
U_orgAttribute.mac[4] = 0x00;        （図2参照）
U_orgAttribute.mac[5] = 0x00;

UECSsetCCM(true, CCMID_InAirTemp, ccmNameTemp,
          ccmTypeTemp, ccmUnitTemp, 29, 1, A_10S_0);
UECSsetCCM(true, CCMID_InAirHumid, ccmNameHumid,
          ccmTypeHumid, ccmUnitHumid, 29, 1, A_10S_0);
UECSsetCCM(true, CCMID_InAirHD, ccmNameHD, ccmTypeHD,
                        ccmUnitHD, 29, 2, A_10S_0);
UECSsetCCM(true, CCMID_InAirCO2, ccmNameCO2,
          ccmTypeCO2, ccmUnitCO2, 29, 0, A_10S_0);
UECSsetCCM(true, CCMID_cnd , ccmNameCnd , ccmTypeCnd
                    , ccmUnitCnd , 29,0, A_1S_0);

}

//------------------------------------------------------
//Webページから入力が行われ各種値を取得後以下の関数が呼び出される
```

　プログラムを書き込む前に必ず修正すべき場所があります．スケッチのMACアドレスの部分（**リスト1**の91～96行目）に，コントロール基板で使用しているイーサネット・モジュールWIZ550io（WIZnet）に書かれたMACアドレスを入力します（**図2**，p.85）．MACアドレスはモジュールの個体ごとに異なるので，全ての装置で違う値になります．この修正が終わったら書き込みボタンを押してArduinoにプログラムを書き込みます．

くろさき・ひでと

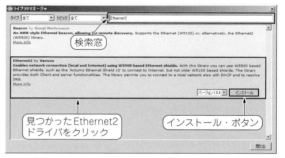

図1　ライブラリを検索してインストールする

```
//この関数呼び出し後にEEPROMへの値の保存とWebページの再描画が行われる
//-------------------------------------------------------
void OnWebFormRecieved(){
}
//-------------------------------------------------------
//毎秒1回呼び出される関数
//関数の終了後に自動的にCCMが送信される
//-------------------------------------------------------
void UserEverySecond(){
    static bool SHT3x_errcount=false;
    static bool fan_errcount=false;
    static char count=0;
    U_ccmList[CCMID_cnd].value=0;
//----------------------------------------------CO2
    unsigned int co2 = CO2S300.getCO2ppm();
    U_ccmList[CCMID_InAirCO2].value=co2;
    //CO2センサがない場合、データ送信を停止する
    if(co2==0)
    {
        U_ccmList[CCMID_InAirCO2].
                            flagStimeRfirst=false;
    }
//--------------------------------------------- 回転数
    if(CountFanRPM()==0)
    {fan_errcount=true;}
    else
    {fan_errcount=false;}
//--------------------------------- 温湿度計測（2秒に1度）
//SHT3xは計測コマンドの後、データが準備されるのに時間がかかる
//1秒間隔で計測コマンドと読み出しコマンドを交互に送信している
    if(count ==0)
    {
        sht3x.startMeasure();
    }
    else if(count==1)
    {
        if(sht3x.getTempHumid())
        {
            double t=sht3x.temp;
            double rh=sht3x.humidity;
            U_ccmList[CCMID_InAirTemp].value=
                                (long)(t*10);
            U_ccmList[CCMID_InAirHumid].value=
                                (long)(rh*10);
            //飽差計算
            double humidpress=6.1078*pow(10,(7.5*t/
                                    (t+237.3)));
            double humidvol=217*humidpress/(t+273.15);
            U_ccmList[CCMID_InAirHD].value=(100-
                rh)*humidvol;//小数が下位2桁なのでそのまま出力
            SHT3x_errcount=false;
        }
        else
        {
            //エラー
            SHT3x_errcount=true;
            sht3x.begin(SHT3XAddr);
        }
    }
    count++;
    count=count%2;
// 温湿度センサエラー時に送信を停止する
    if(SHT3x_errcount)
    {
        U_ccmList[CCMID_cnd].value|=
                    OPRMODE_ERR_SHT3xSENSERR;
        U_ccmList[CCMID_InAirTemp].
                        flagStimeRfirst=false;
        U_ccmList[CCMID_InAirHumid].
                        flagStimeRfirst=false;
        U_ccmList[CCMID_InAirHD].
                        flagStimeRfirst=false;
    }
//ファン停止時にエラー値を送信する
    if(fan_errcount)
    {
        U_ccmList[CCMID_cnd].value|=
                        OPRMODE_ERR_FANSTOP;
    }
}
//-------------------- 1分に1回実行される関数
void UserEveryMinute(){
```

```
}
//-------------------- メインループ、重い処理禁止
void UserEveryLoop(){
#if defined(_ARDUINIO_MEGA_SETTING)
    //Arduino MEGAではWDTをつかってはいけない
#else
    wdt_reset();
#endif
}
//-------------------- 本来のArduinoのメインループ
void loop(){
    UECSloop();
}
//-------------------- 起動時に実行される初期化関数
void setup(){
    pinMode(PIN_FANRPM,INPUT_PULLUP);

    //とりあえず0x45で初期化してみる
    SHT3XAddr=0x45;
    sht3x.begin(0x45);
    sht3x.startMeasure();
    delay(1000);
    if(!sht3x.getTempHumid())//アクセスできない場合0x44を試す
    {sht3x.begin(0x44);SHT3XAddr=0x44;}

    CO2S300.begin(S300I2C_ADDR);
    UECSsetup();
#if defined(_ARDUINIO_MEGA_SETTING)
    //Arduino MEGAではWDTをつかってはいけない
#else
    wdt_enable(WDTO_8S);
#endif
}
//-------------------- パルス幅から回転数の計算
double CountFanRPM(){
    //PCファンは1回転で2パルス出る
    //LOW-HIGH間の時間をマイクロ秒単位で2回測って合計
    bool fansts;
    bool nowsts;
    unsigned long stime;
    unsigned long etime;
    double timediff=0;
    for(int i=0;i<2;i++)
    {
        etime=micros();
        while(1)//頭出し1
        {
            if(digitalRead(PIN_FANRPM)==LOW){break;}
            if(micros()-etime>10000 ||micros()<etime)
                            {return 0.0;}
        }

        stime=micros();
        while(1)//頭出し2
        {
            if(digitalRead(PIN_FANRPM)==HIGH){break;}
            if(micros()-stime>10000 ||micros()<stime)
                            {return 0.0;}
        }

        etime=micros();//計測
        while(1)
        {
            if(digitalRead(PIN_FANRPM)==LOW){break;}
            if(micros()-etime>10000 ||micros()<etime)
                            {return 0.0;}
        }

        stime=micros();//計測
        while(1)
        {
            if(digitalRead(PIN_FANRPM)==HIGH){break;}
            if(micros()-stime>10000 ||micros()<stime)
                            {return 0.0;}
        }
        timediff+=micros()-etime;
    }
    if(timediff==0){return 0.0;}
    //最後に1分をマイクロ秒に変換した値を割る
    return 60000000.0/timediff;
}
```

リスト2　温湿度センサSHT31用ドライバ

```
#ifndef _SHT3x_H_
#define _SHT3x_H_

#include "Arduino.h"
#include "Wire.h"

#define SHT3x_ADDR    0x45

class SHT3x {
  public:
    SHT3x();
    bool begin(unsigned char i2caddr = SHT3x_ADDR);
    void startMeasure(void);
```

```
    bool getTempHumid(void);
    double humidity, temp;

  private:
    void writeCommand(unsigned short cmd);
    void reset(void);
    unsigned char crc8Dallas(const unsigned char *data,
int len);
    unsigned char _i2caddr;
};

#endif
```

（a）ヘッダ・ファイル（Mysht3x.h）

```
#include "MySHT3x.h"

SHT3x::SHT3x() {
}

bool SHT3x::begin(unsigned char i2caddr) {
    Wire.begin();
    _i2caddr = i2caddr;
    reset();
    return true;
}

void SHT3x::startMeasure(void)
{
    writeCommand(0x2400);//MEAS_HIGHREP
    return;
}

bool SHT3x::getTempHumid(void) {
    unsigned char i2cbuffer[6];
    Wire.requestFrom(_i2caddr, (unsigned char)6);
    if (Wire.available() != 6)
      return false;
    for (unsigned char i=0; i<6; i++) {
      i2cbuffer[i] = Wire.read();
    }
    unsigned short SensorT, SensorRH;
    SensorT = i2cbuffer[0];
    SensorT <<= 8;
    SensorT |= i2cbuffer[1];

    if (i2cbuffer[2] != crc8Dallas(i2cbuffer, 2)) return
                                                 false;

    SensorRH = i2cbuffer[3];
    SensorRH <<= 8;
    SensorRH |= i2cbuffer[4];
```

```
    if (i2cbuffer[5] != crc8Dallas(i2cbuffer+3, 2))
                                         return false;

    temp = (double)SensorT*175.0/65535.0-45.0;
    humidity=(double)SensorRH*100.0/65535.0;

    return true;
}

void SHT3x::reset(void) {
    writeCommand(0x30A2);//reset command
    delay(10);
}

unsigned char SHT3x::crc8Dallas(const unsigned char
                                   *data, int len) {
    unsigned char crcval(0xFF);

    for ( int j = len; j; --j ) {
        crcval ^= *data++;

        for ( int i = 8; i; --i ) {
          crcval = ( crcval & 0x80 )
             ? (crcval << 1) ^ 0x31//polynomial value
             : (crcval << 1);
        }
    }
    return crcval;
}

void SHT3x::writeCommand(unsigned short cmd) {
    Wire.beginTransmission(_i2caddr);
    Wire.write(cmd >> 8);
    Wire.write(cmd & 0xFF);
    Wire.endTransmission();
}
```

（b）ドライバ本体（Mysht3x.cpp）

```
84  const char ccmUnitCmd[] PROGMEM= "";
85  //------------------------------------------------------
86  //UARDECS初期化用関数
87  //主にCCMの作成とMACアドレスの設定を行う
88  //------------------------------------------------------
89  void UserInit(){
90    //注意：Wiz550ioに貼ってあるMACアドレスを左から順に入力すること
91    U_orgAttribute.mac[0] = 0x00;
92    U_orgAttribute.mac[1] = 0x00;
93    U_orgAttribute.mac[2] = 0x00;
94    U_orgAttribute.mac[3] = 0x00;
95    U_orgAttribute.mac[4] = 0x00;
96    U_orgAttribute.mac[5] = 0x00;
97
```

0xの後にWIZ550ioに
書かれたMACアドレス
を左から順に入力する

0xの後にWIZ550ioに書かれたMACアドレスを
左から順に入力する

図2　MACアドレスの書き換え

第12章　Arduino×有線LANでIoT

IoT気象観測システム④…気象観測センサの回路

黒崎 秀仁

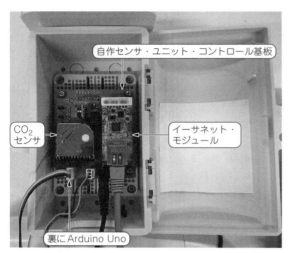

自作センサ・ユニット・コントロール基板

CO_2
センサ

イーサネット・
モジュール

裏に Arduino Uno

写真1　農業向けの気象観測IoTセンサの自作センサ・ユニット・コントロール基板

第9章～第12章では農業向けの気象観測IoTセンサを作っています（**写真1**）．最後はCO_2センサS-300G（ELT SENSOR）やイーサネット・モジュール，電源回路などを搭載したセンサ・ユニット・コントロール基板を作ります．

気象観測センサ基板の組み立て

● 構成部品

センサの制御と通信にはArduino Uno[注1]を使います．固定用のネジまで含めた基板の構成部品を**表1**に示します．通販だとネジは100個単位でしか買えないものがありますが，1台だけ作る場合はこんなにたく

注1：ラズベリー・パイ版の開発も同時に行いましたが，Arduino版の方がちょっと使うのに便利で安く済むため今回はArduino版で解説します．

表1　筆者が使ったArduino Uno用気象観測IoTセンサの部品

部品	部品詳細	メーカ型名	購入先（例）	個数
DCジャック	2.1mm標準DCジャック基板取付用	MJ-179PH	秋月電子通商	1
M78AR033	超高効率DC-DCコンバータ 3.3V 0.5A	M78AR033-0.5	秋月電子通商	1
ジャンパ・ピン	2.54mmピッチ・ジャンパ・ピン	MJ-254-6BK	秋月電子通商	1
ピン・ソケット	分割ロング・ピン・ソケット（メス）2.54mmピッチ 1×42ピン	FHU-1x42SG	秋月電子通商	1
2.54mmピン・ヘッダ	ピン・ヘッダ 2.54mmピッチ 1×40ピン	PH-1x40SG	秋月電子通商	2
Groveコネクタ	Grove - ユニバーサル4ピン・コネクタ	SEEED-110990030	スイッチサイエンス	1
ファン・コネクタ	Molex 基板接続用ピン・ヘッダ 3極 2.54mm	22-27-2031-03	RSオンライン	1
OKI-78SR-5	高効率DC-DCコンバータ 5V 1.5A	OKI-78SR-5/1.5-W36-C	RSオンライン	1
2mmピン・ヘッダ	ピン・ヘッダ 2mmピッチ 2×40ピン（切断して使う）	PH2-2X40SBG	秋月電子通商	1
ACアダプタ	スイッチングACアダプタ 12V1A	AD-M120P100	秋月電子通商	1
M3スペーサ	スペーサ M3×30 六角オネジ・メネジ MB3-15	MB3-15	秋月電子通商	4
M2.6スペーサ	スペーサ M2.6×11mm 六角オネジ・メネジ MB26-11	MB26-11	秋月電子通商	2
M2.6ネジ	なべ小ねじ（+）　M2.6×5	−	秋月電子通商	2[※1]
M3ネジ	なべ小ねじ（+）　M3×5	−	秋月電子通商	4[※1]
M2.6ナット	六角ナット　M2.6×0.45	−	秋月電子通商	2[※1]
基板	自作品	−	スイッチサイエンス	1
Arduino Uno	マイコン・ボード Arduino Uno R3	Arduino Uno R3	秋月電子通商	1
Wiz550io	組み込み用イーサネット・モジュール WIZ550io V1.3	WIZ550io V1.3	スイッチサイエンス	1
S-300G	CO_2センサ S-300G (5V)	S-300G (5V)	Amazon	1[※2]

※1　100個入りセットで販売されている
※2　このセンサ・ユニットはCO_2センサがなくても動作する

さん買う必要はありません．もし，ホーム・センタなどで少量ずつ入手できるなら，その方が安い可能性があります．

● 基板づくり

　筆者は，基板の設計はEagle 7.7.0で，製造はスイッチサイエンスPCBで行いました（実験時点）注2．1台作るだけなら基板を製造しなくても構いませんが，筆者は複数台作ることを想定しているためです．図1に

注2：スイッチサイエンスPCBは2019年5月末でサービス終了しました．後継サービスはFusion PCBになります．どちらも同じ設計データが使えます．

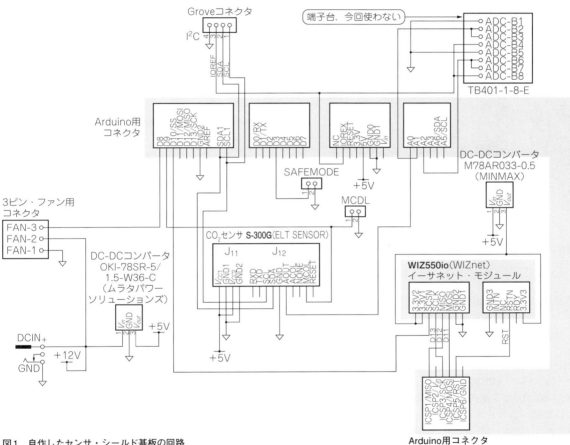

図1　自作したセンサ・シールド基板の回路

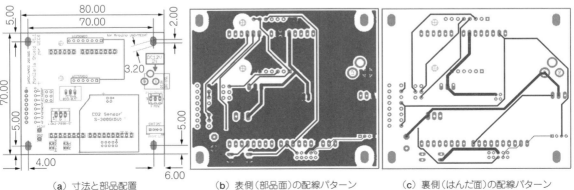

（a）寸法と部品配置　　　　（b）表側（部品面）の配線パターン　　　　（c）裏側（はんだ面）の配線パターン（表側からの透視図）

図2　今回自作したシールド基板の寸法と配線パターン

(a) 最初に2mmピン・ヘッダ　(b) Arduino側のピン数に合わせる　(c) 一気にはんだ付け　(d) WIZ550ioもピン数に合わせて

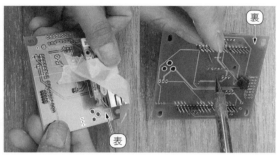

(e) Arduinoは裏，
WIZ550ioは表
(f) 水平に気を使いながら
はんだ付け

写真2　自作シールド基板の組み立て

回路を，**図2**に基板の寸法データを示します．回路図にあるTB401端子台は今回使用しませんので実装する必要はなく，部品表にも記載しませんでした．DCジャックとDC-DCコンバータを実装しているので，ArduinoのDCジャックは使いません．DC-DCコンバータのM78AR033-0.5はイーサネット・モジュールWIZ550ioにのみ電源を供給するのに使っています．類似部品がありますが，低ドロップ型が必要なので注意してください．

● 基板の組み立て

写真2に基板の組み立て工程の一部を示します．背が低く小さい部品から先に付けるとはんだ付けがしやすいです．

最初に2mmピン・ヘッダを折って2×2，2×5ピンのものを作ってCO_2センサの所にはんだ付けしています［**写真2(a)**］．基板をひっくり返すと脱落するものは，マスキング・テープなどで固定してからはんだ付けします．最初の1〜2ピンをはんだ付けしたら表に返します．水平が合っていることを確認した後，残りのピンをはんだ付けします．

Arduino用のピンは，2.54mmピン・ヘッダをピン数に合わせて折ったものをArduino側に刺します［**写真2(b)**］．2×3ピンの所にはピン・ソケットを3

ピンに折ったものを2つ並べて刺します．この状態のArduinoに基板を被せて，全てのピンを基板に挿し込んだまま一気にはんだ付けします［**写真2(c)**］．

WIZ550ioもピン・ソケットをピン数に合わせて折って刺してから基板に固定してはんだ付けします［**写真2(d)**］．Arduinoは基板の裏，WIZ550ioは基板の表に取り付けます［**写真2(e)**］．はんだ付け中に傾きやすいので，水平に気を使いながらはんだ付けします［**写真2(f)**］．

残りの部品も全て実装した完成品を**写真3**に示します．

● ネジ止め

ネジ止めの工程を**写真4**に示します．WIZ550ioはM2.6のスペーサとネジで固定します[注3]［**写真4(a)**］．

次にウォル・ボックスから取り外したプラスチック板の穴に基板のネジ穴に合わせてM3スペーサをドライバでねじ込みます．穴が浅いので完全に奥まで入りません．その上にArduino Unoを装着した基板を載せ，M3ネジで固定します［**写真4(b)**］．

2つのジャンパ・ピンは普段は使わないので，何も刺しません．

CO_2センサを使うときはセンサ裏側のソケットを基板上の2mmピン・ヘッダに挿し込んで取り付けます［**写真4(c)**］．箱に収めた後にCO_2センサを取り付けないでください．取り付け状態が確認できないので逆刺しやズレ刺しで，壊す原因になります．

次にウォル・ボックスにプラスチック板をネジ止めし，大気センシング部（第10章）のDCファンと温湿度センサSHT31のケーブルをつなぎます．ACアダプタは上側の基板のDCジャックに挿します．LANケーブルを取り付けてひとまずハードウェアは完成です［**写真4(d)**］．

注3：筆者は精密ドライバ・セットTD-57（ベッセル）を使用．

（a）表　　　　　　　　　　　　　　　　　（b）裏

写真3　自作シールド基板の完成

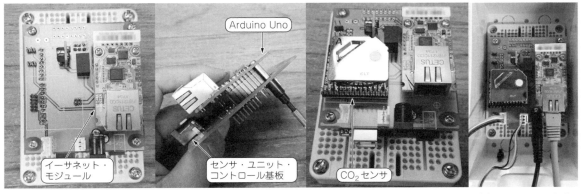

（a）イーサネット・モジュールを固定　　（b）Arduino Unoを固定　　（c）CO₂センサを使うとき　　（d）ハードウェア完成

写真4　ネジ止めと組み立て手順

ネットワークの初期設定について

　ACアダプタを電源につなぐとDCファンが勢いよく回り始めます．この状態で設定用のPCとLANケーブルで直結して初期設定を行います（写真5）．

　初期状態でセンサのIPアドレスは192.168.1.7，サブネット・マスクは255.255.255.0に設定されています．このアドレスにアクセスできるようにPCのIPアドレスを手動で設定します．PCのIPアドレス設定手順は割愛しますが，例えばIPアドレスは192.168.1.2，サブネット・マスクは255.255.255.0のようにするとよいでしょう．設定の意味が分からないときは変更前の設定をメモしておいて作業後に戻せるようにしておきます．

　PCのブラウザのURL欄に192.168.1.7と入力してアクセスすると「[SafeMode] Sensor Node」というタイトルのページが表示されます［図3（a）］．最初に「Node Status」のリンクに入り図3（b）の画面を出します．ここでは，各種センサの値が確認できます．一番下の

写真5　電源を入れたらネットワークの設定を行う

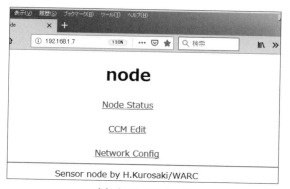

（a）タイトルのページ

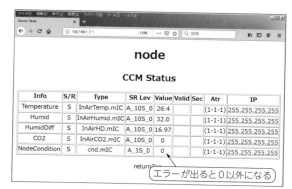

（b）Node Statusのリンクに入る

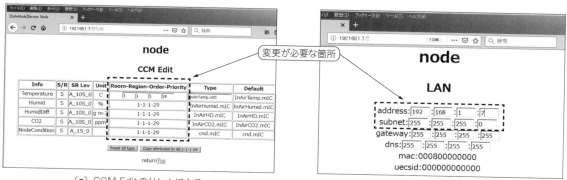

（c）CCM Editのリンクに入る

（d）IPアドレスやサブネット・マスクを設定する

図3　設定の確認と変更箇所

「NodeCondition」のValueが0になっていることを確認してください．ここに何らかの大きな数値が表示されているときは，センサかDCファンに異常があります．

CO$_2$センサS-300Gを接続しても「CO2」のValueが0の場合は何らかの異常があります．異常値を見つけたら，電源を抜いて確認してください．

問題がなければトップ・ページに戻り「CCM Edit」のリンクに入ります．すると**図3（c）**の画面が出てきます．もし，このとき文字化けした表示が出ているときは「Reset all type」ボタンを押して設定を初期化します．次に「Room-Region-Order-Priority」と書かれた欄に異常に大きな値が設定されているので，[Edit]を押して編集モードにした後，全て「1-1-1-29」に書き換えて[send]を押します．さらに，1行だけ設定して

「Copy attributes…」と書かれたボタンを押すと全ての行に値をコピーできます．

次に，一度トップ・ページに戻り，「Network Config」のリンクに入ります．IPアドレスとサブネット・マスクが全て255で埋まっているので，例えば，**図3（d）**のようにIPアドレスを192.168.1.7，サブネット・マスクを255.255.255.0に書き換えて「send」ボタンを押します．すると「Please push reset button.」と出てきますが，リセット・ボタンはないので，一度電源を抜いて挿し直します．

これでネットワークの初期設定は完了するはずです．

くろさき・ひでと

コラム　**どんどん進化していくファン＆DC-DCコンバータ選びの注意点**　黒崎 秀仁

　筆者が使用したDCファンPAAD16010BH（AAVID）と，DC-DCコンバータOKI-78SR-5/1.5-W36-C（ムラタパワーソリューションズ）は入手困難なタイミングがありました．今後も新しいタイプが出ると思いますので，入手可能な代替品を使う上での注意点を記しました．参考にしてください．

● DCファン選びの注意点
　代わりにPCケース用のファン［60mm × 60mm,例えばオウルテック（ファンは山洋電機製）SF6-S6またはSF6-S5］が使用できます．ただし，寸法が変わるので次の点に注意して取り付ける必要があります（図A）．
（a）ケーブルタイ2本を図のように差し込み，締める
（b）ファンを手で回して干渉しないことを確認後に不要部分をカット

● DC-DCコンバータ選びの注意点
　5VのDC-DCコンバータですが，例えばM78AR05-1（MINMAX社）で考えてみます．
　出力が1.5Aから1Aに低下しますが，もともと余裕のある設計となっているため動作には影響しません．
　5VのDC-DCコンバータをM78AR05-1で代用した場合の例を写真Aに示します．位置が少しずれますが，ピンの配列とピッチは同じです．印字面の○が1番ピンを示します．DC-DCコンバータはシリーズで外観が似ていることがあるので注意してください．

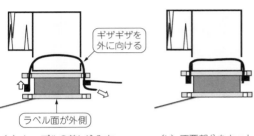

（a）ケーブルの差し込み方　　（b）不要部分をカット
図A　ケーブルの取り付け方

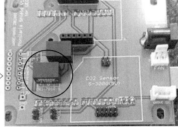

写真A　DC-DCコンバータOKI-78SR-5/1.5-W36-C（左）とM78AR05-1（右）

Appendix 1 地図データと連携して誰でも使いやすくを目指して

農業センシング・データ標準化の世界

本多 潔，長井 正彦

地図の基礎知識

● 共通認識が重要な地図には決まりが必要

地図は，地球上の地形や地物を平面上に表現したものです．利用した人が，地図を通して共通の認識または理解を持てることが重要です．そういう意味では，地図は言語と同じで，情報を共有するためのツールと言うことができます．地図を通して情報の共通認識を持つには，地図記号などのルールを理解するのと同時に，地図の座標系を理解する必要があります．

地図を利用するに当たり，限られた地域の限られた人たちの間だけで情報を共有する場合，共通の認知地図を持っており，情報の共有が容易にできます．

認知地図とは，それぞれの人が頭の中に作り上げている地図のことです．しかし，広い地域において，いろいろな利用者がさまざまな情報を地図上で共有するには，原点がどこにあり，座標の単位をどうするか共通の座標系を取り決めておく必要が出てきます．

● 座標系その1：平面直角座標系

座標系とは，地球上の位置を地図上に当てはめる際

の単位です．日本国内の公共測量などで使われる座標系で，地球を平面上に表現する座標系を平面直角座標系と言います．平面直角座標系である測量座標は，X軸を縦軸，Y軸を横軸で表しています．日本では平面直角座標系を19区分に分けて定めており，区分ごとに系番号が決まっています（図1）．

● 座標系その2：緯度経度座標系

一方，地球上のどの位置にいるかを緯度・経度で示した座標系を緯度経度座標系と言います（図2）．緯度・経度は地球中心からの角度で表したもので，南北を表すのが緯度で赤道を基点（0°）とします．東西を表すのが経度で英国のグリニッジ天文台跡をもとにした子午線を基点（0°）としています．

● 座標面の基準：測地系

地球上のある地点の緯度経度の値は常に固定されているわけではなく，座標面の基準よって変わります．これを測地系といいます．これを日本独特の基準で定めたのが日本測地系（旧測地系）です．

GPSなどによる高精度な衛星測位が世界的に利用されるようになると，日本と世界での測地系の違いによ

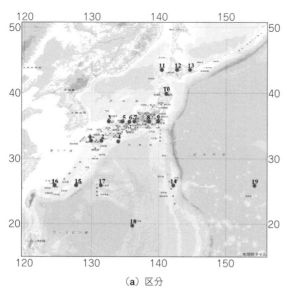

（a）区分

図1 座標系その1：平面直角座標系

系番号	都道府県
1	長崎県，鹿児島県
2	福岡県，佐賀県，熊本県，大分県，宮崎県，鹿児島県
3	山口県，島根県，広島県
4	香川県，愛媛県，徳島県，高知県
5	兵庫県，鳥取県，岡山県
6	京都府，大阪府，福井県，滋賀県，三重県，奈良県，和歌山県
7	石川県，富山県，岐阜県，愛知県
8	新潟県，長野県，山梨県，静岡県
9	福島県，栃木県，茨城県，埼玉県，千葉県，群馬県，神奈川県，東京都
10	青森県，秋田県，山形県，岩手県，宮城県
11，12，13	北海道
14	東京都
15，16，17	沖縄県
18，19	東京都

（b）系番号

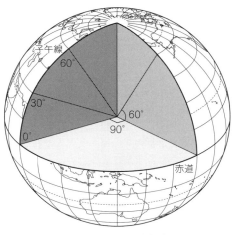

図2　座標系その2：緯度経度座標系

表1　日本の測地系

種類	解説
日本測地系2011	日本の基準となる測地系．2011年の東日本大震災による大規模な地殻変動を反映させるために改訂され，現在，日本測地系2011が日本の測地基準系．
世界測地系（日本測地系2000）	GNSS（Global Navigation Satellite System／全球測位衛星システム）やGIS（地理情報システム）の利用において世界共通に使える測地座標系として，2002年4月以降使用．
日本測地系（旧日本測地系）	2002年3月まで使用されていた測地系．地球の表面とモデルとなる楕円体の表面を日本で一致するようにしていた．

り，位置情報の認識で誤解を生じる可能性が出てきました．そこで，日本国内でのみ使用されてきた日本測地系に変わり，地球全体を対象にした国際的な基準となる世界測地系が利用されるようになりました（表1）．

GNSS（全世界的衛星測位システム）は，米国のGPSや日本の準天頂衛星（みちびき），欧州のGalileoなどの測位衛星システムの総称です．宇宙空間のGNSS衛星から送られる電波を利用して，地球上の位置を高精度で求めることができます．GNSSを衛星測位で求められる世界測地系はWGS84（世界測地系1984）と呼ばれ広く利用されています．

地理空間情報の標準化

● 地図や空間情報の標準化の必要性

共通の座標系，測地系を持つことで，場所の共通認識が持てるようになります．これに加えて，データの仕様について共通のルールを定める必要があります．あるセンサで取得し作成したデータを，別の利用者が別のソフトウェアで閲覧・利用した場合，データの互換性がないと利用できません．

近年，多くの機器がインターネットにつながり，IoT（Internet of Things，モノのインターネット）で扱われる情報も，位置情報にひも付いたデータとして扱われています．つまり，異なるシステム間でIoTセンシング・データを利用するには，座標系，測地系を理解し，地理空間情報の標準化のルールに従うことが重要です（図3）．

● 世界のメジャーな地理空間情報標準化団体

地理空間情報に関する分野では，ISO／TC 211（国際標準化機構の地理情報に関する専門委員会）やOGC（Open Geospatial Consortium，産業界主導で地理情報の標準化に取り組んでいる非営利団体）など，データを異なるシステム間で相互利用する際の互換性の確保を目的に，データの設計，品質，記述方法，仕様の書き方などのルールを定めています．このルールに準拠することで，異なるシステム間で地理空間情報を相互に利用していこうという考えが標準化で，そのルールを規格といいます．こうした標準に準拠することにより，異なる整備主体で構築されたデータの共有やシステム依存性の軽減といった利点があり，データの相互運用性（Interoperability）が高まると考えられます．

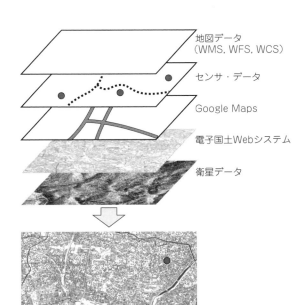

地図データ（WMS, WFS, WCS）
センサ・データ
Google Maps
電子国土Webシステム
衛星データ

重ね合わせて表示するととても便利

図3　地図や空間情報は誰でも重ね合わせて使えることが重要

● 国際標準化団体1：ISO/TC 211の標準

　日本国内では，ISO/TC 211で検討されている国際標準のうち，国内の空間データの整備などに必要な基本項目をまとめ，規格の内容を，実利用を対象に絞り体系化した地理情報標準プロファイル（JPGIS）が利用されています．

　標準化によって，地球温暖化，災害，農業，生態系の破壊などの問題に対して，地球規模観測や各地域の観測で得られたデータを収集，永続的な蓄積，統合，解析します．国際的にデータ融合を行い，多くの専門分野にまたがって横断的な取り組みをするためには必要不可欠です．

● 国際標準化団体2：OGCの標準

　OGCは，さまざまな種類の地理空間データと地図を提供するための規格（WMS，WFS，WCSなど）を定義しています．

▶地図画像をネット利用するための標準プロトコル WMS

　WMS（Web Map Service）は，地図画像を，インターネットを通して提供・利用するための標準プロトコルです．クライアント側とサーバ側のシステムがWMSを実装していると，クライアント側のシステムは，複数のWMSサーバから地図や空間情報を取得して重ね合わせて利用することができます．

▶空間解析のために属性情報を共有するためのWFS

　WFS（Web Feature Service）は，地図画像を返すWMSとは違い，対象オブジェクトを表現するために必要な属性情報（位置情報／ベクトル情報など）を共有でき，クライアント側での空間解析が可能になります．

▶空間解析＆モデル構築などにも使用できるWCS

　WCS（Web Coverage Service）は，ウェブでラスタ・データ・セットを共有するための規格です．空間解析やモデル構築の入力情報として使用することができます．

農業センシング・データの相互運用性

● ビッグ・データ時代はどこで何を何の単位で測ったかという「メタデータ」が必要

　農業では環境の計測，把握，管理が重要であることは言うまでもなく，IoT技術の多大な貢献は計り知れません．さまざまなセンサから送出されたデータがクラウドに蓄積されていきます．今後IoTがますます普及し，ビッグ・データを形成してくると，次にそのデータをいかに利用するかが重要になってきます．温度や日射などを計測したとしてもそれだけでは現状把握，それも植物体の情報ではなく環境にとどまっています．

　いったいどのように作物の成長に影響するのか，収穫時期や収穫高はどう変化するのかという実用的な情報，

つまり行動へ反映できる「actionable information」に変換していく必要があります．そのためには，データをクラウドに蓄積した後の解析作業が重要になります．それは作物モデルや統計解析への入力であったりします．

　計測する人とデータを使う人が同じ場合，どこで何を計測しているのかははっきりしています．データのアクセス方法やフォーマットについても同様です．しかし，いろいろな人が計測してクラウドに蓄積したデータをデータ解析の専門家など他人が利用しようとすると事情が異なります．いったい，どこで，何を計測し，何という単位で記録しているのかというメタデータが必要になります．「どこで」という位置情報とひも付けされてない，あるいは計測単位が不明な場合，データは無意味と言っても過言ではないでしょう．

● メタデータ＆アクセス方法を周知できれば皆がセンサ・データを活用できる

　メタデータとデータへのアクセス方法とフォーマットが分かっていれば，あるいは標準化されていれば，いちいちデータの所有者にメールで説明を求めることなく，データを利用したい人，あるいは解析システムはデータを提供するシステムへ接続し，自動的にデータを処理することができるようになります．このようにシステム間でデータを容易に発見，交換できることを相互運用性といい，データの高度利用を進める上での重要な機能の1つです．相互運用性を実現するため，計測値を統一的に記述，交換する方法が標準として提案されています．

● メタデータの代表格…計測単位について

　計測単位についてはUCUM（the Unified Code for Units of Measure）に準拠することが後に述べるガイドラインでも推奨されています（https://unitsofmeasure.org/ucum.html）．

　7つの基本単位である，

　長さ（m），時間（s），質量（g），角度（rad），温度（K），電荷（C），光度（Cd）

をベースに，多数のSI単位，その他慣用的に使われる単位，べき乗の記号（$m=10^{-3}$，$k=10^3$，$M=10^6$など）をどのように表示するのかなどが示されています．これに従えば単位を正しく他の人やシステムへ伝えることが可能になります．皆さんも一度自分の表示が準拠しているか確認してみませんか．

● メタデータへアクセスするための標準API…SOS

　データをクラウド上のデータベースに格納した場合，認証は別途として，どのようにデータを公開すると他の人が便利にアクセス，利用できるでしょうか．HTMLの表形式，CSVでダウンロード，表計算ソフ

トウェアのフォーマット，メタデータは文章で記述して公開，でもアクセスはできますが，データを使う人は公開サイトごとに読み込むプログラムを作らなければなりません．それでは前述した相互運用性が確保できないので，メタデータとデータの要求方法，記述方法がOGC（Open Geospatial Consortium）という空間情報に関する標準化団体によって，SOS（Sensor Observation Service）という標準APIとフォーマットとして提案されています[5]．

次の3つのAPIが基本的な問い合わせです．

(1) サーバにどのようなデータを持っているのかを問い合わせるGetCapabilities
(2) センサの仕様を尋ねるDescribeSensor
(3) そして計測値を要求するGetObservation

それぞれ決まったxmlフォーマットでデータを返します．「何を計測していますか？」，「ではこの計測データをください．」という簡単な仕組みですが，SOSを実装すると一気に相互運用性が向上します．図4はGetCapabilitiesのレスポンスの一部で，複数のセンサを持つ1つのセンサ・ノードの情報を示しています．

● 階層を分けて使い勝手を良くする

SOS上に開発されるアプリケーションはセンサの物理構成やデータベースの構造に影響されずに，どこにどのようなセンサがあり何を計測しているかを常に知ることができ，データ取得もできるので，センサ構成が変わっても変更は最小限です．SOSのサービスを行っている複数のデータ・ソースにも容易に接続することが可能になります（図5）．

筆者らが2001年以降日本で関わった複数のプロジェクトでは，

(1) 計測を行う物理的なセンシング層
(2) 相互運用性を確保するためセンサの違いを吸収しSOSという一元的なアクセスを提供する基盤情報サービス（Web Service）層
(3) ユーザへインターフェースをとるユーザ・サービス層

の3層からなるプラットフォーム型を提案，開発を行ってきました[1][2][4]．

農業における環境計測IoTの普及が進むに従ってこのような相互運用性を確保するプラットフォーム型システムの必要性が最近になって急速に認識されてきました．

筆者の提案を原案として2016年に総務省から「農業情報のデータ交換のインターフェースに関する個別ガイドライン」がアナウンスされました[3]．もう少し踏み込むと，実はSOSでは何を計測しているかを記述することになっていますが，どのような記述をするかは定義されていません．気温のデータ名はTでもTemp，Temperature，air_temperature，「気温」で

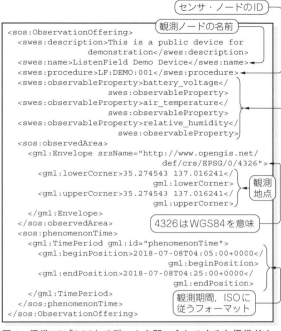

図4　標準API「SOS」でデータを問い合わせると標準的なフォーマットで応答が返ってくる
GetCapabilitiesの応答例

もよいのです．

なるべくデータ名のブレを少なくした方が何を計測しているのかがよく分かります．そこで同時に「農業ITシステムで用いる環境情報のデータ項目に関する個別ガイドライン」もアナウンスされました[3]．SOSは最近のスマート・センサ（自分からデータを送出するセンサ）の普及に合わせて，SensorThingsというデータをSOSへ格納するためのAPIの仕様も用意しています．

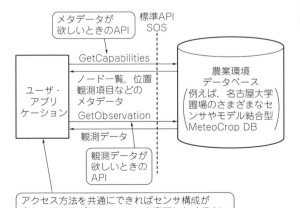

図5　地図空間データにアクセスするための標準APIを統一して周知しておくと相互運用性が向上する

● 農業IoTデータ・アクセス標準API「SOS」を利用する方法

SOSを利用するには，52North社（52north.org）が提供するオープンソースのSOSを自分のサーバにインストールする方法があります．

その他，自分でサーバを設定することなくListenField社（ListenField.com）が提供するSOSクラウド・サービス（商用）を利用する方法もあります．読者の皆さんがセンサやノードを開発した後，このようなクラウド・サービスを使えば，サーバを自分で構築・運営することなく手軽に自分の農業用IoT機器を提供できます．

センサ製作者から見るとアプリケーションへの参入機会が高まりますし，アプリケーション作成者から見るとデータ選択の幅が広がることなり，流通性が高まります．

複数種類のセンサを使って運用している場合，センサとデータ解析の中間にSOSサービスを利用することで，システムごとに異なるプログラムの利用や煩雑なフォーマット変換から解放され，本来の仕事や研究に集中できるようなります．実際に大学の研究圃場（多種類のセンサを運用する名古屋大学圃場）で運用され大きな効果を上げています（図5）．ListenField社では先に述べた「actionable information」の提供を目指して，SOSの相互運用性を生かし，気象解析や作物シミュレーションまでもAPIとして提供し始めています[6]．IoTによって蓄積される膨大な農業環境データの相互運用性を高めることで農業へのさらなる貢献が期待されています．

日本の農業気象オープンデータ

日本では気象庁の観測データ，そこから高度な処理を施した農業用気象データが公開されています．

▶その1：気象庁が公開するアメダス・データ

1回にダウンロードできるデータ量に制限がありますが，誰でも気象庁のウェブ・ページからダウンロードできます．データの時間間隔が短い一方，農業に特化したものではないので，日射エネルギーなど農作物の成長の推定に重要な項目が不足する場合があります．

```
http://www.data.jma.go.jp/obd/stats/
etrn/index.php
```

▶その2：MeteoCropDB（リアルタイム版）

農業では必ずしも10分間や時間単位のデータが必要ではなく，日単位のデータで十分な場合がほとんどです．細かな時間単位よりも植物の成長に関連する蒸発散量など気象データから推定可能なデータが重要です．農研機構はそのようなデータとして2つのデータを公開しています．

その1つがMeteoCropDB（リアルタイム版）です．

```
https://meteocrop.dc.affrc.go.jp/
real/top.php
```

アメダス地点および気象官署地点における農業に深い関連のある18項目に及ぶデータを得ることができます．

▶その3：メッシュ農業気象データ

農研機構のもう1つのデータがメッシュ農業気象データです．

```
https://amu.rd.naro.go.jp/
```

MeteoCropDB より項目数は少なく利用条件を満たした上で利用申し込みが必要ですが，全国約1kmごとに補完されたデータ・セットで気象予報値まで得ることができます．このようなデータを前述したSensor Observation Service（SOS）として提供する研究も行われています[7]．

◆参考・引用＊文献◆

(1) Honda Kiyoshi, Aadit Shrestha, Apichon Witayangkurn, Rassarin Chinnachodteeranun and Hiroshi Shimamura；Fieldservers and Sensor Service Grid as Real-time Monitoring Infrastructure for Ubiquitous Sensor Networks, Sensors, Vol.9, no.4, pp.2363-2370, 2009.
https://www.mdpi.com/1424-8220/9/4/2363/

(2) Kiyoshi Honda, Amor V. M. Ines, Akihiro Yui, Apichon Witayangkurn, Rassarin Chinnachodteeranun, Kumpee Teeravech；Agriculture Information Service Built on Geospatial Data Infrastructure and Crop Modeling, Proceedings of the 2014 International Workshop on Web Intelligence and Smart Sensing, IWWISS '14, Sep 2014.

(3) 本多 潔（ガイドライン原案作成）：農業ITシステムで用いる環境情報のデータ項目に関する個別ガイドライン（本格運用版），農業情報のデータ交換のインタフェースに関する個別ガイドライン（試行版），首相官邸，政策会議，高度情報通信ネットワーク社会推進戦略本部（IT総合戦略本部），新戦略推進専門調査会分科会，2016年3月．
https://www.kantei.go.jp/jp/singi/it2/senmon_bunka/nougyou.html

(4) 本多 潔；農業ITプラットフォーム，アグリバイオ，北隆館，pp.136-140 Vo.1（2），2017年1月．

(5) Sensor Observation Service, Open Geospatial Consortium.
https://www.opengeospatial.org/standards/sos (accessed 3 Mar 2022)

(6) Rassarin Chinnachodteeranun, Nguyen Duy Hung, Kiyoshi Honda, Amor V. M. Ines, Eunjin Han；Designing and Implementing Weather Generators as Web Services, Future Internet Vol.8, No.4, p.55, Dec 2016.

(7) Rassarin Chinnachodteeranun, Kiyoshi Honda, Sensor Observation Service API for Providing Gridded Climate Data to Agricultural Applications, Future Internet 8（3）:40, Aug 2016.

(8) 長井 正彦，大平 亘，小野 雅史，柴崎 亮介，吉田 智一，瀬下 隆：農業情報の相互流通性を支援するためのオントロジー構築ツールの開発，農業情報研究，Vol.26, No.2, pp.27-33, 2017年．

(9) 長井 正彦，小野 雅史，柴崎 亮介，坂路 和也，岡田 泰征；地球観測データ相互流通のためのデータモデルレジストリの開発，GIS理論と応用（Theory and Applications of GIS），Vol.20, No.2, pp.71-81, 2012年12月．

ほんだ・きよし，ながい・まさひこ

可視画像

赤外あり画像

植生画像

自作マルチ
スペクトル・
カメラ

第3部

農業と
画像センシング

第13章 これから注目！植生の画像センシング実験入門

マルチスペクトル植物カメラの自作に挑戦

エンヤヒロカズ

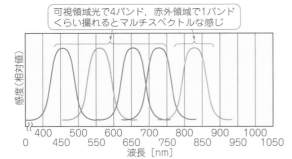

図1 特定の波長の光を複数撮影できるカメラをマルチスペクトル・カメラという
植物をはじめとする生体画像センシングで注目されている

グラフ注記：可視領域光で4バンド，赤外領域で1バンドくらい撮れるとマルチスペクトルな感じ

植物の画像センシングで注目「マルチスペクトル・カメラ」

● マルチスペクトル・カメラとは

通常の広い波長領域ではなく，ある特定の波長領域のみの信号を複数取り出せるようなカメラが存在し，マルチスペクトル・カメラと呼ばれています．可視光領域を4以上（3の領域では通常のRGBカメラと同じなので，マルチスペクトルをうたうには少なくとも4

以上必要）の波長領域で独立した信号として取り出すことが可能です（図1）．

従来はこのようなカメラは特殊な光学系を用いて実現されており，高価で研究用途で用いられるものが多かったのですが，安価なフィルタが入手可能になり，イメージセンサの性能向上も相まって，農業分野でも使われることが増えてきているようです．しかしながら依然として通常のカメラよりは高価でなかなか手軽に試してみるという状況にはなっていないようです．

● ラズパイで安価なマルチスペクトル・カメラの自作に挑戦

今回ラズベリー・パイ（Raspberry Pi）のカメラを用いてマルチスペクトル・カメラの製作にチャレンジしました（写真1）．ラズベリー・パイ用のカメラは安価かつ高性能で入手が容易というメリットがあります．またラズベリー・パイを使用することで，撮影後のデータ処理やネットワーク連携などの応用が容易に行えるというメリットがあります．

撮影した植物の植生状態を写真2に示します．

植物計測には赤外線の感度も重要ですので，カメラにはRaspberry Pi Camera Module 2 NoIR（以降，PiNoir）を使用しました（写真3）．

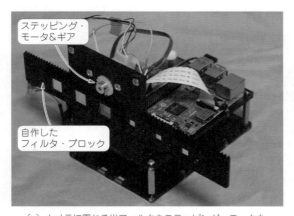

（a）カメラに重ねる光フィルタをステッピング・モータを動かして選択できる

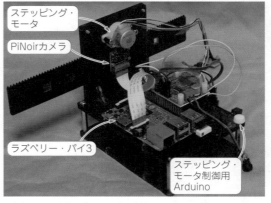

（b）ステッピング・モータの制御には今回Arduinoを使用

写真1 ラズベリー・パイと光フィルタを使って自作したマルチスペクトル・カメラ

（a）赤外線なし画像（赤外カット・フィルタIRCFあり）

赤外成分を多く含む植物だと色再現が悪くなる

（b）赤外線あり画像（赤外カット・フィルタIRCFなし）

写真2　赤外線（IR）の有無で見え方がガラッと変わる特徴を生かすと植物センシングが行える

入門
IoT
画像
大気
土壌
アイデア

ラズパイ・カメラの基本的な分光特性

　カメラは通常は赤青緑の光の3原色のデータを出力します．また近赤外線領域まで感度を拡張したPiNoirではRGBの各チャネルに赤外線成分が重畳する形で信号が得られます．**図2**に一般的なCMOSイメージセンサの分光感度特性を示します．

　R，G，Bの各チャネル共におのおのの色に対応する波長領域を中心に広い波長帯域の光に対して感度を有しており，また800nmより波長の長い赤外線領域にも感度を有しています．通常のカメラ場合は赤外線遮断フィルタ（IRCF）が装着されており650nmより波長の長い領域の成分はカットされています．PiNoirはIRCFがありませんので，赤外領域も光電変換されます．

特定波長の光を撮影するための光フィルタ

● 入手方法

　今回の製作で一番重要な光学フィルタは，光学部品専業メーカ（セラテックジャパン）より購入しました．以下のウェブ・ページから個人でも購入可能です（URLは変更になることがある）．
https://www.crtj.co.jp/sales/coating/

　今回，可視光領域のダイクロイック・フィルタと赤外線バンドパス・フィルタ（700nm，740nm，810nm）を購入しました．購入から1週間以内に配達され，また1つ1つに検査データが付属していました．

● 波長領域

　自然界にはさまざまな波長の光が存在します．植物の持つある特定の波長に対する反射の状態を取得することで植物の生育状態を知ることができると言われています．

赤外線カット・フィルタ（IRCF）が搭載されていないので赤外領域も撮れる

イメージセンサはソニー製IMX119

写真3　赤外画像も撮影できるラズパイ用PiNoir V2で実験できる

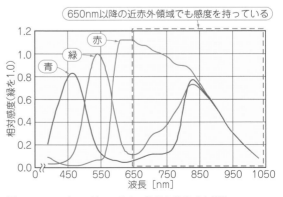

650nm以降の近赤外領域でも感度を持っている

図2　CMOSイメージセンサの一般的な分光感度特性
MT9V111（マイクロンテクノロジー）仕様書より

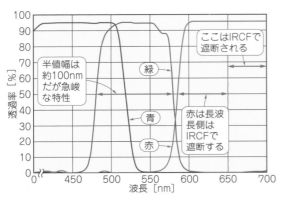

図3 可視光は急峻なカット特性が期待できるダイクロイック・フィルタで分光する

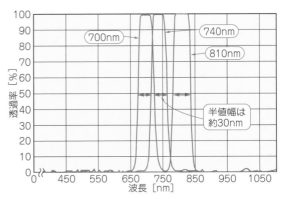

図4 赤外光は3タイプのバンドパス・フィルタで分光する

市販のマルチスペクトル・カメラの波長領域を調べていると，可視光（RGB）と赤外付近の波長をしています．また可視光領域の半値幅（透過率が50％以上ある帯域幅）が20nm〜50nmと非常に狭い特性を有しています．また市販品は複数のカメラの前にフィルタを固定して，ドローンなどに搭載して数十mの上空から撮影して植生状況を調べているようです．撮影距離が遠いために，複数のカメラを使用してもカメラの位置ズレによる画像のズレがほぼ0にできるので，問題ありません．

今回は，カメラは1台でフィルタを交換して撮影する方式にしました．理由としては，ラズベリー・パイ専用カメラは通常1台しか接続できない（Compute Moduleを使用しても2台まで）からと，実験段階なので，フィルタを変えながら実験を行いたいからです．

● 使用した可視光撮影用フィルタ

可視光領域は誘電体多層膜によるダイクロイック・フィルタを使用しました．色ガラス，ゼラチンやプラスチック製のフィルタと比べ，急峻な特性を得ることができます．実際の特性は図3に示します．今回はPiNoirを使用したので，IRCFがなく，このままでは赤外成分がRGBの各チャネルに入ってしまい，色再現性が悪くなります．写真2にIRCFありなしの画像を示します．赤外成分を多く含む植物の領域の色再現が悪くなっています．また図3の特性では700nmより長波長側の情報がありませんが，実際に撮影してみると，赤外成分が入っていましたので，RGB全てIRCFを挿入して撮影しています．

● 使用した赤外光撮影用フィルタ

赤外線領域は700nm，740nm，810nmの3つの波長を選びました．特性を図4に示します．

赤外線バンドパス・フィルタの特性はとても急峻で半値幅が約30nmです．

700nmと740nmはRed Edgeと呼ばれている植物の反射スペクトルの急激な変化が起きるポイントです．植物の種類などによっても変化します．また810nmはNear IRと呼ばれ，植物での植生状態が分かると言われています．後述する植物の植生を表すNDVIの算出にも使用します．

ハードウェア

● 全体の構成

使用した主な部品を表1に，全体の構成を図5に示します．最終的にはラズベリー・パイから全て制御する予定ですが，現時点ではフィルタの切り替えは手動で行っています．ラズベリー・パイとPiNoirはMIPI CSI-2ポートに接続します．光学フィルタはステッピング・モータで駆動されます．モータ・ドライバにL6470（STマイクロエレクトロニクス）を使用し，ArduinoとはSPI接続されています．またモータ移動中はコマンドを送れませんので，Busy信号をGPIOで監視して，ハンドシェイクを行っています．

ステッピング・モータとモータ・ドライバは秋月電子通商で入手可能です．モータの軸はφ3なので，3mm穴の平ギアが必要ですが，千石電商で入手可能です．その他のロボット系のショップでも入手可能かと思います．ギアは1.0モジュールのものを使用しています．フィルタ側のギア・ピッチを合わせれば他のものでも流用可能だと思います．フィルタはサイズが20mm×20mmと10mm×10mmのものが混在しています．これはコスト的な問題で，フィルタ・ケース側で差分を吸収しています．移動時のズレマージンなどを考えると最低10mm角は必要です．赤外線バンドパス・フィルタは他の波長も使用可能です．観測したい対象物に合わせて選択すればよいかと思います．

表1　筆者が今回使ったマルチスペクトル・カメラの主要部品
部品は更新されるので，適宜読みかえてください

部品名	筆者の入手先（参考）	参考価格 ［円］	備　考
Raspberry Pi 3	https://www.switch-science.com/catalog/3050/	5,670	
PiNoir カメラモジュール V2	https://www.switch-science.com/catalog/2714/	4,896	通常のPiカメラV2は使用不可． PiNoir V1は使用可能
コパル・ステッピング・モータ SPG20-1332	https://www.marutsu.co.jp/pc/i/602718/	270	
L6470使用ステッピング・モータ・ドライブ・キット	http://akizukidenshi.com/catalog/g/gK-07024/	1,800	
91622平ギア 1.0モジュール 歯16×3mm穴（アルミボス）	https://www.sengoku.co.jp/mod/sgk_cart/detail.php?code=3AXA-H3KN	388	レインボープロダクツ
Arduino Uno	http://akizukidenshi.com/catalog/g/gM-07385/	2,940	互換品も使用可能
ダイクロイック・フィルタ DF20-S R/G/B セット	https://www.crtj.co.jp/sales/coating/dichroic-filter/	3,500	□20±0.2×t1.0±0.1
700nm バンドパス・フィルタ B700-10	https://www.crtj.co.jp/sales/coating/bpf/bpf-700nm/	2,100	□10mm / 板厚 t0.3mm
740nm バンドパス・フィルタ B740-10	https://www.crtj.co.jp/sales/coating/bpf/bpf-740nm/	2,100	□10mm / 板厚 t0.3mm
810nm バンドパス・フィルタ B810-10	https://www.crtj.co.jp/sales/coating/bpf/bpf-810nm/	2,100	□10mm / 板厚 t0.3mm

● フィルタ切り替えのメカニズム

今回作製したカメラを**写真1**に示します．

全体はアクリル板のフレームに固定されておりフィルタとPiNoirで構成されたカメラ・ブロックはフレームから垂直に配置しています．

カメラの前にはフィルタが設置できるように，**図6**のような構造になっており，フィルタは定規のようなアクリル板の中に挟むようにして入れています．これはフィルタ単体ですとメカ的に強度が弱く，またフィルタを交換する際にサイズが異なるフィルタでも簡単に対応できるようにするためです．

またフィルタ・ケースの端をギザギザ状の平ギア形状にしており，ステッピング・モータとギアによって，その歯車部分を動かすことによりフィルタの位置移動を行います．

● フィルタ切り替えを行うモータ＆ドライバ

ステッピング・モータとドライバには，次のものを使いました．

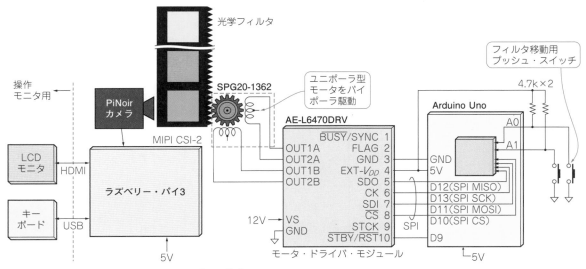

図5　自作マルチスペクトル・カメラのハードウェア構成

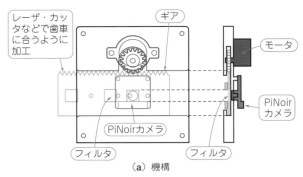

図6　フィルタ切り替えのメカニズム

（a）機構

（b）フィルタ・ブロック

ギア

B+IRCF

G+IRCF

R+IRCF

IRBPF 700nm

IRBPF 740nm

IRBPF 810nm

反射成分は各色の補色

レーザ・カッタなどで歯車に合うように加工

ギア

モータ

PiNoir カメラ

PiNoirカメラ

フィルタ

フィルタ

モータ：ステッピング・モータ　SPG20-1332（コパル）
モータ・ドライバ：L6470使用　ステッピング・モータ・ドライブ・キット（秋月電子通商）

　最終的にはラズベリー・パイから制御する予定なのですが今回は，Arduino経由での移動をマニュアルで行っています．

　モータはユニポーラ駆動ですが，モータ・ドライバはバイポーラ駆動です．そこでモータをバイポーラ駆動として使うために，コイルのセンタ・タップは接続せずにモノファイラ巻きとして使用しています．またモータには平ギア 1.0モジュール 歯16のものを使用しています．

● フィルタ・ブロックの歯の加工

　1.0モジュールを使用する場合，フィルタ・ブロック側の歯のピッチは3.14mmになります．フィルタ・ケースや取り付けプレート類はアクリル板をレーザ・カッタで加工して作製しました．

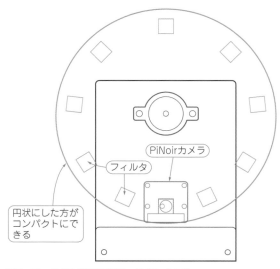

円状にした方がコンパクトにできる

フィルタ

PiNoirカメラ

図7　フィルタ交換の改善案…リボルバ方式

● フィルタ・ブロックのメカ改造の方向性について

　現状のケースは基板類がむき出し状態で防じん，防水構造にはなっていません．定点観測用に屋外設置する場合や，ドローンなどに搭載することを考えた場合は密閉できるケースに入れた方がよいでしょう．またフィルタの交換メカニズムに関しても現状の平行移動型から，円形のプレートの上に円周状に配置して，プレート回転させて，切り替えるようなリボルバ方式の方がよいと思います（図7）．

ソフトウェア

● モータ制御プログラム

　モータ制御プログラムの処理フローを図8に示します．プログラム自体は非常に簡単で，L6470ライブラリのサンプル・プログラムを改造しています．setup()でL6470のリセットと初期設定を行います．サンプル・プログラムのままでは励磁電圧が低いので，使用するモータと電源電圧に合わせて変更します．今回は0x20→0xC0に変更しています．loop()でスイッチの接続されたA0とA1を監視して押されたボタンに合わせ，指定数ステップ送ります．今回使用したモータには1/18ギアが内蔵されており，ステップ角が1°です．

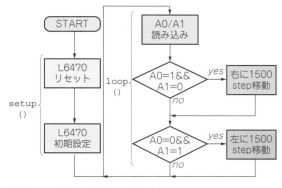

図8　モータ制御プログラムの処理フロー

表2　筆者が使用したソフトウェア一式

ソフトウェア	入手先	備　考
Raspberry Pi用OS （執筆時点でRaspbian）	https://www.raspberrypi.com/software/	今回はJessieを使用，Stretchも使用可能
Arduino IDE	https://www.arduino.cc/en/software	今回は1.8.5を使用
L6470 ライブラリ	http://spinelify.blog.fc2.com/ 　　　　　　　　blog-entry-41.html	個人の方のサイト
QGIS 3.2.1	https://qgis.org/ja/site/	撮影画像より植生指標を算出，可視化に使用する

プログラム上では1回当たり1500ステップ送っていますが，フィルタの移動距離は約2mmになります．実際にはギアのバックラッシュなどがあるので，位置検出機能を追加して補正をかける必要あると考えています．

● 使用したソフトウェア一式

今回使用したソフトウェアを表2に示します．L6470ライブラリは使用するモータ・ドライバに適合するものを選定する必要があります．使用しているのは初期化と単純なステップ送りの機能だけですので，自作することも可能でしょう．

QGISは他にも同様なソフトウェアがありますのでそちらを使用するのもよいでしょう．QGISは非常に多機能ですので最初は扱いにくいかもしれません．植生指標の算出は簡単な数式ですので，自分で作成することもできると思います．実際にリファレンスになるソースコードは複数公開されています．

ソフトウェアは更新されるので，適宜読みかえてください．

● いずれは

L6417とArduinoはSPI接続されています．Arduinoからの制御はライブラリとサンプル・スケッチが公開されていましたので，流用しています．いずれはラズベリー・パイからの直接制御に変更しようと思います．

撮影方法

● コマンド

撮影はラズベリー・パイに標準で入っているraspistillコマンドを使用しています．今回は実験ですので，フィルタを変更するたびに，マニュアル入力しています．モータ制御がラズベリー・パイ側からできるようになれば，シェル・スクリプトやPythonなどで自動化できます．

raspistillコマンドは以下のオプションを付けて撮影しています．

```
$ raspistill -t 10000 -awb sun -cfx
128:128 -o filename.bmp⏎
```

-t 10000：AEが十分収束するように10秒待ちます．
-awb sun：ホワイト・バランスは晴天で固定します．
-cfx 128:128：白黒設定にします．
-o filename.bmp：画質劣化のない，bitmap形式でセーブします．同時にjpg形式で保存しておくと，exifタグにシャッタ・スピードとISO感度が記録されるので，後で換算しやすくなります．

● 設定

今回は自動露出で撮影しました．フィルタを挿入して撮影すると，フィルタの透過率と帯域のイメージセンサの感度特性により，入射光量が変わります．同じ露出で撮影してもよいのですが，センサの持つダイナミック・レンジを最大限に活用するためには，おのおのの状態で，最適な露出条件で撮影を行い，後で換算した方が全体的な精度が向上します．その換算のために，シャッタ速度とISO感度の情報が必要になります．

実験

● 撮影条件

今回，屋外に機材を持ち出して実験を行いたかったのですが電源の関係もあり，屋内から屋外を撮影することにより植物の状況を観察しました．実際には自宅の2階ベランダにカメラを設置し隣家の庭の部分の観察をしています（写真4）．雲などがない晴れた日中に，フィルタを変えながら，撮影を行いました．1枚の撮影で1分程度，全部撮影するのに10分程度かかります．複数枚撮影を行っていますので，被写体が動いてしまうとその影響は出ますが，強い風などが吹いていなければ大丈夫です．

● 撮影した画像データ

撮影データを写真5に示します．各画像データはフィルタにより特定の帯域の光のみの画像になっていると見なしていますので，モノクロ・イメージになります．この状態でも，例えば810nmの画像を見ると，植物の部分は赤外線反射が大きく，白く（レベルが高く）なっています．また各画像のISO感度とシャッタ速度を表3に示します．この値はあくまでも撮影当時

入門
IoT
画像
大気
土壌
アイデア

（a）三脚に固定して撮影する

（b）操作や電源は屋内のPCから

写真4　実験の様子

のもので，天候状態や被写体の条件により異なります．だいたいの目安として見てください（イメージセンサの分光感度特性×フィルタの透過率の積分値に比例するはず）．これ以外に撮影された光源の分光特性が分かれば，天候に依存した光源の特性変化（晴天と曇天，日中や夕方など）の補正できると思われますが，今後の課題とします．

植生指標（NDVI）の計算

　撮影された画像データを見るだけでも，植物の生育状態の確認はできますが，せっかく撮影した複数の帯域の画像を使用してより分かりやすい指標の計算をしたいと思います．今回は代表的な植生指標として用い

られている，NDVI（Normalized Difference Vegetation Index：正規化植生指標）の算出を行いました．NDVIは以下の計算式で求められます．

$$NDVI = (IR - R) / (IR + R)$$

　Rは可視光赤，IRは近赤外域のデータになります．$NDVI$は $-1 \sim +1$の範囲の値になります．

　このままですと画像表示しにくいので，整数化して植生指標データとします．計算式は以下の通りです．

植生指標データ $= (NDVI + 1.0) \times 100$

　値の範囲は $0 \sim 200$ となり，8ビットで表されるために取り扱いが容易です．数字が大きいほど，植生が多いということになります．

　計算自体の式は簡単なので，画像を読み込んで計算するプログラムの作成は割と容易かと思います．今回

（a）フィルタなし

（c）B＋IRCF

（e）R＋IRCF

（g）IR BPF 740nm

（b）赤外カット・フィルタ
　　（IRCF）のみ

（d）G＋IRCF

（f）IR BPF 700nm

（h）IR BPF 810nm

写真5　実際に撮影した画像
単体で見ると似ているが処理を行うと写真6の植生状態が撮影できる

表3　各画像撮影時のISO感度＆シャッタ速度

フィルタ	ISO感度	シャッタ速度[s]
Blue+IRCF	50	1/674
Green+IRCF	50	1/730
Red+IRCF	50	1/665
IR 700nm	50	1/634
IR 740nm	50	1/243
IR 810nm	50	1/196
フィルタなし	50	1/1923
IRCFのみ	50	1/1114

はQGISというフリーでオープンソースの地理空間情報の分析ツールを用いて計算を行います．

QGISのサイト

https://qgis.org/ja/site/

本来はリモート・センシングなどで用いられるソフトウェアで，主に人工衛星からの撮影データを地図データと関連付けて処理を行うためのものですが，通常の画像データもラスタ・データとして取り扱えます．インストールや基本操作に関しては今回は割愛しますが，Rの画像とIRの画像を2つの異なるレイヤに読み込んで，ラスタ計算機という機能で演算することができます．図9に示しているようにラスタ計算機のメニュー内で計算式を入力すると，画像全体に対して処理が行われ，結果が新しいレイヤに出力されます．

写真6に計算結果を示します．今回着目している芝生や樹木などは問題なく処理できています．結果は0〜200の整数なので，そのまま表示すると写真6(a)のようなグレー・スケール表示になりますが，QGISではカラー・パレットの変更が簡単にできます．植生率の高い部分を緑になるようなパレットを作成して表示したのが写真6(b)です．このようにカラー化すると植生指標の確認も容易になります．

NDVIの計算式をそのまま入力すると，
NDVIによる植生画像が得られる

図9　各画像間の演算が行えるソフトウェアQGISを使って植物の植生を示すNDVI画像を求めることができる

● 精度を上げるときの課題

ただし2つの画像は時間差があり，被写体が動いてしまっている部分の演算結果がおかしくなっています．写真内では電線が風の影響で揺れており，R画像とIR画像とでは，異なる位置で撮影されてしまいました．

終わりに

今回は光学フィルタを用いて簡易型のマルチスペクトル・カメラを製作しました．フィルタの選択次第で，通常のRGB画像では分からない，さまざまな情報を知ることができます．またラズパイを使うことによる，低コストで高性能なカメラを試作できました．ラズパイを使うことにより，ネットワークとの親和性も高いので将来の拡張性にも期待できます．

エンヤヒロカズ

（a）グレー・スケール表示…明るいほど植生が多い

（b）疑似カラー表示…緑ほど植生が多い

写真6　植生状態を撮影することができた！

色とイメージセンサの基礎知識

米本 和也

色という視点でイメージセンサを研究してみます．

<お品書き>
1．普通のカメラは色を正しく表現できているのか
2．人間の目では見られない近赤外光撮像で何が見えるのか
3．波長を細かく分割するマルチスペクトル撮像で何が見えるのか

カメラで色を忠実に再現するための処理

まず普通のカメラが被写体の色を忠実に再現することに関して，その原理から実際の例を用いて考察してみましょう．

● カメラ信号処理のフロー

普通のカメラに使われているイメージセンサにおける色の取り扱いについて，どのような処理が行われているかを見てみます．スマートフォンやディジタル・スチル・カメラに組み込まれているイメージセンサは，ほとんどの場合，原色のR，G，B信号を出力します．しかし，これらの信号はそのままではディスプレイやプリンタに送っても正しい色を再現できません．

そこでカメラ信号処理のフローの中でも，色の忠実度を良くするための処理について図1で詳しく見てみましょう．イメージセンサの出力は各種補正から始まってノイズ・リダクションに至るまでの流れの中で，色を忠実に再現するための処理は，ホワイト・バランスと色補正の2つになります．

● 処理1：ホワイト・バランス

ホワイト・バランスは人が白と認識する被写体からのイメージセンサ出力R，G，B信号の大きさをそろえるものです．カメラにおいては自動でホワイト・バランスをとる機能が備えられていて，大体の場合はうまくいくのですが，

・被写体の色が偏っている
・照明の色が特別

なケースでは，白い物体に色が付いてしまうこともあります（色かぶり）．そのために手動のホワイト・バランス機能も用意されているのが普通です．白が着色してしまう場面で，手動のホワイト・バランスを使ったことがある方もいると思います．

● 処理2：その名も「色補正」

色再現について，最も大事なところは色補正です．図1では「色補正」の入力R_i，G_i，B_iに対して，ある適切な行列で演算することで色補正ができることを示しています注1．比較的簡単な処理のように思えますが，完全ではないものの本当の色に近づけることが可能で，ほとんどのカメラはこの方法に頼っています．

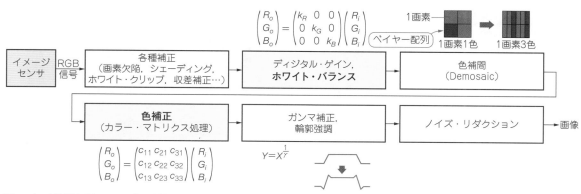

図1　カメラ信号処理フローの中でも特に色を忠実に再現するための処理「ホワイト・バランス」&「色補正」

では具体的にイメージセンサの元のRGB信号そのものと，色補正を行った後の信号について，どれだけ色が変化するかを図2で確認してみます．これは図2（a）に示したカラー・チャートについて，CIE（国際照明委員会）が定めるL*a*b*表色系[注2]で，その補色チャネルa*，b*を2次元平面で表したグラフです[(1)]．□とプロットに添えられている番号はカラー・チャートの各カラー・パッチ番号に対応し，グラフの□の位置がそのカラー・パッチの適正なa*b*値（ターゲット）を示しています．

この図の赤のプロットは，イメージセンサのR，G，B信号に色補正処理を行わず表現した場合のa*b*値を示し，青のプロットは色補正処理をした結果です．このグラフからイメージセンサのR，G，B信号そのままでは実際の色よりかなり彩度が低いa*b*値しか得られていませんので，これでは決して色再現性が良いとは言えません．一方で，図1のカメラ信号処理で線形行列演算による色補正を実施するとカラー・チャートのa*b*値にかなり近くなっていて，色によっては完全に一致し，色再現性が格段によくなっています．

● 比較時の条件と色補正の最適値具体策

a*b*値比較の例に使った条件を図3に示します．図3（a）は比較的平たんなD50光源のパワー・スペクトル密度，図3（b）はカラー・チャートのうち上から3段目の青，緑，赤，黄，マゼンタ，シアン色パッチの分光反射率，図3（c）はカメラ・レンズと赤外カット・フィルタの分光透過率，図3（d）は比較的最近のCMOSイメージセンサの分光量子効率の例です．

光源のパワー・スペクトル密度をフォトン数に変換して，カラー・チャートの各カラー・パッチ分光反射率，カメラ・レンズと赤外カット・フィルタの分光透過率およびイメージセンサの分光量子効率の積を波長で積分すれば，各カラー・パッチごとのイメージセンサのR，G，B信号の相対値が得られます．このR，G，B信号に対してホワイト・バランスをとり，規格に従ってL*a*b*値に変換すればイメージセンサに色補正をしていない図2のプロットになります．ホワイト・バランスをとったR，G，B信号に色補正の線形行列演算を施し，同じようにL*a*b*値に変換すれば補正後の図2のプロットになります．

色補正の具体的な計算に使った線形行列は式（1）の値を使いました．だだし，イメージセンサの種類が変わり分光量子効率の形が違えば，最適化された線形行列の値も違ってきます．当然ではありますが，太陽光，蛍光灯，LED電球などのように光源のスペクトル（照明光のスペクトル）が変われば，もちろん線形行列の値も最適値が異なります．言い換えれば，照明光のスペクトルが分からないとカメラで撮像する画像

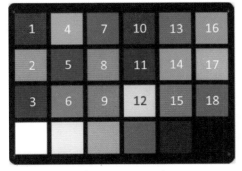

（a）カラー・チャート

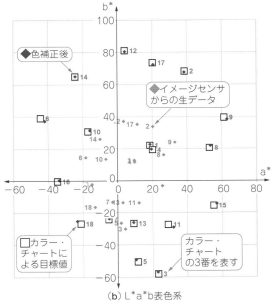

（b）L*a*b*表色系

図2　イメージセンサには色補正処理が必須

は正しく色を再現することが困難になるのです．

$$\begin{pmatrix} R_o \\ G_o \\ B_o \end{pmatrix} = \begin{pmatrix} 1.772 & -0.663 & -0.109 \\ -0.304 & 1.663 & -0.359 \\ -0.036 & -0.671 & 1.707 \end{pmatrix} \begin{pmatrix} R_i \\ G_i \\ B_i \end{pmatrix} \cdots (1)$$

● カメラの色補正は色を忠実に再現できていないことが多い

現実には特別な光学測定装置を使わない限り照明光のスペクトルを正確に得ることができないので，多くのカメラは想定されるされる幾つかのスペクトルに対応した線形行列を用意して，適当なものを選んで色補正をしています．

当然ですが，カメラが自動的に選ぶ色補正のための

注1：この色補正に使われる行列はColor Conversion MatrixでCCMと略す場合が多い．
注2：色を表す数値が人間の視覚に対して均等に近く，色が近い遠いという基準に広く使われている．

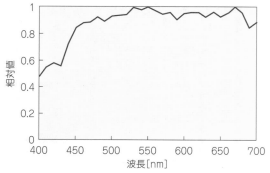

（a）光源···比較的平たんなD50光源のパワー・スペクトル密度

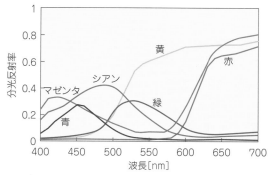

（b）光カラー・チャートのうち上から3段目の青，緑，赤，黄，マゼンタ，シアン色パッチの分光反射率

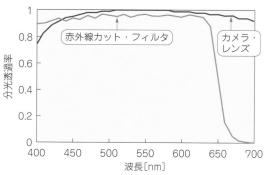

（c）カメラ・レンズと赤外カット・フィルタの分光透過率

図3　図2を測定したときの条件

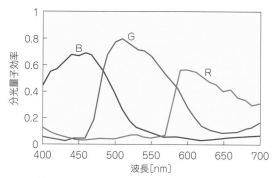

（d）比較的最近のCMOSイメージセンサの分光量子効率の例

線形行列がいつも正確なわけではありません．従って，色を正確に再現できる表示パネルを持ってきても，カメラで撮像した画像をよく見ると本物の色をそれほど忠実に再現していない場合がよくあります．

このため，プロのカメラマンは撮りたい被写体と一緒にカラーチャートを写しておいて，そのカラー・パッチの色が正しく再現されるよう後で色補正を行っているのです．このとき必要なのがイメージセンサのRAWデータです．RAW現像ソフトウェアによって，適切な値の行列により色が忠実に再現されるよう補正されます．また，式（1）の値による色補正はかなりうまくいった場合であり，照明光のスペクトル次第で図2に示した例ほど色が一致しないことがほとんどであることも知っておくとよいでしょう．

近赤外光を利用すると見えること

イメージセンサが撮像する対象物は，原色だけでは区別できなかったり，場合によっては見えなかったりする場合があります．そこで活用される1つが赤外線イメージングです．これだけに注目しても多種多様なカメラとイメージセンサがあります．

● 分光感度特性

▶通常のイメージセンサ

可視光を捕らえる普通のカメラに使われる原色RGBのイメージセンサは，多くのカメラで使われていますが，実はそれらのイメージセンサでも工夫次第で近赤外の画像をそこそこの感度で捉えることが可能です．

▶赤外線対応のイメージセンサ

図4にイメージセンサの画素の構造と分光感度特性を示します[2]．通常は光に感応するSi単結晶基板の表面にフォトダイオードを形成して原色カラー・フィルタを通過した光を電気信号にしてRGB信号を得ます．

一方で波長の長い近赤外線は，シリコンの深い位置でより多くの光電変換をする性質を利用して，通常のフォトダイオードより深い位置に近赤外用のフォトダイオードを形成し，そこで光電変換した信号を近赤外信号としてRGB信号と同時に得られる構造になっています．

● 熱を検知している例

これにより分光感度特性は図4（b）に示すように，原色のRGB信号に加えて近赤外信号も得られ人間の目には見えない近赤外の画像も得られます．その様子を示したのが図5になります．図5（a）に示す照明あ

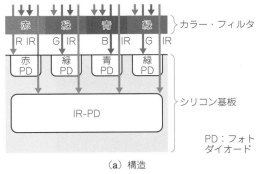

（a）構造

（b）分光感度特性

図4　可視光/近赤外撮像イメージセンサの構造概要

りのカラー画像ではそれなりにきちっとした原色の色再現が得られています．**図5（b）** に示す画像は照明なしの条件で撮像したものですが，後方に置かれた加熱されたホット・プレートから発せられた近赤外光が捉えられています．つまり，可視光ではホット・プレートの発熱が見えなかったところが，近赤外光まで捉えられれば，その発熱も検知できることを示しています．

このようにイメージセンサのフォトダイオード構造を工夫し，波長に応じた光の吸収の性質を利用して，可視光のRGB画像と同時に撮像することも可能です．

● ラズベリー・パイ専用カメラの場合

身近な例も紹介します．ラズベリー・パイにも近赤外画像を撮像できるカメラ・モジュールが用意されていて，カメラ・モジュールV1，V2とも型名にNoIRと付くものは，近赤外撮像が可能です（Raspberry Pi Camera Module 2 NoIR）．もともとイメージセンサの素材であるシリコン単結晶は，近赤外光まで光電変換する能力を持っています．しかし，RGB画像を撮像するには近赤外による信号は雑音です．従って赤外カット・フィルタは通常のカメラには必須のものですが，NoIRのカメラ・モジュールは色再現性を犠牲にして近赤外線まで感度を持たせています．通常のカメ

ラに使われるイメージセンサは，**図4** のように近赤外線専用フォトダイオードを持っているわけではないのですが，赤外カット・フィルタを外してしまえば近赤外光まで撮像できてしまいます．

このラズベリー・パイ用NoIRカメラ・モジュールを使って，通常の可視光RGB画像と近赤外画像を撮った例を**図6** に示します．NoIRカメラ・モジュールの箱，両面テープと赤ペンを撮像しましたが，**図6（a）** に示すように通常の照明下でそこそこの発色で撮像できています．**図6（b）** に示すように室内照明を落として真っ暗な状態にしても，リモコンの赤外LEDの光を照射して撮像すれば，色は付きませんが物が分かる程度によく写っています．もちろん人間の目には**図6（b）** の画像は真っ暗のままです．

ちなみにですが，**図6（b）** において，NoIRカメラ・モジュールの箱に表示されているカメラ・モジュールのイラストは黒く写っているのに，黒の文字は赤外光の反射率が高く白くなって紙の反射に埋もれてしまっています．これは可視光ではどちらも黒く見えるものの，リモコンの赤外光では黒インクでも種類によって反射率が大きく異なることを表しています．これは可視光では区別がつかない黒インクでも，赤外光ではインクの種類が違うことが判別できることを示しています．

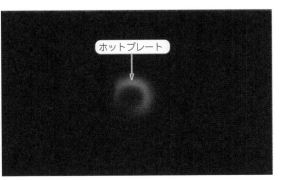

（a）カラー画像

（b）近赤外画像

図5　近赤外画像は発熱が検知できる…同時に撮像した可視光画像と近赤外画像の例

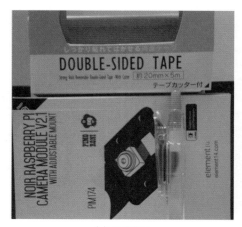

（a）通常照明

可視光では同じ黒に見えた

（b）近赤外光照明

図6　近赤外光を利用すると人の目には見えないものが見える…ラズベリー・パイNoIRカメラ・モジュールを利用

このように，近赤外光を撮像できることは，可視光では区別がつかないものでも，種類の区別が付く可能性が高いことを示しており，近赤外光の撮像はいろいろな応用に役立つと考えられます．

マルチスペクトル撮像

マルチスペクトル撮像は，あまり聞き慣れない名前かと思います．文字通り光のスペクトルを3原色と言わず，より多くの波長バンドに分解（分光）して撮像

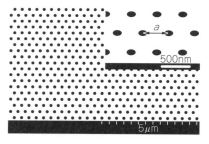

（a）金属薄膜の顕微鏡写真

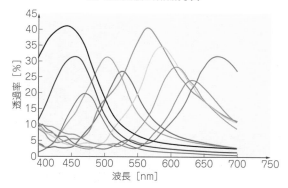

（b）光の透過特性

図7[3][4]　表面プラズモン共鳴によるカラー・フィルタ

する方式を言います．場合によってはハイパー・スペクトル撮像とも呼んでいますが，分類は明確に定義されていません．このマルチスペクトル撮像について，その例と応用について考察してみます．

● 実現方法1…表面プラズモン共鳴を使う

波長を細かく分解して撮像することがマルチスペクトル撮像には求められます．通常のカメラに使われるイメージセンサは，原色のRGB信号を得るのに原色の顔料によるカラー・フィルタを使っています．しかし原色の顔料では波長を細かく分解することが困難なので，それとは違う方法で分光することになります．その方法の例として光と材料の両者にまたがる性質である表面プラズモン共鳴という現象を利用したものを紹介します．

表面プラズモン共鳴は金属と誘電体の境界で，照射された光（電磁波）によって金属表面で励起された電子の振動をいいます．それに加え，ナノ・スケールで繰り返しパターンの穴が加工された金属薄膜は，この現象に光の波長選択性を持つことが分かっています．この金属薄膜の電子顕微鏡写真と光の透過特性を図7に示します[3][4]．ある間隔で三角格子に配置された，適切な大きさの穴が開けられているアルミニウム膜は，格子間隔と穴の大きさを変えることで最も透過しやすい波長が変化するのが光の透過特性に表れています．

このようなナノ・スケールで格子状に穴を開けたアルミニウム膜をイメージセンサの画素ごとに条件を変えて表面に形成すれば，画素ごとに応答する光の波長が違うマルチスペクトル撮像イメージセンサが出来上がります．

● 実現方法2…光の干渉を利用

ここでは表面プラズモン共鳴による方法を紹介しま

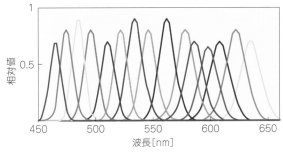

図8　干渉フィルタのマルチスペクトル分光特性一例

したが，それ以外に誘電率（屈折率）が異なり薄く透明なチタン酸化膜やシリコン酸化膜などを積層した光の干渉を利用した干渉フィルタもあります[5]．これは，透過する波長を変えるのに誘電体薄膜の膜厚で調整するため，ピーク波長ごとに別々の膜厚を用意する必要がありますが，表面プラズモン共鳴に比べて透過する光の波長をより細かく制御できる特徴があります．また，**図8**は可視光の例ですが，シリコン基板を使ったイメージセンサの場合，表面プラズモン共鳴や干渉フィルタなどの原理で近赤外光の波長（1100nm以下）までマルチスペクトル撮像が可能です．

● マルチスペクトル撮像の応用

マルチスペクトル撮像はさまざまな応用が可能ですが，農業への利用が効果的と考えられています．例えば作物の生育状況や土壌の管理などが考えられるでしょう．作物の生育状況がドローンに搭載したマルチスペクトル撮像カメラで判定することが可能になれば，肥料や害虫対策などを経験や勘に頼らずとも，適宜かつ作付け区分単位で実施することができるでしょう．

▶農産物の種類判別

例えば農作地を上空からマルチスペクトル撮像すれば，**図9**に示す各種スペクトルのように，作付けが行われていない土壌がむき出しなのか，トウモロコシまたは小麦が作られているかがそのスペクトルを可視光から近赤外まで細かく判定できるでしょう．すると，耕作地の調査を実施し，科学的に農業の効率を上げることが可能になるはずです．

▶生育状況判断

さらに小麦は可視光の原色RGBで見る限りその生育状況の判別は困難ですが，近赤外までマルチスペクトル撮像で波長を細かく分解できれば，**図10**のように3つの状況[6]を簡単に区別することが可能になります．可視光（波長$0.4\mu m \sim 0.7\mu m$）ではスペクトルの形に多少の違いがある程度でしたが，$1.0\mu m$まで波長を拡張すればスペクトルの形の違いは明確です．

このように，通常のカメラで捉える可視光のRGB信号では詳細な判別には不足しているところに，近赤

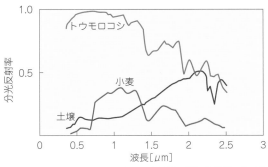

図9　耕作地のスペクトル分布から生産物の種類を判断できそう

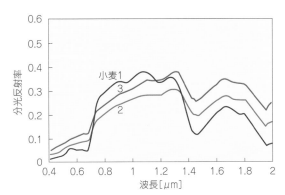

図10[6]　スペクトル分布から小麦の生育状況を判断できそう

外まで波長範囲を広げ，かつ波長を細かく分割すれば，従来は不可能だったいろいろな情報が得られることでしょう．

農業だとしたら，農作物の種類から生育状況，農作地の土壌が作物に適しているかどうかをエリアごとに瞬時に判定するなど効果的な応用が期待できると考えられます．

◆参考・引用＊文献◆

(1) 大田 登；色再現工学の基礎，コロナ社．

(2) J. H. Lyu, et al；IR/Color Composite Image Sensor with VIPS（Vertically Integrated Photodiode Structure），Technical Digest of International Image Sensor Workshop 2007, June, 2007.

(3) Q. Chen, et al；Application of Surface Plasmon Polaritons in CMOS Ditital Imaging, Plasmonic-Principle and Applications, pp. 495-522, IntechOpen .

(4) S. Yokogawa, et al；Plasmonic Color Filters for CMOS Image Sensor Applications, Nano Letters, Vol.12, No.8, pp. 4349-4354, July 2012.

(5) P. Agrawal, et al；Characterization of VNIR Hyperspectral Sensor with Monolithically Integrated Optical Filters, Society for Imaging Science and Technology, 2016.

(6) U.S. Geological Servey.
https://www.usgs.gov/spectroscopy-lab.html

よねもと・かずや

自作マルチスペクトル撮のキモ

フィルタ等の光学特性を調べる My分光計の製作実験

エンヤヒロカズ

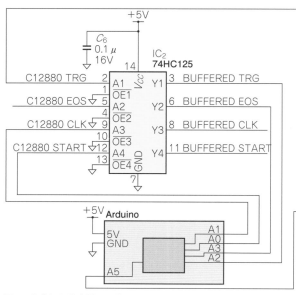

図2 自作した分光器の回路

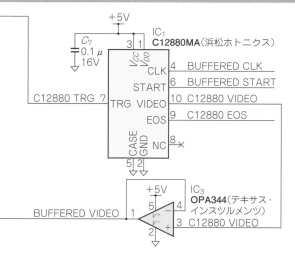

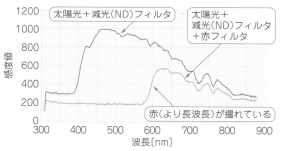

図1 赤フィルタの分光特性を測ってみた

● Myマルチスペクトル撮影の要「光学フィルタ」の特性を調べられる分光器

マルチスペクトル・カメラの製作で重要なポイントはフィルタの選択です．特定の波長だけを通過させるには光学的なバンドパス・フィルタが必要です．今回は専業メーカから購入することができましたが，一般的に出回っている素材でも，光学的な特性を満足していれば，使用可能です．例えば，カラー透明セロハンや，写真用フィルタなどです．しかしながら，見た目で色は分かりますが，正確な特性までは分かりません．特性を調べるには分光計が必要ですが，研究開発用に販売されているものは非常に高価です．ところが

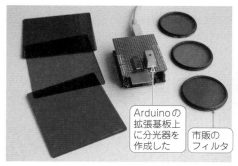

（a）使用したもの

（b）減光（ND）フィルタが必要

写真1
自作した分光器＆特性を測るターゲットの光フィルタ

Appendix 2　フィルタ等の光学特性を調べる My 分光計の製作実験

マイコンに接続して使える小型の分光器ユニットが市販されており，一般でも入手が可能です（型名等変更になることがあります）．今回はマイクロ分光器C12880MA（浜松ホトニクス）を用いた分光測定装置を作成し，フィルタの特性を測ってみました（図1）．

● 回路

　C12880MAはマイコンに簡単に接続できるようになっています．CLK，STのクロックをマイコン側から与えると，アナログ信号が出力されます．A-D変換すれば，相対的な特性が得られます．またクロックのカウント値と実際の波長との関係は，工場出荷時に係数が測定されて，検査成績書として同梱されています．この係数を使って実際の波長への換算を行います．回路を図2に示します．

　回路は単純なバッファだけの構成です．元はGetLabというサイトでArduino用ブレークアウト・ボードが販売[注1]されていましたので，参考にしつつ不要な回路を削除しました．クロック系は74HC125でバッファリングした後，分光器に加えられます．同様にディジタル系出力も，74HC125経由でArduinoに接続されています．アナログ出力はOPアンプのボルテージ・フォロワで電流増幅された後，Arduinoのアナログ入力に接続されています．

● ソフトウェア

　リファレンスのコードやライブラリはGitHubで公開[注2]されているものを使用しました．しかしこのソフトウェアは，CLK，STのタイミングをソフトウェア的に作成しています．そのためスピードが遅くなっています．リアルタイム表示などの問題はないのですが，速度の遅い分，内蔵されている光センサの蓄積時間が長くなり，非常に高感度になってしまっています．そのため信号がすぐに飽和してしまうので，光量を減らすためにNDフィルタを併用しています[写真1（b）]．今後実用的にするためには，蓄積時間の制御が必要になります．ソフトウェアでクロックを発生させると速度の限界がありますので，ハードウェアでの制御が必要になるかもしれません．またこのサンプル・ソフトウェアは単純にクロック・カウントに対する出力で，波長計算機能は入っていません．そこで，係数から計算する部分を入れ，実際の波長に対するレスポンスを出力するように変更しています．出力はシリアル経由でPCに取り込み，ターミナル・ソフトウェアで表示しながらログとして取得して，グラフ化を行いました．図3はArduino IDEに付属している

注1：https://groupgets.com/manufacturers/
　　　getlab/
注2：https://github.com/groupgets/c12666ma

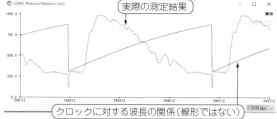

図3　開発環境Arduino IDEの機能を使ってグラフを作成する

シリアル・プロッタによる画面です．この画面でも，簡易的な測定には使用できます．またProcessing言語を用いた簡易特性表示ソフトウェアも公開されていますが，最初の動作確認のみ使用しています．

● 測定

　製作した分光器を用いて市販のフィルタを測定してみました．今回は特殊効果用として販売されているカメラ用のフィルタを使用します．今回は光源の準備までは間に合いませんでした．既存の光源で幅広い帯域のエネルギーを持つものが必要です．LED電球や蛍光灯などは，ある特定の波長にしかエネルギーが存在せず，今回のような測定には向いていません．

　そこで今回は天然にあり，幅広いエネルギーを持つ光源として太陽光を使用しました．

　前述の通りNDフィルタを用いた測定になりますので，NDフィルタ越しの光源スペクトラムになりますが，フィルタの有無の差分を見られればよいので，今回は良しとしました．

　結果を図1に示します．太陽光の分光は可視光領域から赤外領域までなだらかな変化になっています．波長が長くなるに従いエネルギー量が落ちているのは，分光器の分光感度特性とNDフィルタの影響によるものです．仕様書に記載されている分光感度特性図を基にキャリブレーションすれば，特性を改善可能です．また，NDフィルタも蓄積時間が変更できるようになれば不要になりますので，影響を排除することが可能です．

　赤フィルタの結果ですが600nmより短い波長は遮断しています．ただ，長波長側はなだらかな特性になっており，今回の使用目的には合わないと思いましたので，ダイクロイック・フィルタを使用しました．ただ，測定手段を得ることで，さまざまな特性を知ることができるようになりました．今後より良いフィルタを入手できた場合は変更することも視野に入れることにします．

エンヤヒロカズ

Appendix 3 防水・防じん・防虫/監視/GoPro/内視鏡

屋外で使えるカメラのタイプと特徴

エンヤヒロカズ

　ラズパイ単体もそうですが，カメラも当然，防水構造ではありません．したがって，屋外で使う場合はケースに入れるなど，防水加工などが必要になります．他にも日中の直射日光による温度上昇に対応するための耐熱構造，ゴミやほこりに対応する防じん構造などが必要になります．今回，比較的通販などで入手しやすい防水構造のカメラを例に特徴を示してみます（**写真1**，**表1**）.

エンヤヒロカズ

写真1
農業などに向く屋外で使える
タイプのカメラあれこれ

表1　屋外で使えるカメラはこのようなスペック値を見る
カメラは日々進化するので，型名やスペック値等は適宜読みかえてください

タイプ	(参考型名)	最大画素数	最大フレーム・レート	画角（対角）	照明	赤外線カット・フィルタIRCF	防水性	防水深度	出力	記録
内視鏡	（なし）	640 × 480	30fps	44°	白色LED	あり（切り替え不可）	IP67	–	USB	なし
監視カメラ	(C71C)	720 × 480	60fps	53°	赤外線LED	あり（切り替え可）	IP66	–	アナログ	なし
	(JPJE-A82WT 10-3-F-16)	1280 × 720	–	80°	赤外線LED	なし	IP66	–	Wi-Fi/LAN	microSD
スポーツ・カメラ	(SC001)	4608 × 3456（静止画）/ 3840 × 2160（動画）	60fps (1080p)	170°	なし	あり（切り替え不可）	記載なし	30m	HDMI	microSD
トレイル・カメラ	(U-03)	4000 × 3000（静止画）/ 1920 × 1080（動画）	30fps	73°	赤外線LED	あり（切り替え可）	IP66	–	なし	SD
車載カメラ	(TUT-CB001)	510 × 492	60fps	170°	白色LED	あり（切り替え不可）	IP67	–	アナログ	なし
トイ・カメラ	(Kids Camera)	1920 × 1080	30fps	80°	なし	あり（切り替え不可）	IP65	30m	なし	microSD

内視鏡タイプ

USB接続の内視鏡タイプとしては，**写真2**に示すようなパイプや配管の中を見るためのカメラがあります．一見して内視鏡みたいですが，フォーカス距離は数cm～1m程度で，至近距離を見る顕微鏡的な用途には使用できません．USB接続UVC規格なので，もちろんラズパイに接続して使うこともできます．また配管の中を見る用途を想定しているので3mや5mといったケーブルが長いものも入手可能なので，カメラ部分のみ屋外に出しておき，本体は屋内に設置することも可能です．解像度はさまざまでVGAからメガ・ピクセルまで，さまざまなバリエーションがあります．

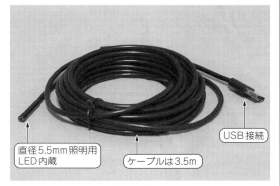

直径5.5mm照明用LED内蔵
ケーブルは3.5m
USB接続

写真2 USB接続の内視鏡タイプ

監視カメラ・タイプ

監視カメラは屋外に設置されるものが多いため，防滴，防水機能が標準で装備されたものが多くあります．

写真3に示します．監視カメラのインターフェースにはいくつかあります．従来はビデオ出力をそのままケーブルで延長して設置するものが多かったのですが，最近はネットワークに対応したものも増えてきており，有線LANや無線LANに対応しています．また暗視機能が付いているものが多く，赤外線投光器を内蔵したものもあります．ネットワーク対応のものはラズパイからネットワーク経由で接続可能ですし，ビデオ出力のものは，USBビデオ・キャプチャ・ユニットなどを使用することで，データを取り込むことができます．ネットワーク対応のものはメガ・ピクセル以上の解像度を持つものもありますが，ビデオ出力のものはNTSCまたはPALの解像度になります．**写真3（a）**はビデオ出力で，IRCF切り替え機能が付いています．日中明るいときはIRCFありで，色再現性の良い画像が撮れます．夜間は赤外線光源で撮影するために，照度センサを用いて暗くなるとIRCFを外すメカニズムが内蔵されています．

写真3（b）はネットワーク対応で，有線，無線の両方に対応しています．解像度は720pです．

赤外線投光器，SDカード・スロットを内蔵し，単体で映像を記録することも可能です．

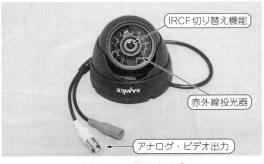

IRCF切り替え機能
赤外線投光器
アナログ・ビデオ出力

（a）アナログ出力タイプ

赤外線投光器
無線LANアンテナ
電源および有線LAN

（b）ネットワーク接続タイプ

写真3 監視カメラ・タイプ

入門
IoT
画像
大気
土壌
アイデア

GoPro タイプ

GoProなどに代表されるようなカメラで，スポーツ・カメラやアクション・カメラともよばれています．カメラ本体は防水ではありませんが，オプションのバリエーションが豊富なので，防水ケースもあります（**写真4**）．マリン・スポーツを想定しているために，防水性能は優れています．撮影画像はSDカードに記録されるか，一部の機種はHDMI出力をもっており，ライブ映像を出力することも可能です．HDMIキャプチャ・ユニットなどを用いれば，ラズパイにも取り込めます．ケーブルを引き出すために，防水ケースの加工が必要です．またバッテリ駆動ですので稼働時間に制限があります．外部電源供給も可能ですが，防水ケースの加工が必要なのは同様です．スポーツ・カメラは非常にたくさんの種類があり，GoProの形状を基本としていますが，機能や性能もさまざまです．解像度もフルHD，4Kのものが多く，目的に応じて選べばよいかと思います．画角が170°程度の広画角のものが多いです．

防水ケースは
GoProに酷似

（a）防水ケースに入れた状態

カメラ外形も
GoProに酷似

（b）カメラ本体

写真4　GoProに代表されるスポーツ・カメラ・タイプ

トレイル・カメラ・タイプ

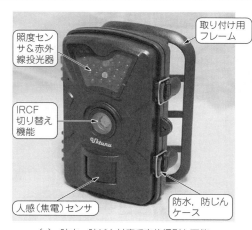

照度センサ＆赤外線投光器

取り付け用フレーム

IRCF切り替え機能

人感（焦電）センサ

防水，防じんケース

（a）防水・防じん対応で赤外撮影も可能

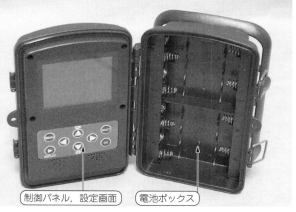

制御パネル，設定画面

電池ボックス

（b）内部はこうなっている

写真5　トレイル・カメラ・タイプ

車載タイプ

　車載用のカメラも基本的に屋外で使用するものなので，防水構造になっています．最もポピュラーなものは，車の後部に取り付けるバックアイです（**写真6**）．インターフェースはほとんどのものがビデオ出力ですが，USB出力のものも存在するようです．解像度はVGAクラス，NTSC/PALのものがほとんどです．後部の観察用なので，カラーの必然性が低いことから，白黒のものもあり，赤外線投光器を内蔵して暗闇でも撮影できるものもあります．画角はバックアイ用途ですと広い範囲を撮影する必要があり，比較的広角なものが多く，画角180°くらいで撮影可能です．

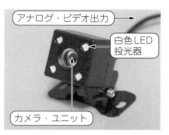

アナログ・ビデオ出力
白色LED投光器
カメラ・ユニット

写真6　車載カメラ（バック・モニタ）タイプ

トイ・カメラ・タイプ

　子供向けのおもちゃのカメラですが，防水ケースが付いているものもあります．カメラ単体では防水機能はありませんが，防水ケースが付属しているものがあります（**写真7**）．基本的にはスポーツ・カメラのアーキテクチャを流用したもので，UIやスイッチなどを子供でも使えるようにカスタマイズしたものになります．トイ・カメラなので，イメージセンサなどは廉価なものが用いられていることがあり，総合的にはスポーツ・カメラの方が性能は上になります．しかしながら比較的安価に入手可能ですので，壊れることを前提とした用途や耐久試験などに使用するのがむいているといえます．撮影データはSDカードに記録されます．HDMI端子はありません．解像度は低めで，静止

画解像度は1Mピクセル程度，動画はフルHD程度，画角は狭く90°以下のものが多いです．

防水ケース構造はスポーツ・カメラと酷似
GoProより一回り大きい
静止画，動画記録ボタンが独立

（a）防水ケースに入れた状態　　（b）安くてシンプル

写真7　トイ・カメラ・タイプ

　森林に設置して，野生生物の観察などに用いられるものです．**写真5**に示すように，全体が防水のケースに入っておりJIS保護等級 IP66の防水・防じん仕様です．電池も大容量のものを搭載しています．単3電池等の乾電池を用いて，長期間（数カ月）の待機が可能です．

　屋外の森や林の中などに設置して一晩中，動物などを観察したりするために，人感センサ，赤外線投光器などを搭載しています．また撮影モードも連続撮影や，センサに反応したときに撮影，タイムラプス撮影などさまざまな設定が可能です．

静止画，動画の切り替えも可能です．画角は90°以下のものが多いです．

　解像度は，静止画は10Mピクセル以上，動画はフルHD程度で撮影することが可能です．撮影データは内蔵SDカードに記録されますので，リアルタイム観測ではなく，後でオフラインでデータ処理するような用途に向いています．また前述の監視カメラと同じく暗所撮影用にIRCF切り替え機能が内蔵されています．IRCFの付け外しが容易なので，IRCFの代わりにIR BPFを取り付けて植生状態の観察などにも使用可能です．

入門
IoT
画像
大気
土壌
アイデア

第4部

大気センシング
の実験研究

第15章

メカニズム実験でなるほど

光合成促進のための CO_2 センシング実験研究

漆谷 正義

（a）安価な CO_2 センサによる実験

屋外の CO_2 濃度はだいたい400ppm

（b）USB接続タイプによるロギング

写真1 植物の育ちに直接関係する CO_2 の濃度センシングは重要

現在，農業に携わる人は，ファーマ（farmer）のような呼び方が適しているのではないでしょうか．なぜなら，農業は，技術的な要素が多いからです．昔から農業に携わる人は，器用で博識です．種から収穫までの生物学的知識と経験は，どんな学者をもしのぐレベルです．また，牛や馬に替えて，エンジンやモータなどの動力をいち早く取り入れ，農作業を機械化するなど，工学的な先進技術にも敏感です．田植え機などは，見ていて楽しくなるオートメーション機械です．

近年，種々の機械の自動化に伴って，センサとマイコンの進歩が著しく，これにモバイル機器とネットやWi-Fiなどのインフラの整備が加わって，農業のIoT化が注目されるようになりました．特に温室や水耕栽培のような屋内型の農業は，人間が関わる空調や水やりなどの要素が大きいので，温度や湿度，照度などの環境データを細かく観測，制御する必要があります．

CO_2 センシングの重要性

● 光合成の材料

センシングの対象は，温度や湿度，pH，土壌水分などたくさんありますが，CO_2（二酸化炭素）も例外ではありません．温暖化に悪影響を与える CO_2 ですが，作物にとっては，光合成で栄養を得る大事な物質です．温室の中では，石油で暖房することで，CO_2 濃度が上がる可能性があり，換気が不十分だと空気の成分が大きく変わってきます．逆に，作物が CO_2 を取り入れて，光合成により酸素を放出することで，酸素（O_2）が増える反面，CO_2 が不足する可能性があります．

CO_2 センサの市販品は，高価でなかなか手が届きません．比較的入手が容易な別用途のセンサを使って，農業向けの CO_2 測定を検討しました（**写真1**）．

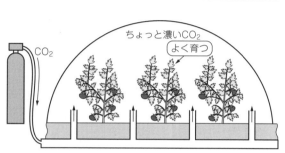

ちょっと濃い CO_2

よく育つ

CO_2

図1 CO_2 濃度を上げて光合成を促進すると植物がよく育つ
CO_2 施用という

写真2　赤外線を利用したNDIR法と呼ばれるCO₂濃度測定の実験

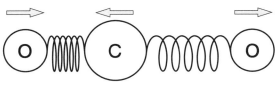

図2　CO₂の分子構造から吸収帯が決まる
CO₂の赤外領域にピークを持つ振動（逆対称伸縮振動）

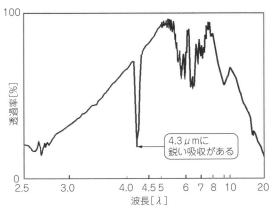

図3　CO₂の赤外領域の吸収スペクトル

● 制御が必要

地球の大気の組成は，窒素が78%，酸素が21%，アルゴンが0.93%，二酸化炭素（CO_2）が0.04%です．水は1～2.8%で湿度により変動します．この他，ネオンや一酸化炭素がごくわずかに含まれます．

大気中のCO_2は，ごくわずかなのに，生物界に大きな影響を及ぼすのはなぜでしょうか．生命は，炭素を中心に出来ています．炭素は有機物の原料となります．なぜ炭素かというと，炭素は100℃以下で化学反応が可能だからです．植物は空気中から炭素を取り入れるために，光合成をして，でんぷんなどの有機物を合成します．最近はCO_2を，トマトなどの野菜の促成栽培に，肥料と同じように施用する方法が，先進農家の間で進んでいます（図1）．

ハウスの中のCO_2は，適量に制御する必要があり，図1のシステムでは当然ながらCO_2のセンサが活躍しています．

露地栽培は，自然の大気にまかせていますが，大気汚染，温暖化により，今後，CO_2も安定であるとは言えません．CO_2の測定と制御は，農業にとって必須になりつつあります．

CO₂センサの基本メカニズム

CO_2センサの多くは，赤外線を利用したNDIR（Non Dispersive Infrared：非分散赤外線）という方法で測定します．どんな原理なのか調べてみましょう（写真2）．

● CO₂は赤外線に吸収帯がある

CO_2のような分子の振動や回転エネルギーは，赤外線の領域（波長2.5μ～25μm）に分布しています．CO_2は，図2のような直線状の分子です．振動のモードには伸縮，回転などいろいろありますが，図2のように

片方が縮んで，もう片方が伸びるような直線振動は，赤外領域の4.3μm（波数2349cm⁻¹）にエネルギーのピークがあります．

図3は，CO_2の赤外領域の吸収スペクトルです．CO_2に加えて，大気中の水蒸気（H_2O）のスペクトルも重なっています．

波長4μ～10μmは，赤外線をよく通す帯域です．しかし，4.3μmに鋭い吸収があり，ここだけ赤外線を通しません．これは，赤外線により図2の振動が励起されて，この振動に相当する赤外線のエネルギが吸収されたためです．

NDIRの「非分散」は，光の分散の性質を利用しないという意味です．分散とは，光がプリズムでいろいろな波長の光に分かれることを言います．

プリズムは，光をフーリエ変換することのできる素

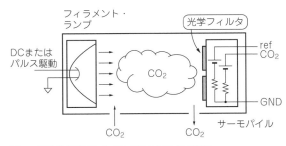

図4　赤外線を利用したCO₂測定NDIR法の原理
CO₂の吸収帯（4.3μm）と吸収しない帯用光学フィルタを使う

121

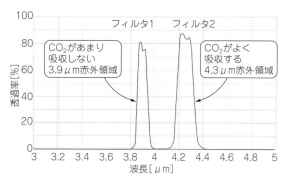

図5　フィルタを入れて3.9μmと4.3μmの光の強度を調べることでCO₂濃度を測る

子です．プリズムを使って特定の波長の光を物質に当てる方法を分散型（FTIR）というのに対し，白熱電灯のような広い波長にわたって波が分布する光源を使う方法は，非分散型（NDIR）と呼ばれます．NDIR法の原理を図4に示します．

光源から出た光（赤外線）は，CO_2などの被測定ガスを通った後，光学フィルタを通して，赤外線センサ

写真3　赤外線熱放射-電圧変換センサ「サーモパイル」
T11722－01，浜松ホトニクス社

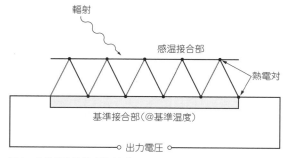

図6　赤外線熱放射-電圧変換センサのサーモパイルは熱電対を直列に並べて感度を上げる構造

で受けます．

赤外線を，図5のような特性のフィルタに通すと，フィルタ1では3.9μm，フィルタ2では4.3μmの光だけが通過します．赤外センサを2つ用意して，それぞれのフィルタを装着すると，フィルタ1は，図3の3.9μmの光を，フィルタ2は，4.3μmの光を測定することになります．今，光の経路にCO_2があると，図3より，4.3μmの光は振動のために減衰するので，フィルタ2の方のセンサの出力が小さくなります．これを利用すると，CO_2の濃度を測定できます．

CO₂センサの基本メカニズム確認実験

● キー・デバイス①…赤外線放射熱-電圧変換サーモパイル

サーモパイル（写真3）は，非接触温度測定や，非分散赤外測定用の素子として，多くの商品に搭載されています．サーモパイルは対象物や他の赤外線放射源からの熱放射を電圧に変換する素子です．

サーモパイルは，たくさんの熱電対を直列に接続したもので，日本語では熱電堆と訳します．図6に構造を示します．熱電対は遠赤外では感度が高いので1個の熱電対でも温度を測定できるのですが，赤外領域では熱の量が少ないので感度が低く，図6のように多数の熱電対を直列にして感度をアップさせています．

写真3に示したサーモパイルの外形とフィルタ配置を図7に示します．2つのサーモパイルを並べて，右のフィルタ1を参照用（3.9μm），左のフィルタ2をCO_2用としています．それぞれの視野角が90°以上あるので，光ビームの非対称性もある程度許されるのではないかと思います．

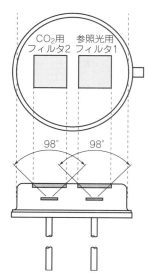

図7　サーモパイルのフィルタ視野角

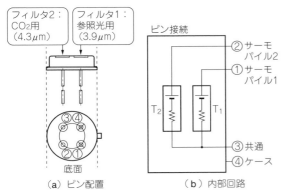

（a）ピン配置　　（b）内部回路

図8　サーモパイルT11722-01のピン配置

図8は，ピン配置です．グラウンド側は共通になっています．ケースはグラウンドに落とします．表1は，仕様の一部です[1]．

● キー・デバイス②…レンズ

早速，CO_2により，センサの出力がどのように変わるのかを調べます．まず，写真4のように，レンズを使ってランプの光を平行ビームにします．

レンズは口径1cm程度で，焦点距離1～1.5cmのものを使いました．レンズを使うことで，写真2（レンズなし）に比べてセンサの出力が2倍以上になりました．レンズは普通の（可視光用の）光学レンズですが，波長3μ～4μmを通すかどうかは，レンズを出し入れ（レンズあり／なし）して大きく減衰しないかどうかで判定しました．この結果，減衰はあるものの，レンズの効果の方が大きいことが分かりました．

● キー・デバイス③…光源ランプ

ランプは6.3V，0.15Aの昔のラジオ用電球です．自転車ランプ（6V白熱電球）でも使えると思います．

赤外LEDは使えません．LEDやレーザは，光の波

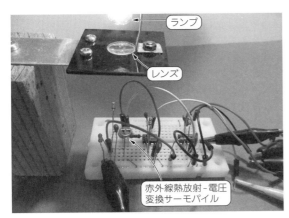

写真4　レンズを使ってランプの赤外線を絞る

表1　サーモパイルT11722-01の仕様

項　　目	記　号	条　　件	基準値
受光面サイズ（1素子当たり）	－	吸収膜サイズ	1.2×1.2mm
感度波長範囲（参照光用）	λ	バンドパス・フィルタ中心波長（半値幅）	$3.9(0.09)\mu$m
感度波長範囲（CO_2用）			$4.3(0.14)\mu$m
受光感度（フィルタなし）	S	1Hz，500k	50V/W
素子抵抗	R_d	－	125kΩ
雑音電圧	V_n	ジョンソン・ノイズ	45nV/Hz$^{1/2}$
等価雑音電力	NEP		0.9nW/Hz$^{1/2}$
比検出能力	D		1.3×10^8cm・Hz$^{1/2}$/W
上昇時間	t_r	0～63%	20ms
素子抵抗の温度係数	TCR	－	±0.1%/℃

長が決まっていて，スペクトルが極めて狭いので，赤外と言っても，3.9μmや4.3μmの成分はほとんどありません．可能ならば，NDIR用のランプは，写真5のような専用品を使うべきです．4μm付近の光強度の大きいフィラメントと，この波長をよく透過するガラスで作られています．また，パルス駆動に対するレスポンスが速いので，OPアンプ回路をチョッパ型のACアンプで構成でき，高ゲイン，低ドリフトが実現できます．

今回使ったような普通のランプは，パルス・レスポンスが遅いので，直流で使うしかありません．

● 信号処理回路

信号処理回路は，図9の通りです．部品を表2に示します．OPアンプは，オフセットとドリフトが極めて小さい計測向きのLTC1050（アナログ・デバイセズ）を使いました．図10は，LTC1050のピン配置です．互換品は，AD8628（アナログ・デバイセズ）などがあります．

サーモパイルの内部抵抗は，表1より125kΩですから，外部のコンデンサ8200pFとともにRC型ローパス・フィルタ（LPF）を構成します．そのカットオフ（－3dB）周波数[Hz]は，式（1）の通りです．

写真5　4μm付近の光強度が大きくてCO_2吸収帯を調べやすいNDIR測定用ランプ（IRL715，PerkinElmer社）

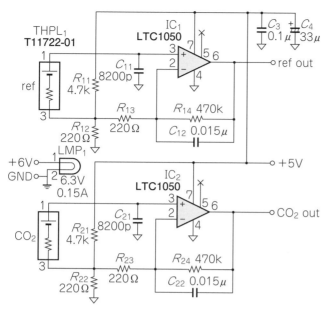

図9 赤外線熱放射-電圧変換サーモパイルを使ったCO_2測定回路

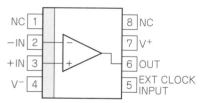

図10 計測用のOPアンプLTC1050のピン配置

$$f_{-3dB}[Hz] = \frac{1}{2 \times \pi \times 125k \times 8200p} \approx 155 \cdots (1)$$

OPアンプのゲインは，式（2）となります．

$$A_v = 1 + \frac{47k}{0.22k} = 214 (46dB) \cdots (2)$$

カットオフ（－3dB）周波数は，式（3）となります．

$$f_{-3dB}[Hz] = \frac{1}{2 \times \pi \times 47k \times 0.015\mu} \approx 225 \cdots (3)$$

光源をパルス駆動する場合は，セットアップ・タイムなどの計算にこれらの値を使います．

実験装置は，**写真6**のように金属ケースに入れ，ケースは回路のグラウンドに落とします．アンプのゲインが高いので，このようにシールドしないと，出力電圧にハム（50または60Hzの電源ノイズ）が大きく乗

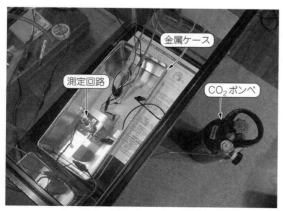

写真6 NDIR式CO_2センサの実験

ります．回路をブレッドボードで組んでいるので，耐ノイズ性は非常に悪いですが，**写真6**のように回路全体を覆うようにシールドすれば，AC電源ノイズは除去できます．

光源と回路を水槽の底に置き，上部はふたをして，全体を密閉し，CO_2を注入できるようにします．CO_2は，ピンホールから注射器で注入し，容器体積から注入濃度（ppm）を計算します．注入量/容器体積が，濃度の増加分です．

気象庁の付属・関連機関では，濃度の標準を設けていますが，CO_2は体積ではなく，重量で測っています．当然ながら重量はコンマ何グラムとなるので，精密な重量計が必要になってきます．体積は温度や気圧で変わるので，重量で量るのだと思います．

図11は，測定結果です．CO_2注入とともに，ref，CO_2出力とも低下しています．しかし，濃度の増加とともに，その差が拡大しています．この差分が濃度データになります．濃度は，光源からセンサまでのオプティカル・パスと関係します．これは以下で解析します．

● **光の吸収率から気体濃度を求められるランバート・ベールの法則**

光の物質による吸収を利用したNDIRのような測定では，次のランバート・ベールの法則[2]で式（4）が成り立ちます．

コラム　NDIR機器の実際例

漆谷 正義

　筆者は，図Aのようなガス検出器を開発し，商品化したことがあります．

　ガラス円筒の中に窒素などのゼロガスを封入し，両端に窓を貼り付けて密閉します．下の開口部にも同じ窓材を貼り付けて，光の透過率を同じにします．全体をモータで回転させて，被測定気体を充満すると，赤外線センサからは，被測定気体がないときのゼロ信号（ref）と，吸収を受けた信号（sig）を交互に取り出すことができます．この方法を使うと，センサを2個用意する必要がありません．

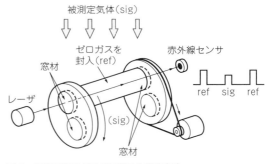

図A　回転円筒でゼロガス信号を得る方法

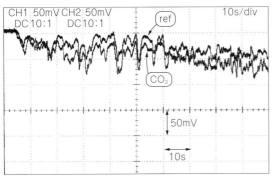

図11　CO_2測定回路の出力電圧…CO_2を注入していくとrefとCO_2出力の差が広がる

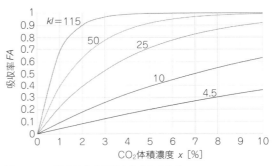

図12　CO_2濃度は光吸収率から求められる

$$I = I_0 e^{-klx} \quad \cdots\cdots (4)$$

ただし，I：被測定気体を通ったときの光強度，I_0：被測定気体がないときの光強度（窒素などの吸収のない気体を通してもよい），k：被測定気体とフィルタに依存する定数，l：ランプと検出器の間の有効距離，x：気体の濃度

　上記の実験では，参照出力refと，信号出力CO_2が出力されました．この電圧をそれぞれ，V_0，Vとします．吸収率をFAとすると式(5)となります．

$$FA = \frac{(V_0 - V)}{V_0} = \frac{(I_0 - I)}{I_0} = 1 - \frac{I}{I_0} \quad \cdots\cdots (5)$$

　式(4)を式(5)に代入すると，式(6)となります．

$$FA = 1 - e^{-klx} \quad \cdots\cdots\cdots (6)$$

　kとlが一定だとして，濃度x[%]と，吸収率（FA）をExcelでプロットすると，図12のようになります．

　FAの値は，ガス濃度とともに増加しますが，直線的に変化するとは言えず，場合によっては飽和してしまう場合があります．ガス濃度が低い方が，直線性が

良く，分解能が上がります．また，測定したいガス濃度により，kとlの値，ここでは特に光路長（l）を選ぶことが大切です．低濃度の測定では光路長は長く，高濃度の測定では光路長は短い方が良いことになります．

● 実際には温度による補正を加える

　サーモパイルは，輻射を吸収して温度として検出しています．従って，周囲の温度と温度変化に敏感です．このため，多くのサーモパイルは，サーミスタを内蔵しています．今回実験した素子は，サーミスタが内蔵されていないので，サーモパイルに近接して温度検出素子を設ける必要があります．

入手しやすい格安CO_2センサ

　数あるCO_2センサのうち，執筆時点で比較的安価に入手できたものが写真7のMH-Z19（Zhengzhou Winsen Electronics Technology社）です[注1]．2000ppmまで測れて，精度は±50ppm＋表示値の5%，前項で実験し

注1：これから新型も出てくることが想定されるので，適宜読みかえてください．

写真7　入手しやすくなったCO_2センサの例MH-Z19
2000ppmまで測れて精度±50ppm+表示値の5%．NDIR方式

表3　CO_2センサMH-Z19の仕様

項　　目	仕　　様
測定対象	CO_2
電源電圧	3.6〜5.5VDC
消費電流	18mA以下
インターフェース信号電圧	3.3V
測定範囲	体積比　0〜0.5%（5000ppm）
測定精度	±（50ppm+表示値の5%）
出力信号	UART，PWM
予熱時間	3分
応答時間	T90< 60秒
動作温度範囲	0〜50℃
動作湿度範囲	0〜95%RH（結露なきこと）
大きさ	33mm × 20mm × 9mm
重さ	21g
寿命	5年以上

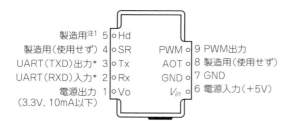

注1：7秒以上Lで，ゼロ較正　＊：0/3.3V

図13　底面から見たMH-Z19のピン配置

写真8　CO_2センサで取得したデータはM5Stackを使ってクラウドにUPする

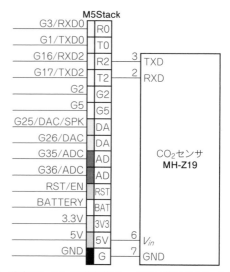

図14　格安CO_2センサMH-Z19とマイコンはUARTでつなぐ

たNDIR方式で，補償用の温度センサも組み込まれています．

　2つの窓は，白いフィルタで覆われており，誤差の原因となる水蒸気の流入を防いでいます．MH-Z19の出力は，UARTまたはPWMです．**表3**に仕様を示します．**図13**はピン配置です．

　PWM出力は，式（7）により濃度C_{ppm}（ppm）に変換することができます（最大2000ppm）．

$$C_{ppm} = \frac{2000 \times (T_H - 2\mathrm{ms})}{T_H + T_L - 4\mathrm{ms}} \quad\cdots\cdots(7)$$

　T_Hは，出力サイクルの"H"期間の時間，T_Lは，"L"期間の時間です．出力サイクルの繰り返し周期は，1004ms

±5%で，分解能は4ppmです．

　シリアルの接続は，V_{in}を+5V電源につなぎ，センサ側RXD入力をホストのTXD出力に，センサのTXD出力をホストのRXD入力に接続します．CO_2の濃度データは換算なしにダイレクトに読むことができます．通信条件は，ボー・レート9600，データ長8バイト，ストップ・ビット1ビット，パリティなしです．コマンドについては仕様書[3]を参照してください．

実験の構成

● 実験の構成

　最近，安価で入手も容易になったブロック型マイコン・モジュールM5Stackを使います．M5Stackと

リスト1 M5StackでCO_2センサMH-Z19を動かすためのプログラム

```
/*
 *  M5STACKとCO2センサを接続し, 時刻と濃度(ppm)をLCDに表示し,
                                    データをAmbientに送信する
 */
#include <M5Stack.h>
#include <time.h>
#include "MHZ.h"
#include "Ambient.h"

#define PERIOD 60
#define JST 3600*9

WiFiClient client;
Ambient ambient;

const char* ssid = "Your SSID";
const char* password = "Your Password";

unsigned int channelId = ???; // AmbientのチャネルID
const char* writeKey = "xxxxxxxx"; // ライトキー

int disp_count=0;

MHZ co2(&Serial2, 0, MHZ19B);

void setup() {
  M5.begin();
  Serial2.begin(9600);
  M5.Lcd.setTextSize(2);
  WiFi.begin(ssid, password);  // Wi-Fi APに接続
  while (WiFi.status() != WL_CONNECTED) {
                               // Wi-Fi AP接続待ち
        delay(100);
  }
  configTime( JST, 0, "ntp.nict.jp", "ntp.jst.mfeed.
                                            ad.jp");
  ambient.begin(channelId, writeKey, &client);
              // チャネルIDとライトキーを指定してAmbientの初期化

  int i = 3*60;
  char str[6];
  while (co2.isPreHeating()) {
        M5.Lcd.setCursor(0,0);
        sprintf(str,"%3d", i);
        M5.Lcd.printf("preheating:");
        M5.Lcd.print(str);
        delay(1000);
        i--;
        if(M5.BtnC.isPressed())break;  // Skip preheat
        M5.update();
  }
  M5.Lcd.setCursor(0,0);
}

void loop() {
    int t = millis();
    time_t tx;
    struct tm *tm;
    tx = time(NULL);
    tm = localtime(&tx);

    int co2_ppm = co2.readCO2UART();

    if(disp_count>14){
                    //画面下端まで表示したら画面クリアしてトップへ
        M5.Lcd.clear();
        M5.Lcd.setCursor(0,0);
        disp_count=0;
    }
    M5.Lcd.printf(" %02d/%02d %02d:%02d:%02d",
            tm->tm_mon+1, tm->tm_mday,
            tm->tm_hour, tm->tm_min, tm->tm_sec);
    M5.Lcd.printf(" CO2:%04d\r\n", co2_ppm);
    disp_count++;

    // CO2の値をAmbientに送信する
    ambient.set(1, String(co2_ppm).c_str());
    ambient.send();

    t = millis() - t;
    t = (t < PERIOD * 1000) ? (PERIOD * 1000 - t) : 1;
    delay(t);
}
```

CO_2センサは, シリアル(UART)で簡単に接続できます(写真8).

インターフェースは, 図14の通りです. RXとTX は, それぞれ逆に接続するので注意してください.

● クラウドとの接続

筆者が今回接続するクラウドは, Ambient(アンビエントデーター)を選びました(図15).

https://ambidata.io/

画面に従って, ユーザ登録とチャネル作成を済ませておいてください.

● 開発環境Arduino

プログラミングには, ライブラリが豊富で使いやすいArduinoを選びました. M5Stackのプログラミング開発時は, CO_2センサ MH-Z19を接続しなくても構いません. また, Arduinoのプログラミングの際も, M5Stackの接続の必要はありません. マイコンには書き込まずに, まずはコンパイルだけを済ませ, 各種エラーに対処します.

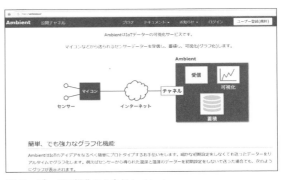

図15 データ可視化クラウドAmbient
https://ambidata.io/

Arduino IDEをPCにダウンロードし, M5Stack. hファイルが使えるように, M5ライブラリをダウンロードします. ライブラリは, zipファイルのままで解凍する必要はありません. また, MH-Z19を使うので, 別途, GitHub[4]から, センサMH-Z19関係のライブラリ(MHZ.cpp, MHZ.h)を取得して, Arduinoにインストールしました.

● プログラム

　プログラムは，**リスト1**（p.127）の通りです．本書のウェブ・ページからダウンロードできます（目次参照）．

　リスト1のプログラムは，次のような機能を持ちます．

- Wi-Fiとの接続（2.5GHz）
- 時計データの取得（NTP）
- MH-Z19の設定とCO_2データ取得
- クラウドAmbientへのデータ送信
- M5StackのLCDにデータ表示

　割り込みは使わず，メイン・ループ loop()の中で，1秒周期でデータ取得とクラウドへの送信を繰り返します．LCD画面は，最下行まで来たら画面をクリアして最上行に戻ります．表示形式は，

06/25　15：05：07　CO2：0603

のようになります．日付，時刻，CO_2濃度（ppm）の順です．

実験… 屋内と屋外（圃場）でのCO_2の比較

　データは，Ambientのサイトにアクセスすれば見ることができます．スマートフォンやタブレットからも閲覧できます．データはそのままでもグラフに時系列で表示されていますが，適宜，タイトル，目盛り，時刻の表示などを設定します．

　図16は，筆者の作業場のCO_2濃度変化です．深夜1時まで作業し，退室しました．独立家屋ですから，退室後は，CO_2発生源（筆者）がなくなり，戸外の400ppmレベルに近づきます．翌朝，7時に入室すると，またCO_2が上昇を始めました．

　図17は，同じく作業場で，この記事の冒頭の実験（サーモパイルとOPアンプ）で，水槽にCO_2ガスを流し込む作業をしたときのデータです．観測場所とは5mくらい離れていますが，この影響で1000ppmに達する鋭いピークが現れています．

　図18は，冒頭の屋外トマト畑（**写真1**）での測定データです．CO_2代謝の少ない深夜のデータです．後述する地球データベースに近い値で一定しています．

　以上をまとめると，室内では，600〜800ppmで，人間の呼吸により，顕著にCO_2が増えることが分かります．戸外は，CO_2変化が極めて少ないことも分かりました．農業用ハウスは，屋内と同等ですから，大きなCO_2変化が見られると思います．

　CO_2濃度は春先に高く，夏に低いと言われます．**図19**の長期観測データ[5]を見ると，1年を通しての周期的変動があります．また，全体にじわじわと上がっているのは，地球温暖化が原因かもしれません．手元にある1998年の理科年表では，CO_2濃度は3.2×10^{-2}，つまり320ppmでした．そして，「漸増しつつある」と注があります．そして20年以上にわたり，増

加の傾向は全く同じです．空恐ろしい感じです．皮肉にも，温暖化の原因は，石油や石炭の燃焼による人為的なCO_2放出が主な原因だと言われています．今やCO_2は，自然界の主人公に躍り出た感があります．

　温暖化に影響があるのは，CO_2が増えると，太陽からの赤外線を吸収して，CO_2を含む大気温度全体が上昇するからです．大気中にわずか0.04％（400ppm）しかないのに，大した悪さをするではありませんか．**図20**に400ppmがどれくらいかのイメージを示します．

　CO_2削減には，化石燃料の消費を抑えることが一番ですが，大規模な森林伐採をやめ，植林をする，あるいは，広葉樹の森に戻すなどの活動も重要です．何にも増して，耕作放棄地をなくし，農業を振興することは，緑の面積を増やすことにつながります．

● 既製品のCO_2測定器によるロギング

　市販のCO_2測定器は押し並べて高価ですが，1万円程度で入手できるものに，例えばCO2-mini［**写真1**（b）］注2があります．ネット通販で入手できて，USB接続でデータを収集できるので，製作の手間を省きたい場合は便利です．

　写真1（b）の畑には，トマト，ミニトマト，キャベツ，ナス，観賞用の花などのブロックがあります．測定すると，ブロックごとでCO_2の量が10ppmのオーダで微妙に違っています．じっくり観察すると，面白い結果が得られそうです．

　このセンサのロギング・ソフトウェアは下記から入手できました．

https://www.zyaura.com/

　実行すると**図21**の画面が現れます．

　上が温度，下がCO_2濃度です．室内で500〜600ppmを示しています．

● おわりに

　CO_2は，現在，農業で重要な要素になっています．測定法はNDIRが中心です．ここでは，NDIR法の原理を調べ，サーモパイルを使って簡単な実験を行い，CO_2が検知できることを確認しました．次に，市販のNDIRセンサをマイコン・モジュールM5Stackにより，クラウドに接続し，データのロギングを行いました．最後に，市販のCO_2センサ完成品を，USB経由でPCにつないで，データをロギングしました．この際，種々のCO_2の発生方法を比較しました．

　畑でCO_2を測定しただけでも，わずかながら，作物間の差があることが確認できました．今回は，温室（農業用ハウス）については測定しませんでしたが，屋内同様，大きな変化が確認できると思います．

　これを機に，CO_2のセンシングに関心を持っていただければ幸いです．

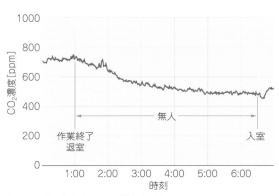

図16　筆者の作業場のCO_2濃度時間変化

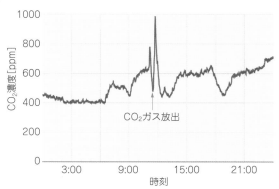

図17　室内でCO_2ボンベのバルブを開く

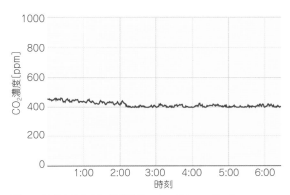

図18　屋外の畑のCO_2濃度はだいたい400ppmだった

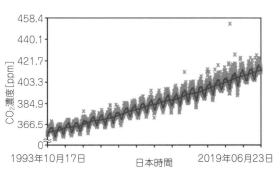

図19　CO_2濃度は季節変動があるけどだいたい400ppmらしい
長期観測データ（国立環境研究所波照間ステーションの速報値）

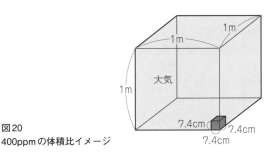

図20
400ppmの体積比イメージ

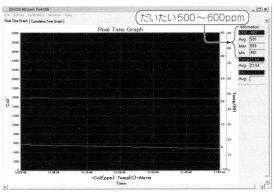

図21　市販USB接続CO_2センサ「CO_2-mini」はさらに手軽に試せる
ソフトウェアはZGm053U（ZyAura）用のものを使用できる

◆参考・引用＊文献◆

(1) サーモパイルT11722-01データーシート，浜松ホトニクス．

(2) NDIR Thermopile-Based Gas Sensing Circuit, Circuit Note CN-0338, Analog Devices.

(3) Intelligent Infrared CO2.
Module（Model：MHZ19）User's Manual, Zhengzhou Winsen Electronics Technology.

(4) Display CO2 Level with Illustration on M5Stack.
https://github.com/aquahika/M5Stack-MHZ19-CO2Display

(5) 地球環境データベース，国立環境研究所地球環境研究センター，波照間のCO_2．
https://db.cger.nies.go.jp/portal/ggtus/index?lang=jpn

注2：CO_2モニター　CO_2-mini（カスタム）．Amazonなどで購入できる．ZGm053U（ZyAura）と同一製品．

うるしだに・まさよし

入門　IoT　画像　大気　土壌　アイデア

実験用CO₂の発生方法

漆谷 正義

CO₂の測定には，種々の濃度のCO₂（炭酸ガス）が必要です．炭酸ガスを発生させる方法はたくさんありますが，あまり危険性がなく，入手しやすい方法を3つ選びました．比較には，ZyauraのCO₂センサを使って，種々のCO₂発生実験のロギングをします．

● 方法1：強炭酸水

炭酸ガス（CO₂）を含む水を炭酸水と言います．ソーダ水とも呼ばれます．水と炭酸ガスに圧力をかけて水の中にCO₂を封じ込めたものです．次の化学反応の右方向に相当し，炭酸H_2CO_3ができます．

$$H_2O + CO_2 \longleftrightarrow H_2CO_3$$

炭酸水とは，ガス内圧が，0.29MPa以上のものを言います．ペットボトルのふたを開けると，圧力が低くなり，上式の左方向の反応が起こり，水と炭酸ガスに分離します．

強炭酸水は，CO₂を多く含むもので，6.0GVなどと単位GVでCO₂の量を表現します．GVは，ガス・ボリューム Gas Volume の略で，飲料中の炭酸ガスの含有量を表す単位です．標準状態（0℃，1気圧）で，1ℓの液体に1ℓの炭酸ガスが溶けている場合を1GVといいます．

写真1は強炭酸水の例です．500ml入りですから，3GVならば1.5ℓのCO₂が含まれています．図1の左端のピークは，炭酸水50mlを21ℓの空の水槽に置いた場合です．全部溶けだすと，1.5ℓ×50ml/500ml = 0.15ℓの炭酸ガスが出ることになります．体積比では「0.15/21 = 0.007 = 7000ppm」となります．図1は，全部出ないうちに実験を終えていますが，ピークで2700ppmになっています．

● 方法2：重曹＋塩酸

重曹（炭酸水素ナトリウム $NaHCO_3$）と塩酸HClを混ぜると，次の化学反応式のようにCO₂が発生します（写真2）．

$$NaHCO_3 + HCl \rightarrow NaCl + H_2O + CO_2$$

1gの重曹と，10mlの希塩酸をビーカの中で混合した場合，図1の中央のピークとなりました．約500ppmの増加です．重量を正確に測れば，上の式から，発生するCO₂の量を計算できます．図1から，発生量はごく微量です．

● 方法3：炭酸ガスのボンベ

炭酸ガスのボンベ（写真3）は，CO₂そのものです．炭酸ガスは危険性が低いので，入手は容易です．ボンベの場合は，レギュレータ込みで3万円程度します．最近は，ほこりを吹き飛ばすノンフロン・ダスタが液化炭酸ガスを使っていますし，ビールやソーダのサーバ用にCO₂カセットボンベが流通しています．いずれも高圧で封入してあるので，レギュレータのような減圧弁が必要です．

図1の右端は，21ℓの水槽に，20mlの炭酸ガスを注入した場合です．20ml/21000ml = 940ppmの増加となります．図1ではこれより大きく出ていますが，水槽内を撹拌しなかったためです．正確には，ファンでかき混ぜて，気体を均一にする必要があります．注射器は，農薬吸入計量器（Agri Proなど）があります．

うるしだに・まさよし

写真1
強炭酸水

写真2 希塩酸（左）と重曹（右）

写真3 CO₂のボンベ，上部はレギュレータ

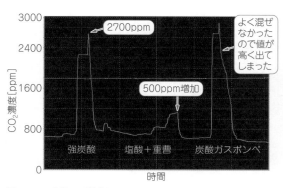

図1 CO₂を作って測定してみる

実験に使った
M5Stackの開発環境について

漆谷 正義

M5Stackとは

M5Stackは，高速で大容量のマイコンESP32（Espressif Systems社）を搭載した超小型IoT端末です[脚注]（**写真1**，**図1**）．主な特徴は，次のようになります．

- Wi-Fi（2.4GHz）
- Bluetooth/BLE
- microSD（TFカード）
- フラッシュ・メモリ4Mバイト
- LCD（バックライト付き）
- バッテリ内蔵
- ユーザ・スイッチ　3個
- スピーカ
- Groveコネクタ（I²C）
- USB Type-Cコネクタ
- 拡張ボード：GPS受信機，無線モジュール，増設バッテリなど

スタックとは「積み重ね」の意味で，底部に種々の拡張ボードを重ねていくことができるようになっています．M5Stackの上面は**図1**のようになっています．

写真1は，基本モデルのBASICです．この他，9軸IMU[注1]搭載のGrayなど各種あります．M5Stackにセンサなど外部回路を接続する場合，底部4カ所にある拡張ポートに接続します．**図2**は底部（ボトム）の4つのコ

注1：Inertial Measurement Unit. 慣性計測ユニット．3軸の加速度，ジャイロ，コンパスからなる．

ネクタの接続です．同じ端子が上下左右に出ています．片方がオス，もう一方がメスになっています．上下左右で名称が異なるので，別の端子に見えますが，**図2**のようにお互いに内部でつながっており，これが内部のMバス・コネクタ（30ピン）に接続されています．

M5Stackのプログラミング

M5Stackの開発環境は，Arduino IDE, MicroPython, ESP-IDF（Espressif Systems社）の3つがあります．MicroPythonは，PCやラズパイで使うPython（最新版はVer3）のサブセットです．Arm, PIC, ESPなどのマイコンで使えるように機能が制限されているので安心です．ESP-IDFは，ESPマイコンに特化した開発環境で，オーソドックスなCUI（Character User Interface）中心のツールです．ESPマイコンの機能が最もよく発揮できます．

中でも1番初心者向けで使いやすいのが，Arduino IDEです．Atmel AVRなどのフラッシュ・ブート機構を使って，プログラムの書き込みを専用ライタなしで実現したことが，初心者が扱いやすいシステムになり普及した要因です．ここでは，Arduino IDEを使います．

PCに，Arduino IDEがインストールされていなければ，次のURLから最新版をインストールします．
`https://www.arduino.cc/en/software/`

まず，M5Stackを使うために，PCとのインター

写真1　LCD付きのESP32マイコン搭載「M5Stack」

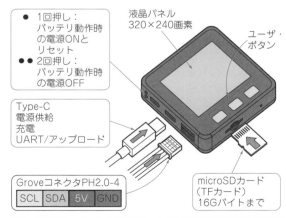

● 1回押し：
バッテリ動作時の電源ONとリセット
●● 2回押し：
バッテリ動作時の電源OFF

液晶パネル
320×240画素

ユーザ・ボタン

Type-C
電源供給
充電
UART/アップロード

GroveコネクタPH2.0-4
| SCL | SDA | 5V | GND |

microSDカード
（TFカード）
16Gバイトまで

図1　ESP32マイコン内蔵M5StackはLCD付きの便利な箱型デバイス

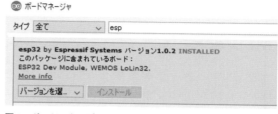

図2 M5Stack底部の拡張ポートの接続
正面から見た配置

上部	5V	3V3	G	21	22	23	19	18		
3									G3/RXD0	R0
1									G1/TXD0	T0
16									G16/RXD2	R2
17									G17/TXD2	T2
2									G2	G2
5									G5	G5
25									G25/DAC/SPK	DA
26									G26/DAC	DA
35									G35/ADC	AD
36									G36/ADC	AD
RST									RST/EN	RST
BAT									BATTERY	BAT
3V3									3.3V	3V3
5V									5V	5V
G									GND	G
下部	5V	3.3V	GND	G21/SDA	G22/SCL	G23/MOSI	G19/MISO	G18/SCK		
	5V	3V3	G	SDA	SCL	MO	MI	SCK		

図3 Arduino IDEの環境設定

図4 ボードマネージャでESP32を見つけてパッケージをインストール

図5 ライブラリマネージャでM5Stackライブラリを見つけてインストール

フェースとなるUSB-シリアル変換ドライバをインストールします．Silicon Labs (SiLabs) CP210xドライバは，次のURLから取得しました．

```
https://www.silabs.com/developers/
usb-to-uart-bridge-vcp-drivers
```

これにより，PCからM5Stackへの仮想COMポートができるようになります．

次に，Arduino IDEで，ESP32を使えるようにします．このためのツールは，ESP32 Arduino Coreです．Arduino IDEの「ファイル」→「環境設定」で，図3の画面が開くので，「追加のボードマネージャのURL」欄に以下を入力し［OK］を押します．

```
https://dl.espressif.com/dl/
package_esp32_index.json
```

続いて，「ツール」→「ボード」→「ボードマネージャ」と選び，図4のように検索欄にespと入力します．

esp32 by Espressif Systemsを選び，［インストール］を押します（図4はインストール済みの画面）．

最後に，M5Stackライブラリをダウンロードします．「スケッチ」→「ライブラリをインクルード」→「ライブラリを管理」とすると，図5のライブラリマネージャが開きます．検索欄にM5STACKと入れると，幾つか候補が出ます．以下をインストールします．

Library for M5Stack Core development kit

以上で設定は終わりです．Arduino IDEを立ち上げて，M5StackをUSB Type-CケーブルでPCに接続します．

「メニュー」→「ツール」→「ボード」から，M5Stack-Core-ESP32を選択します．また，「ツール」→「シリア

ルポート」から表示されたポート（COM5など）を選びます．COMポートが不明な場合は，Windowsのデバイスマネージャーの「ポート（COMとLPT）」に，「Silicon Labs CP210x USB to UART Bridge (COM*x*)」とあるかどうか確認し，*x*の番号を調べます．

「ファイル」→「スケッチ例」→「M5Stack」→「Basics」→「HelloWorld」を選びます．ビルドしてM5Stackに書き込みます．しばらくして，画面左上に"Hello World"と表示されたら大丈夫です．

上記の方法でうまくいかない場合は，例えば，M5Stackのサイト：https://m5stack.com/で言語をJapaneseに切り替えて，日本語表示にした後，「サポート」→「リソース・センター」→「M5Stackライブラリ」をクリックして，最新のリソースをダウンロードする方法もあります．執筆時点では，GitHubにアップされていました．M5Stack独自のインストール方法Ui Flowも準備されていました．

うるしだに・まさよし

ペルチェ冷却の実験研究

漆谷 正義

写真1　ペルチェ素子を使って温度センシング＆冷却制御の実験を行う
上面は中が見えるようにプラスチックを貼ったが，現場では木製の蓋に交換する．積み重ねが可能である

写真2　温暖化の影響で冷却の重要性が高まっている

● ペルチェ素子の一般的な用途

　ペルチェ素子がよく使われるのはCPUの冷却です．また，電子冷蔵庫に使えばモータがないので騒音が気になりません．冷却と加熱が同じ素子でできるので，電子部品をチェックする恒温槽にも使われます．ここではペルチェ素子を使った冷却の基本実験を行ってみます．

きっかけ

● 日本に温暖化の影響あり

　私たちは，ハチミツやローヤル・ゼリーはよく知っていますが，これを生産するハチミツ農家（養蜂家）の仕事はあまり目にすることがありません．

　筆者も同様で，特に養蜂に興味があったわけではありませんが，近隣の養蜂家からある相談を受けました．それは，最近の温暖化で，酷暑の時期にミツバチが死んでしまうということです．蜂は集団で一斉に羽根であおいで巣を冷却します．しかし，あまりに温度が高いと，ハチの子と共にミツバチも死んでしまうそ

うです．

　この養蜂家の提案は，ペルチェ素子を使って2℃ほど冷やしたいとのことでした．ペルチェ素子はあまりなじみのない方が多いと思います．この養蜂家は，現役時代にFAロボットで有名な老舗の企業に勤務していたそうで，この分野（電気）に詳しく，ペルチェ素子で冷蔵庫（恒温槽）を作ったこともあるそうです．そこで，このアイデアを受けて，**写真1**のような冷却式養蜂箱を製作しました．また，ミツバチの天敵であるスズメバチが入らないような工夫も施しました．

今回のターゲット 「ミツバチ」について

● 生態と養蜂

　ミツバチの種類には，ニホンミツバチとセイヨウミツバチがあります．現在，ハチミツ生産で利用されるのは，ほとんどが外来種のセイヨウミツバチです．

　ニホンミツバチは，群れが常駐せず，集団で逃げてしまうことが多々あります．これに対し，セイヨウミ

注1：ミツバチが樹液に唾液を混ぜて作った巣の構成物質．抗菌作用があるので飲み薬として使われる．

写真3　ミツバチの生態…気温が上がると羽であおいで巣を冷やすが40℃を超えると集団で死ぬ

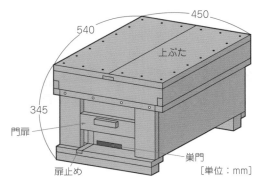

図1　巣箱の寸法から熱容量を計算
上ぶたを外すと積み重ねができる構造

ツバチは，1カ所に住み着くので飼育しやすく，ハチミツの生産性が良いという特徴があります．また，万能薬として人気のプロポリス注1も作ってくれます．

養蜂の仕事は，巣箱（写真2）を花の多いところに置いて女王バチを育て，産卵させます．3月〜6月ごろ，1カ月で2000個の卵を産みます．働きバチはふ化した幼虫のために，花の蜜と花粉をせっせと集めます．1つの養蜂箱に1匹の女王蜂が住み，多数の働きバチを従えて1つの群れとなります（写真3）．

花と言っても種類が多く，レンゲや菜の花などの草花の他に，桜，梅，シギ，樫，クス，椎の木，モミジ，葛，サザンカ，ツゲなどの広葉樹や，柿，栗などの食用樹の花などがあります．ただし，杉，ヒノキ，松などの針葉樹の花は，蜜を出さないので使えません．また，ミカンのような消毒薬を多用する作物の蜜は健康の点で嫌われます．最近は，外来の害虫のため，レンゲが少なくなり，温暖化も加わって，生態系が目まぐるしく変化しているようです．

ミツバチの行動範囲は，半径2kmほどです．1カ所に置く箱の数は20〜50個程度です．陽当りが良く乾燥し，直射日光が当たらない樹木の下などに置きます．

ハチは暑くなると興奮して人を刺すことがあります．写真2の撮影は5月の涼しい日でしたが，巣枠を持ち上げている養蜂家ですら，顔を刺されるありさまです．黒い服なども危険です．こんなときは，燻煙器（くんえんき）で煙をかけておとなしくさせます．

● 近年の酷暑でハチが死ぬ

温暖化もあって最近の暑さはハンパではありません．私たち人間は，エアコンや扇風機でしのいでいますが，ミツバチは一生懸命羽であおいで幼虫のいる巣を冷やします．適温は人間の体温程度だそうです．しかし，40℃を超えると，もはや羽であおぐ程度では冷却できず，集団で死んでしまいます．

箱の内部に風を送って空冷してやればよさそうです

が，ハチが風を嫌い，内部に風を送ることはできません．次善の策は天面に通風ダクトを設けて，天井を空冷する方法ですが，これも気温自体が高い場合は効果がありません．

コンプレッサで冷たい空気を作る手がありますが，冷蔵庫ほど強力に冷やす必要もないのです．

● 巣箱の構造

ミツバチの住み家である巣箱は図1のような形状です．ラングストロス型と呼ばれ，寸法を含め世界標準です．中に入れる巣枠（写真2）が市販されており，標準の寸法で作れば必ず収納できます．1箱に8〜10枚入ります．

上ぶたは雨が降っても水が入らない構造になっています．上ぶたを取って2段，3段と積み重ねができ，群れが大きくなったときに拡張できます．

巣門は幅100mm高さ12mmです．巣門は門扉により高さが調整できます．ハチがこのような狭い門を好むのは，スズメバチのような大きな外敵から防御するためです．巣を遠隔地に移動するときは，巣門は全開にして通気を確保します．そして，ハチが逃げないように，網をかぶせます．

冷却素子ペルチェ素子

● 熱容量から冷却に必要な電力を計算

巣箱の内寸は，奥行き45cm×幅37cm×高さ20cmです．従って，体積（容量）は，0.45×0.37×0.2＝0.033[m³]です．内部の温度を1℃下げたときの吸収熱量Qは，$Q＝$空気の質量[kg]×空気の比熱[kJ/kg℃]＝0.033[kg]×1[kJ/kg℃]＝0.033[kJ]です．これは0.033kW・sつまり，33W・sとなります．

ペルチェ素子を熱機関と考えて，逆カルノー・サイクルの式$W＝Qh(T_h－T_c)/T_h$を使うと，熱Q_hを移動させるために必要なエネルギーWが計算できます．T_h

写真4　ペルチェ素子の外観
左：30×30mm，右：62×62mm

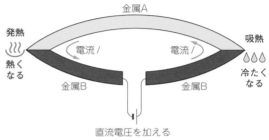

図2　熱の移動が起こるペルチェ効果

とT_cはそれぞれ高温側と低温側の温度（K）です．温度差が小さいとき，例えば室温で1℃の温度差を作るときの効率（冷凍機の性能指数）は，$T_c/(T_h-T_c)$=300/1=300と非常に高くなります．従って巣箱の空気について1～2℃程度の温度差を作るためのエネルギーは1W・s以下になります．ただし，ペルチェ素子自体の効率が非常に低い[注2]上，箱外部からの熱流入があることや，吸熱板と空気の熱伝導（熱抵抗）が大きいことから，実際には数十Wの電力が必要になります．

● ペルチェが冷えるしくみ

ペルチェ素子は，写真4のような外観です．

ペルチェ素子に数A～数十Aの直流電流を流すと，一方の面が熱くなり，他方の面が冷たくなります．原理は，図2のように，異種の金属を対にして溶接したものに電流を流すと，接合部で熱の発生と吸収が起こるという現象（ペルチェ効果）です．異なる金属や半導体中（n型とp型）のポテンシャル・エネルギー（仕事関数）が異なることに起因します．

市販のペルチェ素子は，図3のような構造です．n型半導体とp型半導体をサンドイッチ構造にして直列に接続したものです．n型には電子が，p型には正孔（ホール）が多数あります．電流を流すと，図3のように電子は＋側，正孔は－側に移動します．しかし，この不均一を元に戻そうとする力，言い換えれば平衡状態になろうとする力（拡散とも言う）が，発熱と吸熱を発生させるのです．

写真4のペルチェ素子は，nとpのカップルが127個直列になっています．表1にそれぞれの仕様を示します．

作ったペルチェ冷却装置

● 選択ポイント

冷却用ペルチェ素子はネット検索するといっぱい出てきますが，クーラーの製作に使えそうで，入手しやすいものとして，今回，秋月電子通商で販売しているものを選びました．

今回の製作で，候補となるペルチェ素子を表2にまとめました．

ペルチェ素子の選ぶポイントは，まず，抵抗が小さいことです．抵抗が大きいと発熱になり，ロスが増加します．

次に，最大電流が大きいことです．電流値とW数は比例します．最大吸熱量が大きいほど，大きな熱量を移動でき，冷却能力が高くなります．

最大温度差が大きいことも選択のポイントです．

そこで，今回は，形状が小さく，いろいろな形状の

注2：ペルチェ素子の抵抗分による発熱と，高温側の排熱不十分による素子の温度上昇が低温側の温度を上昇させ，効率が低下する．

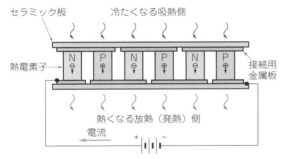

セラミック板　　冷たくなる吸熱側

熱電素子　　　　　　　　　　　　　接続用金属板

熱くなる放熱（発熱）側
電流

図3　ペルチェ素子の構造

表1　市販のペルチェ素子の仕様（執筆時点）

項　目	TES1-12705	TEC1-12730
寸法［mm］	30×30×2.9	62×62×3.85
素子数［個］	127	127
最大電流［A］	5	30
最大電圧［V］	15.4	15.4
最大吸熱量［W］	40	266
最大温度差［℃］	63	67
抵抗［Ω］	2.0～2.3	0.3～0.4

135

表2 比較した4つのペルチェ素子

項目	TES1-12705	TEC1-12706	TEC1-12708	TEC1-12730
寸法	30×30mm	40×40mm	40×40mm	62×62mm
最大電流	5A	6A	8A	30A
最大吸熱量	40W	51W	76W	266W
最大温度差	63℃	66℃	68℃	67℃
抵抗	2.0～2.3Ω	1.9～2.1Ω	1.4～1.6Ω	0.3～0.4Ω
厚さ	2.9mm	3.9mm	3.5mm	3.85mm

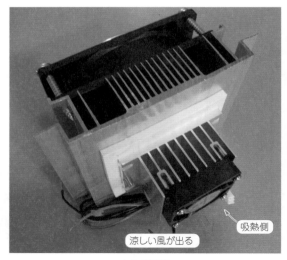
（a）市販品

写真6 ペルチェ素子と放熱フィンを10台並列に構成した

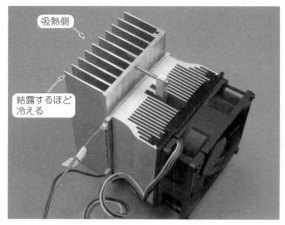
（b）風を出さない構成

写真5 今回は冷風を出したくなかったので構成を変えることにした

放熱板に取り付けが可能なTES1-12705と高性能な
TEC1-12730を選択しました.

● 部品と構成

　ペルチェ素子が1枚の場合は，**写真5(a)** のように
放熱器を取り付けます. 写真手前が低温（吸熱）側で，
奥が高温（放熱）側です. 素子が高温になるのを避け
るために，高温（放熱）側のフィンとファンを大きく
強力にする必要があります. 9Vをかけると4A程度流
れ，手前のファンから涼しい風が出てきます. 素子寸
法は40×40mm（TEC1-12706）です.

　写真5(a) の構成は，手前の吸熱側から風が出るの
で，今回の方法には適しません. そこで**写真5(b)** の
ように，低温（吸熱）側をフィン（放熱ブロック）だけ
にします. 素子寸法は75×75mm（市販品ではない）
です. 写真奥のフィンが結露するほど冷たくなります.

　以上の実験はペルチェ素子を1枚だけ使ったものです
が，電流を仕様最大値の7～8割で使うので，放熱側の
温度がかなり高くなり，素子の破壊が心配になります.

　そこで，ペルチェ素子を多数使って，1枚当たりの
吸熱量を1/5～1/10に抑えることにしました. **写真6**
は10枚使っています. 最初は5素子ずつ直列にして，
60V程度を加えました. 30Vくらいでは問題なく冷却
できますが，60V（3A程度）にすると一部が発熱に変

わり，冷却効果がなくなるという現象が起こりまし
た. この原因は不明ですが，結果的に全て並列で使う
ことにしました.

● ペルチェ冷却器の巣箱への組み込み

　巣箱は積み重ねて使うので，最上段のふたに冷却器
を取り付けることにしました. **写真7(a)** は上ぶたに
冷却器の穴を開けたところです.

　上ぶたの裏面は**写真7(b)** のように，アルミ板を
貼っています. 吸熱を良くするために，グラインダで
粗く研磨しました.

　アルミ吸熱板の上にペルチェ素子を並べ，その上に
放熱フィンを取り付け，さらにその上に放熱ファンを
取り付けます. 上から見ると**写真8**のようになります.
全体の構造を**図4**に示します.

（a）巣箱の天面のふたに放熱フィンの穴を開ける

（a）マイコン基板

（b）巣箱の天面の蓋の裏面にアルミの吸熱板を貼る

写真7　取り付けのための加工も必要

（b）電流検出回路＆周辺の実装状態

写真9　ペルチェ温度制御回路

写真8　放熱フィンと放熱ファンを取り付ける

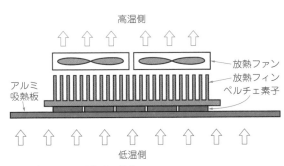

高温側

放熱ファン
放熱フィン
ペルチェ素子

アルミ
吸熱板

低温側

図4　巣箱上面の冷却器の構造

温度制御マイコン＆回路

　巣箱の外部と内部の温度を測定し，内部温度が25℃を超えるとファンが回り，ペルチェ素子に電流を流すようにします．各温度はLCDに表示します．ペルチェ素子に流れる電流を測定し，これもLCDに表示することにします．マイコンと温度，電流の検出回路を図5（a）（p.138）に，主な部品を表3（p.140）に示します．

　マイコンはA-D変換機能を持ち，LCDを4ビット・モードで駆動し，A-Dは4チャネルが接続可能で，できればピン数の少ないものであればよく，今回は手持ちがあったPIC16F819（マイクロチップ・テクノロジー）を選びました．メモリは3.5Kバイトなので，Cで少々冗長なプログラムをしても大丈夫です．**写真9（a）**はマイコン基板です．

　LCDは入手の容易な16文字×2行キャラクタ表示のSC1602B（Sunlike Display Tech.社）を使いました．4ビット・モードで動作させています．動作温度設定

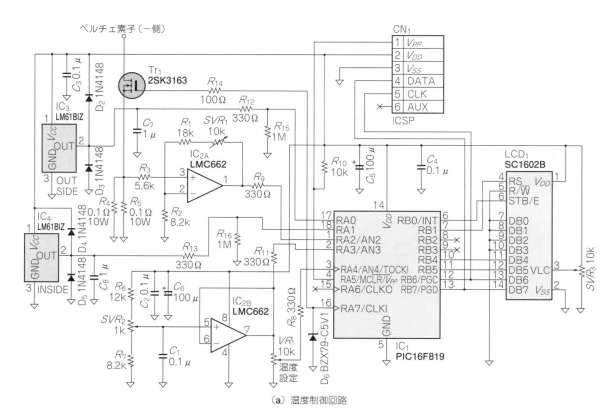

（a）温度制御回路

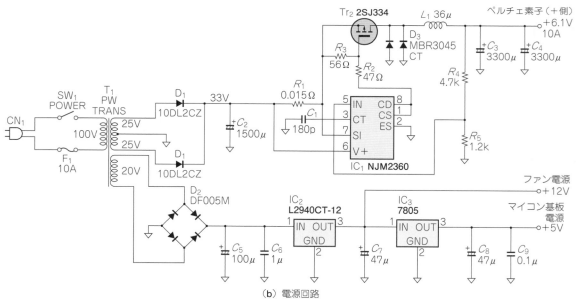

（b）電源回路

図5　筆者が作ったペルチェ素子冷却機の回路

は，アナログ電圧をボリュームで設定してこれをA-D変換しています．ペルチェ電流の検出は，電流経路のGND側に0.05Ωを入れてこの電圧をOPアンプで増幅してA-Dに入れました．温度センサは入手が容易な

ICタイプのLM61BIZ（テキサス・インスツルメンツ）を選びました．温度係数が+10mV/℃と微小なので，OPアンプで増幅しています．出力インピーダンスが800Ωと低いのでノイズに強そうですが，1mも伸ば

リスト1 メイン・ルーチンnewmain.c

```
/*
 * File:   newmain.c
 * Author: M.Urushidani
 *
 * Created on 2019/04/15, 12:55
 */

#include <xc.h>
#include <stdlib.h>
#include LCDLib.h
#include <stdio.h>

#pragma config FOSC=INTOSCIO
#pragma config WDTE=OFF
#pragma config PWRTE=ON
#pragma config MCLRE=OFF
#pragma config CP=OFF
#pragma config CPD=OFF
#pragma config BOREN=OFF
#pragma config LVP=OFF

//PIC16F819

void putch(char ch){
    lcd_out(ch, 1);
    return;
}

int adconv(unsigned char ch){
    unsigned int temp;
    //ADCON0 =(ch<<5) | 0b01000001; //ch set and AD ON
    if (ch==0) ADCON0=0b01000001;
    else if (ch==1) ADCON0=0b01001001;
    else if (ch==2) ADCON0=0b01010001;
    else if (ch==3) ADCON0=0b01011001;
    else if (ch==4) ADCON0=0b01100001;
    __delay_us(20);
    GO_DONE = 1 ;            // AD変換開始
    while(GO_DONE) ;         // 変換終了を待つ
    temp = ADRESH ;  // AD変換値をADRESHとADRESLにセットする
    temp = ( temp << 8 ) | ADRESL ;  // 10ビットの分解能
    return temp ;
}

void main(){
    int i, adres, temp_out, temp_in, curr, set_temp;

    OSCCON = 0b01110100 ;       // 内部クロックは8MHzとする
    ADCON1 = 0b10000001;        // AN0-AN4をアナログI/Oに割当
    TRISA  = 0b00011111 ;
        // 1で入力 0で出力 AN0-AN4のみ入力に設定(RA5は入力専用)
```

```
    TRISB = 0 ;
    PORTB = 0 ;

    lcd_init() ;        //LCD初期化
    lcd_cmd(1) ;        //LCDクリア
    while(1){
        lcd_cmd(1);
        delay_ms(2) ;
        lcd_str(1,1,OUT   IN    CURR);

        adres=0;
        for (i=0; i<10; i++){
            adres=adres+adconv(0);
        }
        adres=adres/10;
        temp_out=(adres-300)*2;
        if(temp_out<0) temp_out=0;
        adres=0;
        for (i=0; i<10; i++){
            adres=adres+adconv(1);
        }
        adres=adres/10;
        temp_in=(adres-300)*2;
        if(temp_in<0) temp_in=0;
        adres=0;
        for (i=0; i<10; i++){
            adres=adres+adconv(2);
        }
        adres=adres/10;
        curr=adres;        //adconv(2);
        if(curr<0) curr=0;
        adres=0;
        for (i=0; i<10; i++){
            adres=adres+adconv(4);
        }
        adres=adres/10;
        set_temp=adres/5+200;
        if(set_temp<0) set_temp=0;
        if(set_temp<temp_in) RA7=1;
        else RA7=0;

        lcd_out(128+0x40,0);        //2行目
        __delay_us(90);
        printf(%d.%d   %d.%d   %d.%dA, temp_out/10,
                temp_out%10, temp_in/10, temp_in%10,
                    curr/100, (curr%100)/10);
        delay_ms(500);
    }
}
```

すとノイズを拾って表示が不安定になります．センサ出力とGND間に1μFのコンデンサを入れると安定します．A-Dコンバータの処理で平均化もしていますが，あくまでもノイズを根源から絶つのが基本です．**写真9(b)**は，電流検出回路とファン，回路用電源の実装状態です．

● 電源回路

　ペルチェ素子は，直流で大電流が必要です．本機の場合，6〜7Vで10A程度流すと，約2℃の温度差が確保できます．AC-DCインバータが適当ですが，自作する場合は，**図5(b)**のようにトランスを使うと簡単です．トランス2次側が低電圧だと巻き線が太くなるため，トランスの入手や製作が難しくなります．ここではスイッチング・レギュレータIC_1で25V/3Aを6V/10Aに変換しています．

リスト3 LCD表示ライブラリ・ヘッダLCDLib.h

```
#define _XTAL_FREQ 8000000

#define STB RB0
#define RS  RB1
#define D4 RB4
#define D5 RB5
#define D6 RB6
#define D7 RB7

void stbo(int flag) ;           // イネーブル,ストローブ関数
void delay_ms(unsigned int count) ; //ディレイ関数
void lcd_init(void) ;           //LCD初期化関数
void lcd_cmd(unsigned char cmd) ; //LCDへのコマンド出力
void lcd_out(unsigned char out,int flag) ;
                                //LCDへの表示関数
void lcd_data(int ten,int one,char asci) ;
                                //1文字表示関数
void lcd_str(int ten, int one, char *str) ;
                                //文字列表示関数
void send(unsigned char out) ;
```

入門

IoT

画像

大気

土壌

アイデア

リスト2　LCD表示ライブラリ（LCDLib.c）

```c
/*
 * File:    LCDLib.c
 * Author:  M.Urushidani
 *
 * Created on 2019/04/15, 13:01
 */

#include <xc.h>
#include LCDLib.h

void stbo(int flag){
    if(flag == 0){
        RS = 0 ;
    } else {
        RS = 1 ;
    }
    STB = 1 ;
    __delay_us(8);
    STB = 0 ;
}
void delay_ms(unsigned int count) {
    int dly ;
    for(dly=1;dly<=count;dly++){
        __delay_ms(1) ;
    }
}

void lcd_init(void){
    delay_ms(70) ;
    send(0b00000011) ;
    delay_ms(50) ;
    send(0b00000011) ;
    delay_ms(10) ;
    send(0b00000011) ;
    __delay_us(50);
    send(0b0010) ;
    __delay_us(50);
    lcd_cmd(0b00101000) ;
    lcd_cmd(0b1100) ;
    lcd_cmd(0b0110) ;
    lcd_cmd(2) ;
    delay_ms(4) ;
    lcd_cmd(1) ;
    delay_ms(4) ;
}

void lcd_out(unsigned char out,int flag){

    D7 = (out >> 7) & 1 ;
    D6 = (out >> 6) & 1 ;
    D5 = (out >> 5) & 1 ;
    D4 = (out >> 4) & 1 ;
    stbo(flag) ;
    D7 = (out >> 3) & 1 ;
    D6 = (out >> 2) & 1 ;
    D5 = (out >> 1) & 1 ;
    D4 = out  & 1 ;
    stbo(flag) ;
}
void lcd_data(int ten,int one,char asci){
    if(ten == 1){
        lcd_out(128 + one - 1,0) ;
```

```c
        __delay_us(40) ;
        lcd_out(asci,1) ;
    } else if(ten == 2){
        lcd_out(128 + 0x40 + one - 1,0) ;
        __delay_us(40) ;
        lcd_out(asci,1) ;
    } else if(ten == 3){
        lcd_out(128 + 0x14 + one - 1,0) ;
        __delay_us(40) ;
        lcd_out(asci,1) ;
    } else {
        lcd_out(128 + 0x54 + one - 1,0) ;
        __delay_us(40) ;
        lcd_out(asci,1) ;
    }
    __delay_us(40) ;
}
void lcd_cmd(unsigned char cmd){

    D7 = (cmd >> 7) & 1 ;
    D6 = (cmd >> 6) & 1 ;
    D5 = (cmd >> 5) & 1 ;
    D4 = (cmd >> 4) & 1 ;
    stbo(0) ;
    D7 = (cmd >> 3) & 1 ;
    D6 = (cmd >> 2) & 1 ;
    D5 = (cmd >> 1) & 1 ;
    D4 = cmd  & 1 ;
    stbo(0) ;
    __delay_us(40) ;
}
void lcd_str(int ten, int one, char *str){
    if(ten == 1){
        lcd_out(128 + one - 1,0) ;
        __delay_us(90) ;

    } else if(ten == 2){
        lcd_out(128 + 0x40 + one - 1,0) ;
        __delay_us(90) ;

    } else if(ten == 3){
        lcd_out(128 + 0x14 + one - 1,0) ;
        __delay_us(90) ;

    } else {
        lcd_out(128 + 0x54 + one - 1,0) ;
        __delay_us(90) ;
    }
    while(*str != 0x00){        // NULL判定
        lcd_out(*str,1);
        __delay_us(160) ;
        str++;
    }
}
void send(unsigned char out) {

    D7 = (out >> 3) & 1 ;
    D6 = (out >> 2) & 1 ;
    D5 = (out >> 1) & 1 ;
    D4 = out  & 1 ;
    stbo(0) ;
```

表3　温度制御回路の主な部品

名　称	型　式	メーカ	入手先	価格[円]	数　量
ツェナー・ダイオード	BZX79-C5V1	Nexperia	RS	5	1
マイコン	PIC16F819	マイクロチップ・テクノロジー		220	1
温度センサ	LM61BIZ	テキサス・インスツルメンツ		90	1
LCDパネル	SC1602B	Sunlike Display Tech.		500	1
MOSFET	2SK3163	ルネサス エレクトロニクス		300	1
小信号ダイオード	1N4148	オンセミ		2	4
半固定ボリューム	10kΩ	Suntan Technology	秋月電子通商	20	3
半固定抵抗	1kΩ			20	1
電解コンデンサ	100μF，25V	ルビコン		10	2
セラミック・コンデンサ	0.1μF，50V	村田製作所		10	4
	1μF，50V			20	2
カーボン抵抗	1/6W 各種	Faithful Link Industrial		1	15
OPアンプ	LMC662	テキサス・インスツルメンツ	千石電商	263	1

（a）電源部

30分経過で2℃以上の温度差となっている

（b）温度コントローラ部

写真10　製作したペルチェ素子冷却機

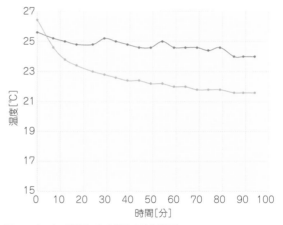

図6　ペルチェ素子による巣箱の冷却効果

● newmain.c（リスト1）

初期設定では，A-Dコンバータを有効にし，LCDを初期化します．あとは，while(1){ }内で繰り返しです．ここでは，温度測定，温度設定値検出を行い，LCDに表示します．

● LCD表示 LCDlib.c（リスト2）

キャラクタ表示LCD（SC1602）を駆動するためのライブラリ・ルーチンをまとめたものです．このライブラリにより，メイン・ルーチンでは，printfコマンドだけでLCDに表示できるようになります．

▶ LCDlib.h（リスト3）

移植性を良くするために，発振周波数と，LCDに接続するポートの定義は，ここでまとめています．また，LCDlib.cで使う関数は，ここで宣言しています．

動作検証

写真10は，製作したペルチェ冷却コントローラの外観です．写真10（b）は，完成した温度コントローラをペルチェ素子冷却の巣箱に接続して動作させているところです．電源ONから30分ほどで，2℃以上の温度差が確保できています．図6は巣箱内外の温度の測定結果です．20分くらいで2℃の温度差となり，以後は平衡状態が続きます．外部の温度が徐々に下がっているのは，日が落ちる4時ごろなので気温が低下したためです．

◈参考・引用＊文献◈
(1) 漆谷 正義：作る自然エレクトロニクス，pp.63-66，2011年，CQ出版社．

うるしだに・まさよし

PICマイコン・プログラム

● 開発環境

マイコンのプログラムは，リスト1〜リスト3の通りです．MPLAB X IDE Ver.5.10でコンパイルし，PICKIT3で書き込みました．char型のビット・シフトができないので，やや冗長になりました．PROM使用率は89%，SRAM使用率は22%でした．

プログラムの構成は，次の通りです．

入門　IoT　画像　大気　土壌　アイデア

　ミツバチの天敵はスズメバチです．出てくるのは8月中旬ごろからです．**写真A**は，ミツバチの巣箱の上ぶたに作られたスズメバチの巣です．

　スズメバチに対しては，ニホンミツバチは籠城作戦がうまく，かなり抗戦力がありますが，セイヨウミツバチは外に出て戦うため，結局負けてしまいます．

　図Aのように，スズメバチは，ミツバチよりかなり大型です．巣門を狭くすることで巣の内部に入れないようにすることが基本ですが，体を丸めて入ることもしばしばです．

　図Aのような体の大きさの違いに着目して，電撃により駆除する方法があります．これも養蜂家からの提案です．

　図Aの矢印程度の間隔で電極を設け，300V以上の高圧を加えると，ミツバチはすり抜けますが，スズメバチは電極に触れて感電して気絶あるいは死亡します．

　図Bは，高圧発生回路です．プッシュプル2石式インバータ回路です．一方のトランジスタがONし

たとき，他方はOFFになりますが，このときOFF状態のトランジスタのコレクタ-エミッタ間に電源電圧の2倍の電圧がかかるので，耐圧には要注意です．トランスT_1の製作方法は，文献(1)を参照してください．

　写真Bは，巣箱の巣門に設けた電極の外観です．電極間隔は25mmです．

● **この製作を通じて**

　養蜂の専門家からの依頼で，ペルチェ素子による巣箱の冷却，高圧電撃によるスズメバチ対策を搭載した巣箱を製作し，納入しました．本格稼働はこれからですが，電気・電子の分野が養蜂にも応用できることが見えてきました．また，この製作を通じて，養蜂の世界だけでなく，環境や生態など地球規模での視野に立てたことが大きな収穫となりました．

◆参考・引用*文献◆
(1) 漆谷 正義：作る自然エレクトロニクス，pp.63-66，2011年，CQ出版社．

写真A　ミツバチの巣箱に作られたスズメバチの巣

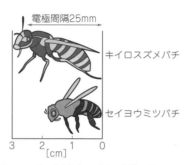

図A　スズメバチとミツバチの体長の違い

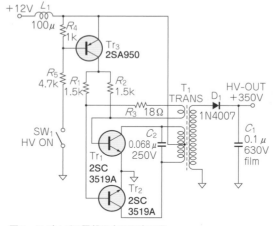

図B　スズメバチ電撃用高圧発生回路
約350Vの高電圧がコンデンサC_1にチャージされる

写真B　巣箱の入り口（巣門）に設けた高圧電極
電極間隔を25mmに設定した

第5部

土壌センシングの実験研究

土の水分センシングの実験研究

漆谷 正義

（a）トマト

（b）白ナス

写真1　IoT農業基礎実験…土壌水分を測ってクラウドでデータ管理する

土壌に含まれる水分管理が重要

　野菜や稲が，大きく成長し，良質な物をたくさん収穫できるかどうかは，日照とともに，土の管理がポイントとなります．また，土壌に含まれる水分を測定することで，水やり，施肥，土壌の組成変化の判断材料にすることができます．

図1　実験の構成…土壌水分を測定してクラウドでデータ管理

　安価に入手できる土壌センサを幾つか入手・比較検討し，信頼性の高い静電容量方式の土壌センサを設計，製作，測定，クラウド管理を行います（写真1，図1）．

● なぜセンサを自作するのか？

　土壌水分センサは，Arduinoシールドなど用に販売されていますが，ほとんどが電気伝導型です．電気伝導型は，長期間使用した場合，端子が腐食してしまいます．

　また，アルミ電極を被覆絶縁している静電容量型も市販されていますが，精度が10％程度です．値が「大きいか，小さいか」を判断するのにはよいが，測定値が欲しいときは，数％の精度が必要です．

　そこで今回，静電容量型を自作します．静電容量型は電気伝導型と比べて，アルミ電極を被覆絶縁しているので腐食しづらく精度が高いです．市販の静電容量型と比べても，周波数をカウントしているので精度が数％と高く，原価も安く済み現実的です．

　すぐに試したい人向けに，記事の後の方で，市販の静電容量型土壌水分センサ（1,000円程度）の使い方も紹介します．

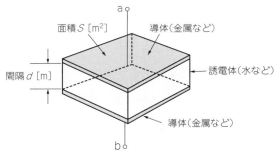

図2 土中の水の誘電率を測るには平行板コンデンサの原理を使う

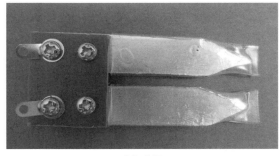

（a）外観

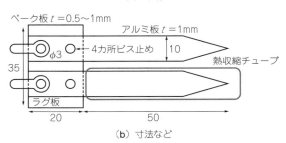

図3 土壌水分測定用ロッドを自作する

土壌中の水分を測定する方法あれこれ

　土壌が乾燥してしまうと，作物は根を通して水分や養分を吸い上げることができなくなり，枯れてしまいます．土の中に，どの程度の水分があるかを定量的に検知できれば，水やりや施肥の判断基準になります．

　純粋な水は絶縁体で，抵抗値は非常に大きいのですが，土中のさまざまなイオンが水に溶け出して，電流を運びます．つまり，導電性を持つようになります．土の導電率または抵抗値を調べることは，土壌中の水分を測定する方法の1つです．

　土の導電率は，肥料など他の化学物質の有無で異なってきます．特にイオン化しやすい物質は，土の導電率に大きく影響します．

　そこでもう1つの方法として，土の誘電率を測る方法があります．土の誘電率と言っても，土（主にケイ素）の誘電率は非常に小さい注1ので，土の誘電率を測ることは，土に含まれる水の誘電率を測ることとほぼ同等です．

　土の誘電率の測定法は，次のように分類できます．いずれも，ロッドと呼ばれる電極を土に埋めて測定します．

- 電気抵抗法
- 静電容量法
- TDR法（Time Domain Reflectometry）
- FDR法（Frequency Domain Reflectometry）
- A/DR法（Amplitude Domain Reflectometry）

　電気抵抗法は土壌の導電率を測る方法です．静電容量法は，ロッドの静電容量を直接測って，コンデンサの原理から誘電率を求めるものです．

　図2のように，2枚の金属板を向かい合わせて電極とした平行板コンデンサを考えます．金属板の面積をS[m²]，両板の間隔をd[m]，両板の間の物質の比誘電率をε_R，真空中の誘電率をε_0（8.855 × 10⁻¹²）とすると，

注1：乾燥した土の誘電率は，水の1/20程度．

静電容量C[F]は，式(1)となります．

$$C = \frac{\varepsilon_0 \varepsilon_r S}{d} = \varepsilon \frac{S}{d} \quad\cdots\cdots\cdots\cdots\cdots\cdots\cdots(1)$$

　式(1)より，静電容量は，金属板の面積と両板の間の物質の誘電率εに比例し，両板の間隔に反比例することになります．

　電気抵抗法と静電容量法は，精度が要求される場合は，インピーダンス・ブリッジにより測定します．TDR法は，ロッドに与えた電磁波の反射が返ってくる時間から，FDR法は，反射波の干渉による周波数分布から，A/DR法は，干渉の山や谷の振幅から誘電率を求めます．いずれも，最近開発された方法で，1GHz程度の高周波を使います．

　この他にも，土中の圧力（浸透圧）を圧力計で測る方法など，土壌水分を測定する方法はたくさんあります．

実験1：自作土壌水分量センサのハードウェア

● 水分量を測れるメカニズム

　実際にセンサを作り，回路を組んで，土の静電容量から土壌水分量を測定する方法を，実験で確かめ，畑に設置してみます（写真1）．構成を図1に示します．

　ロッドは図3のように自作します．図3の寸法よりも短くしましたが，製作の際は，長いほど感度が良くなります．

　静電容量の測定には，RC時定数回路を内蔵した，ワンショット・マルチバイブレータを使います．抵抗

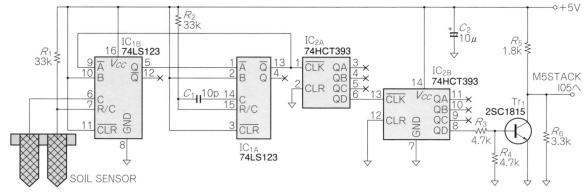

図4 土壌水分（静電容量）測定回路

(R）と，コンデンサ（C）からなる回路の，充放電時定数 $C \cdot R$ ［秒］は，抵抗値を一定とすれば，C の値で変化します．この時定数をパルス幅に変換すれば，その周期から容量が分かります．

ワンショット・マルチバイブレータは，トリガ信号がないと動作しませんが，これを2個組み合わせて帰還させることで，うまく発振させることができます．この発振周波数を測定すれば，計算により静電容量が分かります．

今や大人気のお手軽マイコン・モジュール，M5Stackで，周波数カウント，容量計算，LCD表示，Wi-Fiによるウェブへの送信を全て処理します．後は，手元のPCやスマホで，土壌水分のデータを時系列で見る（ロギングする）ことができます．

● センサ部を作る

センサ（電極）は湿気の多い土壌中に埋めるので，さびが発生したり，接触不良になったりします．さびないステンレスを使いたいのですが，とても硬いので，切断や穴あけの加工が難しくなります．そこで，アルミ板を用いました．図3のように，厚さ1mmの

アルミ板から，2本の電極を作って，ベーク板の基台にネジで取り付けます．

電極は，ラグ板で導線につなぎます．電極の先端は，熱収縮チューブで覆います．電極を絶縁しないと，土壌の水分で電極間が導通し，回路が動作しなくなります．ラッカで塗装する場合，アルミ塗装は剥げやすいので，厚く塗装します．アルミは放置すると，表面がアルミナ酸化膜となるので，絶縁体で覆われることになります．しかし，膜が薄いので，土中の石ころなどで剥がれると思います．プリント基板で作るときは，レジストが良い絶縁膜になります．

● 測定回路

回路を図4に，部品を表1に示します．ブレッドボードかユニバーサル基板で組みます．この回路は，古くからある土壌測定分野では定番の回路です[1][2]．図5は，ユニバーサル基板に組んだところです．部品面から見た配線パターンを図5（b）に示します．

浮遊容量を少なくして，外来ノイズの混入を防ぐために，センサと回路の間の距離を短くします．このためにも，回路はできればプリント基板に組んで防水ケースに入れた方がよいです．

回路の動作を説明します．IC_1 周辺は，ワンショット・マルチバイブレータ74LS123を使った発振回路です．真理値表は，表2の通りです．この表と回路を見比べると，$\overline{CLR}$ とBはいずれも"H"レベルです．表2より，$\overline{A}$ の立ち下がりでワンショット（1回だけの）パルスQが出ます．この動作を，図6に示します．

センサ側マルチは，固定側マルチQ_0の立ち下がりでトリガされてパルスQ_{sense}が出ます．この幅は，$\tau = 0.45C_xR = 0.45 \times 3.3k \times C_x = 14850C_x$ となります．例えば，C_x=3.3pの場合は，$\tau = 14850 \times 3.3 \times 10^{-12} = 0.49\mu$ ［S］です．

固定側マルチは，Q_{sense}の立ち下がりでトリガされ，幅 $0.45 \times 10p \times 3.3k = 0.15\mu$［S］一定のパルスが出ます．

以下，これが繰り返されます.

パルスQ_0は，周期が$\tau + 0.15\mu[S]$です．C_x=3.3pFの場合は，0.49+0.15=0.64μ[S]です．周波数にすると，10.64μ[S]は1.56MHzです．このように，土壌容量C_xが大きいほどパルス幅が広くなって，周波数が低くなります．

パルス幅または，パルス周波数が分かれば，C_xの値が分かる，つまり土壌容量を測定することができます.

パルスQ_0は周波数によってデューティ比が変わる上に，周波数自体も高いので，バイナリ・カウンタ74HCT393でカウント・ダウンしてから，M5Stackに入力します．この回路は，5Vで動作しますが，M5Stackは3.3Vインターフェースですから，トランジスタ（Tr_1）のコレクタ側に抵抗分割回路を入れて対応しています.

発振周波数と静電容量の関係を調べておく

製作した回路のセンサ端子に，センサの代わりに，値の分かっているコンデンサを接続して，発振周波数（カウントダウン後）を測定したものが図7です．図7は横軸に周波数を，縦軸に静電容量を取っています.

このグラフをもとに，M5Stackのソフトウェアを作ります．Excelで近似曲線の関数形を探した結果，容量で100pF，周波数で1.8kHz近辺を境に関数を分けると，よくフィットする式があることが分かりました.

図8（a）は，容量100pF以上，周波数1800Hz以下のグラフです．式（2）の関数でフィットします.

$$y = 684364x^{-1.158} \quad\cdots\cdots\cdots\cdots\cdots\cdots\cdots\cdots\cdots(2)$$

ただし，xは周波数[Hz]，yは静電容量[pF]です.

容量100pF未満，周波数1800Hzを超える場合は，図8（b）のカーブとなり，式（3）の関数で近似できます.

$$y = 4\times10^{-13}x^4 - 9\times10^{-9}x^3 + 7\times10^{-5}x^2 - 0.2417x + 370.69 \quad\cdots\cdots\cdots(3)$$

同じく，xが周波数，yが静電容量です.

（a）部品面

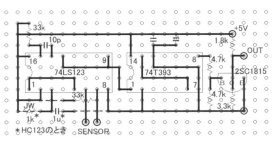

（b）部品面から見た配線

図5　自作する静電容量型センサ回路は屋外設置できるようにユニバーサル基板に組んでおく

表2　発振回路用74LS123の真理値表

入力			出力		備考
$\overline{A}$	B	$\overline{CLR}$	Q	$\overline{Q}$	
⌐	H	H	⊓	⊔	出力あり
X	L	H	L	H	禁止
H	X	H	L	H	禁止
L	⌐	H	⊓	⊔	出力あり
L	H	⌐	⊓	⊔	出力あり
X	X	L	L	H	リセット

X：無関係

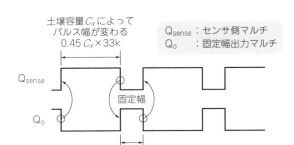

図6　土壌水分測定回路の動作

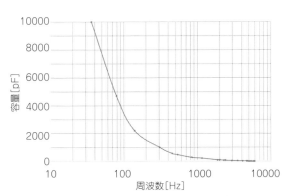

図7　既知のコンデンサ容量に対する発振周波数をプロットする

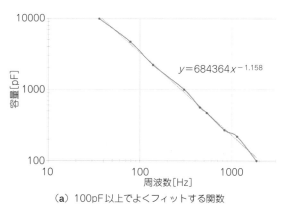

(a) 100pF以上でよくフィットする関数

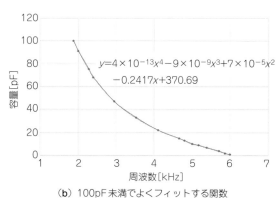

(b) 100pF未満でよくフィットする関数

図8 よくフィットする関数を求める

プログラム

最初は，Wi-Fiにはつながず，周波数をカウントした結果と，上の近似式で計算した静電容量を表示していくプログラムを作ります（**リスト1**）.

リスト1のプログラムの機能は，次の3つです.

1. 周波数カウンタの実装
2. 周波数から静電容量を計算する
3. 結果をLCDに表示する

1の周波数カウンタは，1秒間に入ってきたパルスの数を数えるという動作で実現できます．このために割り込みを2つ使っています．1つはカウント・パルスが入ったとき，もう1つは1秒間の計測にマイコン内部のハードウェア・タイマを使い，1秒ごとの割り込みが発生したら，割り込みルーチンを走らせます．この中で，カウント数を調べれば，その値が周波数となります．

2は，先に述べた式に，得られた周波数を代入すれば，静電容量が計算できます.

3は，M5Stackのライブラリ，M5stack.hをイン

リスト1 まずはWi-Fiはつながないで静電容量を測定するM5Stackプログラム

```
                                                    Technical Reference)
#include <M5Stack.h>                        timer = timerBegin(0, 80, true);
volatile int disp_count = 0;    //LCD表示更新カウンタ
volatile int count = 0;     // 周波数カウンタ(1秒間のカウント数)   // Attach onTimer function to our timer.
volatile int freq = 0;          //周波数         timerAttachInterrupt(timer, &onTimer, true);
volatile float cap = 0;         //静電容量
                                                 // Set alarm to call onTimer function every second
hw_timer_t * timer = NULL;                                     (value in microseconds).
volatile SemaphoreHandle_t timerSemaphore;       timerAlarmWrite(timer, 1000000, true); //Repeat the
portMUX_TYPE timerMux = portMUX_INITIALIZER_UNLOCKED;                         alarm (third parameter)

void IRAM_ATTR onTimer() {    //ハードウェア・タイマ割り込み   timerAlarmEnable(timer);      //Start an alarm
  // カウンタ値をサンプルし, カウンタをリセットする         }
  portENTER_CRITICAL_ISR(&timerMux);
  freq = count;                                  void loop() {
  count = 0;                                       // タイマが設定値になった
  portEXIT_CRITICAL_ISR(&timerMux);                if (xSemaphoreTake(timerSemaphore, 0) == pdTRUE){
  //メインループ用にセマフォを開放する                  uint32_t isrCount = 0, isrTime = 0;
  xSemaphoreGiveFromISR(timerSemaphore, NULL);
}                                                    if(disp_count>14){
                                                       M5.Lcd.clear();
void IRAM_ATTR isr() {        //ハードウェア・ピン割り込み INTO    M5.Lcd.setCursor(0,0);
  count++;                    // 周波数パルスのエッジでカウントアップ   disp_count=0;
}                                                    }
                                                     M5.Lcd.printf("Freq:%uHz ", freq);
void setup() {                                       if (freq<1874){
  M5.begin();                                          cap = 684364.*pow(freq, -1.158);
  M5.Lcd.setTextSize(2);       //LCD文字サイズを2倍にする      }
                                                     else{
  pinMode(5, INPUT_PULLUP);    //5ピンを弱プルアップする      cap = (4.e-13)*pow(freq, 4)-(9.e-9)*pow(freq,
  attachInterrupt(5, isr, RISING);                       3)+(7.e-5)*pow(freq, 2)-0.2417*freq+370.69;
                     //割り込み5ピン, 関数isr, 立ち上がり      }
                                                     M5.Lcd.printf("Cap:%5.0fpF\r\n", cap);
  // バイナリセマフォの作成                            disp_count++;
  timerSemaphore = xSemaphoreCreateBinary();         }
                                                   }
  // Use 1st timer of 4 (counted from zero).
  // Set 80 divider for prescaler (see ESP32
```

148

写真2　乾燥した培養土に20mlずつ水を加えてセンサを較正する

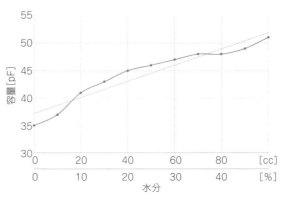

図9　土壌に注入した水分量と静電容量の関係

クルードすれば，LCDコマンドが使えるようになります．printf文で記述します．表示は，

FReQ：1149Hz Cap：220pF

のように，周波数[Hz]，容量[pF]となります．1秒ごとのログ表示です．

測定結果

　リスト1のプログラムを使って，土壌水分を測定します．M5StackのLCDに表示される結果は，静電容量[pF]となります．

　写真2のように，ビーカに乾燥した培養土を入れ，センサ・ロッドを挿して，容量を記録します．注射器で，20mlずつ水を加えます．ビーカに入れた土の量は，200mlですから，20mlの水で容積比10%を注入したことになります．図9は測定結果です．

　電極を水だけに浸したときは，50pFを示しました．注入した水分が50%で，水に浸けたときと同じ値となりました．図の結果は，ほぼ直線に乗っています．使った水は，井戸水ですから，土に含まれる水と同じく，土壌中の成分を多く含むものと思います．

　測定が終わったら，写真3のように，回路基板とセンサをしっかりと固定します．発振回路とセンサとの距離はできるだけ接近させる（不要な浮遊容量の影響をなくす）と精度が良くなります．

クラウドにデータを送りロギングする

　お手軽IoTクラウドAmbientにデータを送ります．リスト2（p.150）は，リスト1に，Wi-Fiと，時計（NTP），Ambientへの送信ルーチンを追加したものです．

　Ambientと接続するには，Ambientのサイト，

https://ambidata.io/docs/getting started/

の手続きに従って，ユーザ登録，チャネル作成を行う必要があります．URLは変わることがあるので，適宜読みかえてください．

　リスト2の，Wi-Fi設定には，SSIDとパスワードを入れます．また，チャネルIDとライトキーは，チャネル生成時に与えられたキーを入れます．

　図10は，センサ回路からAmbientサイトにアップされた，土壌水分の時間推移データです．縦軸は土壌水分に対応した静電容量の値[pF]です．

　最初のデータの凹みは，土からセンサ・ロッドを抜いた場合です．測定時は，雨天で湿度が高いため，最

写真3　センサと回路の距離を近くした方が精度が良くなるのでセンサ・ロッドと回路を固定する

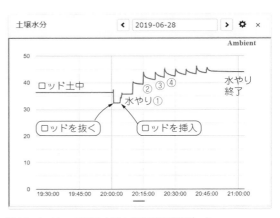

図10　Ambientで見る土壌水分の時間推移データ

リスト2　土壌水分をクラウドに送信するM5Stackプログラム

```
/*
* M5Stackと土壌センサを接続し，静電容量をLCD表示し，Ambientに
                                          送信する
*/
#include <M5Stack.h>
#include "Ambient.h"
#include <time.h>

#define JST 3600*9              //エリア：日本

WiFiClient client;
Ambient ambient;

const char* ssid = "your ssid";
const char* password = "your password";

unsigned int channelId = 100; //Ambientのチャネル ID
const char* writeKey = "writeKey"; // ライトキー

volatile int disp_count = 0;        //LCD表示更新カウンタ
volatile int count = 0;             // 周波数カウンタ
                                    (1秒間のカウント数)
volatile int freq = 0;              //周波数
volatile float cap = 0;             //静電容量
volatile int send_count = 0;        //送信間隔調整

hw_timer_t * timer = NULL;
volatile SemaphoreHandle_t timerSemaphore;
portMUX_TYPE timerMux = portMUX_INITIALIZER_UNLOCKED;

void IRAM_ATTR onTimer(){         //ハードウェア・タイマ割り込み
  // カウンタ値をサンプルし，カウンタをリセットする
  portENTER_CRITICAL_ISR(&timerMux);
  freq = count;                   //排他制御
  count = 0;
  portEXIT_CRITICAL_ISR(&timerMux); //排他制御終了
  // メインループ用にセマフォを開放する
  xSemaphoreGiveFromISR(timerSemaphore, NULL);
}

void IRAM_ATTR isr() {            //ハードウェアピン割り込み INT0へ
  count++;                        //周波数パルスのエッジでカウントアップ
}

void setup() {
  M5.begin();
  M5.Lcd.setTextSize(2);          //LCD文字サイズを2倍にする

  pinMode(5, INPUT_PULLUP);       //5ピンを弱プルアップする
  WiFi.begin(ssid, password);     //Wi-Fi APに接続
  while (WiFi.status() != WL_CONNECTED) {
                                  //  Wi-Fi AP接続待ち
    delay(100);
  }
  configTime( JST, 0, "ntp.nict.jp", "ntp.jst.mfeed.
                                    ad.jp");
  ambient.begin(channelId, writeKey, &client);
              // チャネルIDとライトキーを指定してAmbientの初期化
  attachInterrupt(5, isr, RISING);
                      //割り込み5ピン，関数isr，立ち上がり

  // バイナリセマフォの作成
  timerSemaphore = xSemaphoreCreateBinary();

  // Use 1st timer of 4 (counted from zero).
  // Set 80 divider for prescaler (see ESP32
                                  Technical Reference)
  timer = timerBegin(0, 80, true);

  // Attach onTimer function to our timer.
  timerAttachInterrupt(timer, &onTimer, true);

  // Set alarm to call onTimer function every second
                          (value in microseconds).
  timerAlarmWrite(timer, 1000000, true);
                          //Repeat the alarm (third parameter)

  timerAlarmEnable(timer);             //Start an alarm
}

void loop() {
  // タイマ割り込みチェックのためセマフォ獲得
  if (xSemaphoreTake(timerSemaphore, 0) == pdTRUE){
    uint32_t isrCount = 0, isrTime = 0;
    time_t tx;
    struct tm *tm;
    tx = time(NULL);
    tm = localtime(&tx);

    if(disp_count>14){
      M5.Lcd.clear();
      M5.Lcd.setCursor(0,0);
      disp_count=0;
    }
    M5.Lcd.printf(" %02d/%02d %02d:%02d:%02d",
        tm->tm_mon+1, tm->tm_mday,
        tm->tm_hour, tm->tm_min, tm->tm_sec);

    //M5.Lcd.printf("Freq:%uHz ", freq);
    if (freq<1874){
      cap = 684364.*pow(freq, -1.158);
    }
    else{
      cap = (4.e-13)*pow(freq, 4)-(9.e-9)*pow(freq,
          3)+(7.e-5)*pow(freq, 2)-0.2417*freq+370.69;
    }
    if(cap<0) cap=0;
    M5.Lcd.printf(" Cap:%4.0fpF\r\n", cap);
    disp_count++;

    if(send_count > 10 ) {      //10秒ごとに送信
      // 静電容量の値をAmbientに送信する
      ambient.set(1, String(cap).c_str());
      ambient.send();
      send_count = 0;
    }
    ++send_count;
  }
}
```

写真4　畑に設置した自作土壌水分計(オクラ)

初から容量がやや大きくなっています．水やり後は，瞬間的にデータが増加しますが，その後，水分データが徐々に小さくなり，時間が経つほど増加幅も減少しています．水が土の中に拡散して，水分が底の方に移動していく様子が手に取るように分かります(**写真4**)．

　静電容量を周波数で測るこの測定方法は，**図10**で水やりをしていないときのデータが一定値を保つことから，ドリフトやノイズの影響が少なく，信頼性が高いです．

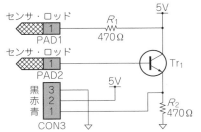

写真5　土壌水分が測れるArduinoシールド・タイプのセンサ SEN0114（DFROBOT社）

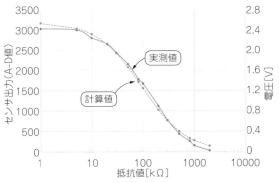

図12　センサ・ロッドの抵抗値と出力電圧

図11　土壌センサSEN0114の内部回路
SEN0114資料より

実験2：市販電気伝導度タイプ・センサで測る

● 基本動作

　電気伝導度から，土壌の水分を検出するタイプのセンサも容易に入手できます．

　写真5は，Arduinoのシールドとして販売されている土壌水分センサです．土壌中に**写真5**のプローブを挿して電圧を加えると，水分が多ければよく電流が流れ，抵抗は減少します．逆に，乾燥した土は水分をほとんど含まないので電流を流しません．よって抵抗は増加します．このように土の抵抗を測ると水分量が分かります．

　このセンサには，**図11**の回路が内蔵されています．PAD1とPAD2の間にセンサ・ロッドがつながります．

　センサの抵抗分を通して，トランジスタQ_1のベースに電流が流れます．電源電圧を3.3Vとしたとき，センサ・ロッドの抵抗値と出力電圧の実測結果は**図12**の通りです．

　このカーブは次のように計算で出すこともできます．ロッドの抵抗をR，出力電圧をV_o[V]，Q_1の電流増幅率をβ，電源電圧を3.3Vとすれば，式（4）となります．

$$\frac{3.3-(V_0+0.7)}{R_1+R}=\frac{V_0}{\beta R_2} \quad\cdots\cdots\cdots\cdots(4)$$

　ここで，$R_1=R_2=470$[Ω]，$\beta=200$とすれば，式（5）となります．

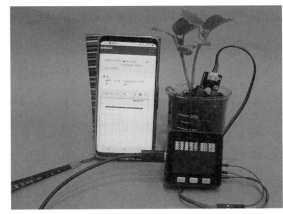

写真6　土壌伝導度センサSEN0114をM5Stackに接続し，スマートフォンでチェックする

$$V_0=\frac{244400}{R+94470} \quad\cdots\cdots\cdots\cdots\cdots\cdots(5)$$

　図12の点線が式（5）による計算値です．

● 難点…個体バラツキや温度依存が大きい

　この回路は，式（4）のように，出力電圧（V_o）が，トランジスタの電流増幅率（β）に依存することが難点です．土壌の抵抗値との対応を付けるには，個体ごとに，**図12**のような実測チェックが必要です．また，ベース–エミッタ電圧V_B（≒0.7V）にも依存するので，温度変化も無視できません．

● プログラム

　伝導度タイプのセンサSEN0114を，M5Stackに接続して，伝導度出力をA-D変換して表示させ，クラウドで蓄積処理します（**写真6**）．

　リスト3のプログラムは，次の処理を行います．
1. Wi-Fiとの接続
2. NTPによる現在時刻取得
3. 土壌電導度データ（DC電圧）をA-D変換（12ビッ

リスト3　伝導度土壌センサのプログラム

```
/*
* M5Stackと土壌センサーを接続し，導電率をLCD表示し，Ambientに送信
                                                              する
*/
#include <M5Stack.h>
#include "Ambient.h"
#include <time.h>

#define PERIOD 10        //10秒間隔で送信
#define JST 3600*9       //ntpタイムゾーン：日本
#define SOIL_pin 36      //GPIO36(A/D)

WiFiClient client;
Ambient ambient;

const char* ssid = "your SSID";
const char* password = "your Password";

unsigned int channelId = xxxxx; // AmbientのチャネルID
const char* writeKey = "xxxxxxxx"; // ライトキー

volatile int disp_count = 0;     //LCD表示更新カウンタ

void setup() {
  M5.begin();
  M5.Lcd.setTextSize(2);       //LCD文字サイズを2倍にする
  pinMode(SOIL_pin, INPUT);
  WiFi.begin(ssid, password);  // Wi-Fi APに接続
  while (WiFi.status() != WL_CONNECTED) {
                               // Wi-Fi AP接続待ち
    delay(100);
  }
  configTime( JST, 0, "ntp.nict.jp", "ntp.jst.mfeed.
                                            ad.jp");
  ambient.begin(channelId, writeKey, &client);
```
```
}                    // チャネルIDとライトキーを指定してAmbientの初期化

void loop() {
  int t = millis();
  time_t tx;
  struct tm *tm;
  tx = time(NULL);
  tm = localtime(&tx);

  int conductivity =analogRead(SOIL_pin);
                               //導電率データ取得

  if(disp_count>14){
    M5.Lcd.clear();
    M5.Lcd.setCursor(0,0);
    disp_count=0;
  }
  M5.Lcd.printf(" %02d/%02d %02d:%02d:%02d",
        tm->tm_mon+1, tm->tm_mday,
        tm->tm_hour, tm->tm_min, tm->tm_sec);

  M5.Lcd.printf("  MOIS:%04d\r\n", conductivity);
  disp_count++;

  // 導電率の値をAmbientに送信する
  ambient.set(1, String(conductivity).c_str());
  ambient.send();

  t = millis() - t;
  t = (t < PERIOD * 1000) ? (PERIOD * 1000 - t) : 1;
  delay(t);
}
```

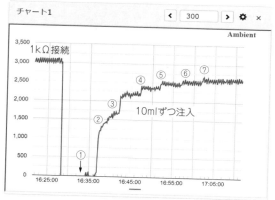

図13　水を加えていったときの土壌伝導度データ

ト）する

4．LCDに現在時刻と土壌伝導度データを1秒おき
に表示する

5．Ambientにデータを10秒ごとに送信する

　LCDには，次のように表示します．

06/29　23.36：57　MOIS：1234
日付　　時刻　　　　土壌電気伝導度

　表示される電導度データは，A-D変換値そのもの
です．0〜3.3Vの電圧を，12ビット幅の0〜4095の
値で表示します．前に述べた，抵抗値への変換式を使
えば，抵抗値で表示することも可能です．

● 実験結果

　図13は，Ambientにアップした，土壌伝導度の
データです．200mlのビーカに水を10mlずつ5分ごと
に加えています．左端は，土壌の代わりにセンサ・
ロッドに1kΩの抵抗をつないだ場合です．その後，
乾燥した土壌に挿入し，徐々に水を加えています．

　水を加えてから実際に電気伝導度が変化するまで
に，数分かかります．静電容量式は，水分が電極から
離れた場所にあっても，すぐレスポンスがありました
が，誘電率タイプに比べて，電気伝導度の場合は，電
極に土壌中の水分が直接付着しないとデータが取れな
いことが原因です．

● 土の誘電率を利用した既製品をチェック

　静電容量式の土壌センサも市販されています．
Zhiwei Robotics社のセンサは，図14のような回路で，
写真7のような外観です．

　アナログ式のタイマIC，555の発振出力を，抵抗を
通してロッドに加えています．土壌の静電容量によっ
てローパス・フィルタを形成して，RF信号の振幅が
減衰することを利用しています．この振幅をダイオー
ドで検波して，直流電圧に変換しています．マイコン
側では，この電圧をA-D変換すれば，土壌湿度のデー
タを得ることができます．

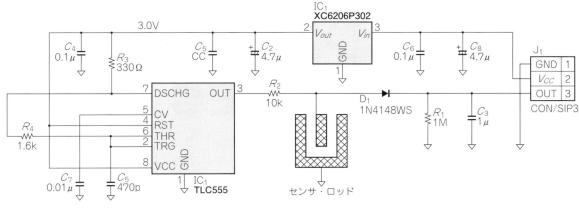

図14　静電容量式土壌センサの回路（Zhiwei Robotics社資料より）

写真7　静電容量式土壌水分センサ（Zhiwei Robotics社）

こんなセンサも…
M5Stack EARTHユニット

　M5StackのGroveピンにつながるタイプを**写真8**に示します．回路は**図15**です．

　センサ・ロッドは，3.3Vから10kΩを通して接続されていて，土壌の抵抗との分圧回路になっています．アナログ出力A_{in}端子の電圧が高いほど，土壌の抵抗成分が大きいので，抵抗計として機能します．

　土壌水分が増えると，A_{in}の電圧が下がるので注意が必要です．ディジタル出力D_{in}は，コンパレータ（LM393）の出力です．土壌が乾燥して，電圧A_{in}が，ポテンショメータ（R_3）で設定した電圧を超えると，出力D_{in}が"H"になります．例えば，水やり装置をONにします．

　M5Stack BASICのGroveピンは，I^2C専用ですから，そのままつないでも動作しません．A_{in}をアナログ入力のGPIO36（A-D端子）などに，D_{in}をGPIO26などのディジタル・ピンに接続します．

◆参考文献◆
(1) B. Ruth；A Capacitance sensor with planar sensitivity for monitoring soil watercontent, Soil Science Society of America Journal, vol. 63, No.1, pp. 48-54, 1999.
(2) 登尾 浩助，田澤 潤一，森 忠保；静電容量型土壌水分計の試作，農業農村工学会全国大会講演要旨集，pp.194-195, 2007年.

うるしだに・まさよし

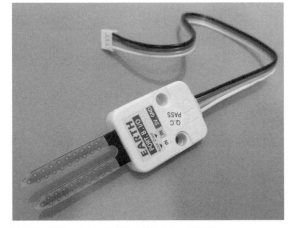

写真8　M5Stackファミリの土壌センサ　EARTH

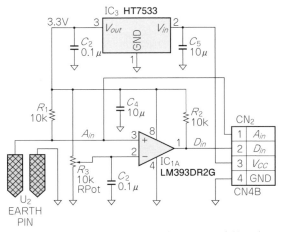

図15　土壌センサM5-EARTHの回路（M5-EARTH資料より）

土壌コンディションを示す
pH&電気伝導度EC入門

漆谷 正義

　土壌のpH（ペーハーまたはピーエッチ）は，作物の成長に大きく関わっています．pHを測定することは，作物の品種選定，施肥の方針，土壌改良の是非などの判断の基本情報となります．

　また，土壌中の肥料が多いか少ないかを知るうえで電気伝導度ECの測定は重要です．pHとECについて調べ，簡単な測定器を製作して，データのロギングを行ってみましょう．

その1：pHセンシング

● おさらい「pH」

　pHとは，酸性，アルカリ性の強さを，水素イオン指数（水素イオンH^+が多いか少ないか）を使って表したものです．pH=7が中性，7より小さいと酸性，7より大きいとアルカリ性となります．水素イオン指数と水素イオンH^+の量との間には，式（1）の関係があります．

$$pH = -\log(H^+) \quad\cdots\cdots\cdots\cdots\cdots\cdots\cdots(1)$$

　例えば，H^+が，10^{-7}グラム・イオン/l[注1]ならば，式（2）となります．純水のpHは7.0です．

$$pH = -\log(10^{-7}) = 7 \quad\cdots\cdots\cdots\cdots\cdots\cdots(2)$$

注1：化学式の原子や分子の重さを加えたものを式量という．分子のモルに対して，イオンの場合をグラム・イオンという．

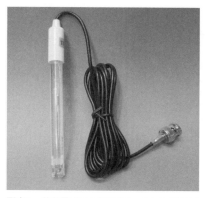

写真1　秋月電子で入手できたpHセンサPE-2
ガラス電極型．SAGA Electronics製

● 秋月で買えるpHセンサ

　写真1は，よく使われるpHセンサです．pHによって電位の変化するガラス電極と，基準となる参照電極の間の電位差を測定するものです．

　特性は，図1のように，pHに対して出力電圧が直線的に変化します．しかし，温度によって傾き（感度）が変わるので，精密に測定する場合は温度補正が必要です．

● ハードウェア

　写真1のpHセンサの出力を増幅し，M5Stackに入力します．回路は，図2の通りです．表1に部品を示します．注意点としては，OPアンプの初段（IC_1）は，入力インピーダンスが1T（テラ）Ω以上のものを選びます．ガラス電極の出力インピーダンスが100MΩ以上と高インピーダンスだからです．次段（IC_2）は，レール・ツー・レール（入出力が0V～Vccで使えるもの）を選びます．M5Stackの+5V電源を使うので，OPアンプ電源±5Vを専用レギュレータ（IC_3）で作っています．

　感度調整（VR_1）は，pHの値が分かっている試料で，pHが7から離れているものを使って，このpH値が得られるように調整します．筆者は，ホーム・センタで入手できる木酢（pH=2.8）を使いました．感度は図1の特性と大差ありませんでした．

　写真2は，回路をブレッドボードで組んだところです．入力インピーダンスが極めて高いので，BNCコネクタをレセプタクルで受けて，底面をシールドしました．

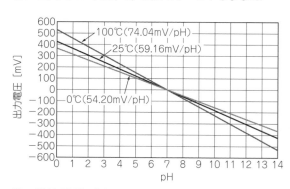

図1　秋月で入手できたpHセンサPE-2（写真1）のpH-電圧特性

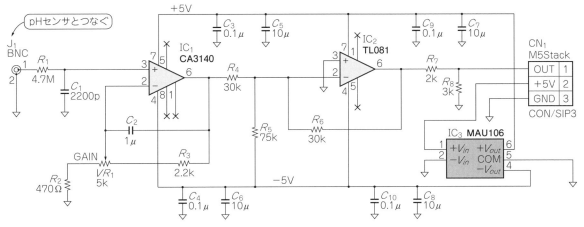

図2 ガラス電極型 pH センサ用センシング回路

● ソフトウェア

センサ回路の出力は，M5Stack の A-D コンバータ（ADC/G36 ピン）に接続します．M5Stack のインターフェースは 3V なので，図2 では，抵抗で分圧してフルスケールを 3V にしています．pH は式（3）で求めます．

$$pH = V_{out} \times 3.5 \cdots\cdots\cdots (3)$$

IC$_2$ は，レベル・シフト回路で，出力は $V_{out} = 0 \sim$ 5V です．V_{out} のセンタ値は 2V で，これが pH7 に相当します．M5Stack とのインターフェースのため，いったん 3V に落としているので，ソフトウェアで，5/3 倍します．LCD には，現在時刻と pH 値が 10 秒ごとに表示され，同時に Ambient にデータを送信し，クラウド上でロギングしています．

その2：電気伝導度 EC センシング

● 土壌中の肥料を電気伝導度 EC で測れる

土壌の電気伝導度を，EC（Electric Conductivity）と呼びます．土壌中の肥料成分である塩類[注2]の量の目安となります．EC が高ければ（電気伝導度が大きいならば）肥料が多いことになります．作物にとって，肥料は多すぎても，少なすぎても成長に影響を与えるので，EC の測定はその指標となります．

● 電気伝導度 EC とは

電気の伝えやすさを電気伝導度と言います．抵抗［Ω］の逆数で，単位は S（ジーメンス）です．EC は式（4）で表せます．

$$1EC = 1\,mS/cm \cdots\cdots\cdots (4)$$

例えば，「野菜畑の土壌の EC は 0.6 がよい」と言う場合は，0.6［mS/cm］という意味です．ここで cm あ

注2：酸と塩基の中和でできる化合物．硫安など．

表1 pH センサに使う部品（価格は目安）

部品	型名	メーカ	入手先	価格[円]	数
pH 電極	PE-2	SAGA		3120	1
OP アンプ	TL081	TI		30	1
DC-DC コンバータ	MAU106	MINMAX		480	1
BNC コネクタ	BNC-J	COSMTEC		170	1
半固定抵抗	5kΩ	KOA	秋月電子通商	20	1
セラミック・コンデンサ	10μF/25V	Supertech		20	4
	1μF/50V	村田製作所		20	1
	0.1μF	村田製作所		10	4
	2200pF	Supertech		5	1
カーボン抵抗 1/6W	各種	SHIH HAO		1	8
OP アンプ	CA3140	ルネサス	Digi-key	425	1

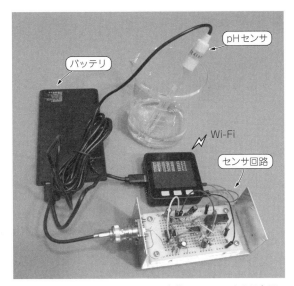

写真2 測定した pH は ESP マイコン内蔵 M5Stack からクラウドにアップロードした

● 特徴

pH測定器はガラス電極を使うため，インピーダンスが高く，レスポンスが遅い上に，測定のたびに洗浄が必要，壊れやすいなど，リアルタイムでデータをロギングする上で大きな障害がありました．この点を改良したpHセンサとして，**図A**のISFET（Ion Sensitive FET）があり，次の特徴を持ちます．

- 超小型で高感度
- 応答が速い（100ms以下）
- 出力インピーダンスが低い（数kΩ以下）
- 校正が簡単（ゼロ点校正だけでよい）

液体と固体の境目には，界面電位と呼ばれる電位差が発生します．この電位がイオンの量に比例することから，ゲートが電位に敏感なIGFET（図のn⁺，p⁻，n⁺の部分，insulated gate FET）を利用することが考えられました．**図A**のように，被測定溶液のpH（水素イオン濃度）をドレイン電流に変換することで，センサ＋アンプの一石二鳥が実現できます．

● まだまだ高価なので価格が下がることに期待

残念ながらISFETは，測定器で数十万円，センサ単体でも数万円と高価です．今後，一般に普及することで価格が下がることを期待したいです．

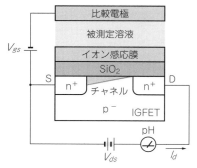

図A　ISFETを使ったpHセンサ

たりというのは，$1cm^2$の電極を$1cm$離したときの伝導度ということです．抵抗はこの逆数ですから，$1/(1 \times 10^{-3})=1k\Omega$が1ECに相当します．

抵抗ならテスタで測れるのではないかと思いますが，テスタは直流電流を流しているので，電気分解が起こり，電極が変性して正確な測定ができません．そこで，ECは交流などの直流以外の方法で測定します．

● 電極の製作

EC電極の寸法に決まりはありませんが，ECの定義をそのまま当てはめて，**図3**のような電極を作りました．

先端部の対向面積は，$1.5cm \times 0.67cm=1cm^2$です．

電極の材質は，さびに強いステンレスです．ステンレスは，はんだ付けができないので，ステンレス製ネジで止めるか，**図3**のようにテープで導線を固定します．

● ハードウェア

ECの測定には，交流電源が必要です．

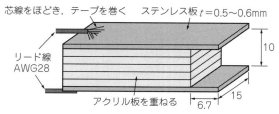

芯線をほどき，テープを巻く　ステンレス板 $t=0.5\sim0.6mm$

リード線 AWG28

アクリル板を重ねる

図3　電気伝導度EC測定のための電極を作る

図4では，矩形波発生回路（IC_{1A}）により，約1kHzの交流信号を作っています．これを，EC電極を通して，反転増幅回路（IC_{1B}）で増幅します．このときのゲインは，EC電極の抵抗をR_xとすれば，$R_5/(R_x + R_4)$です．従って，出力の振幅を測れば，計算により抵抗R_xの値が分かります．**表2**に部品リストを示します．

● ソフトウェア

マイコンで処理するには，矩形波の出力振幅を直流電圧に変換するのが便利です．そこで，R_xにより減衰した矩形波を，IC_{2A}，IC_{2B}からなる全波整流回路に通します．

出力電圧V_{out}とEC（抵抗R_{x7}逆数）は，**図5**のような関係になります．R_xの位置に既知の抵抗を入れて測定したもの（EC）と，ゲインの式（5）から計算したもの［EC（計算値）］は，ぴったり一致しています（当然ですが）．従って，マイコンのソフトウェアでは，OPアンプのゲインの式（5）を使えば，V_{out}からR_xが求まります．$R_x[k\Omega]$の逆数がEC値［mS］となります．

$$V_{rect}\frac{R_5}{R_x + R_4} = V_{out} \quad\cdots\cdots\cdots(5)$$

土壌中に設置するコツ

土壌のpHやECのデータをロギングするには，センサを土壌に埋め込む必要があります．そこで，

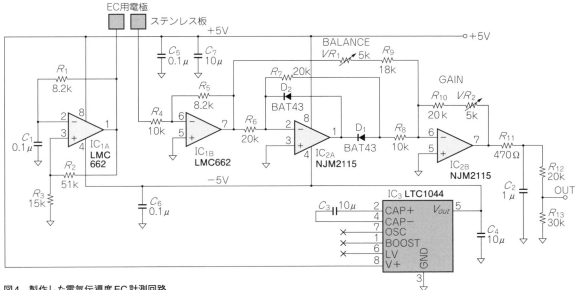

図4　製作した電気伝導度EC計測回路

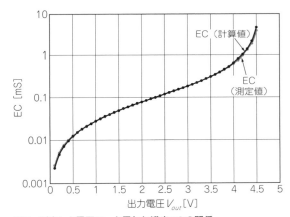

図5　測定した電圧V_{out}と電気伝導度ECの関係

表2　筆者が電気伝導度ECセンサの製作に使った部品（価格は目安）

部品	型名	メーカ	参考入手先	参考価格[円]	数
OPアンプ	NJM2115	日清紡		100	1
電圧コンバータ	LTC1044/TJ7660	ADI/HTC		385/60	1
ダイオード	BAT43	WUXI		15	2
半固定抵抗	5kΩ	KOA	秋月電子通商	20	2
セラミック・コンデンサ	10μF/25V	Supertech		20	3
	1μF/50V	村田製作所		20	1
	0.1μF	村田製作所		10	3
カーボン抵抗1/6W	各種	SHIH HAO		1	13
OPアンプ	LMC662	TI	千石電商	273	1

写真3のように，適当なプラスチック・ケースの中にセンサをつるして，ケースの底に穴を開けます．底の部分を，土は通さず，水分だけを通すシートで覆います．筆者は，防草シートを使いました．

　このケースの底部に，土壌中の水分が入るようにするには，このケースを土の中に埋め込んだ後，大量の潅水をする必要があります．ロギングしたデータを解析すると，潅水したときに，pHやECの正常値が出るので区別が付きます．排水の良い土壌ならば，潅水後，数時間以内にケースの水分はなくなります．なお，ガラス電極pHセンサは，汚れたまま放置できないので，測定終了後は撤収することになります．

うるしだに・まさよし

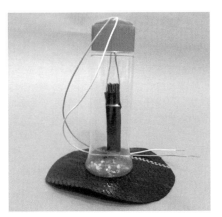

写真3　センサはプラスチック・ケースの中につるして土壌中に埋め込むとよい

第19章 PID制御で冬場の育苗環境を整える

土の温度センシング&制御の実験研究

漆谷 正義

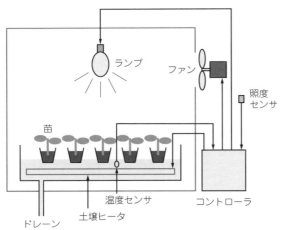

図1 土の温度をセンシング&制御できる植物栽培システム「電子育苗箱」

写真1 実物はこんな感じ

ビニール・ハウスの普及と進歩により，今ではどの作物も季節を問わず市場に並ぶようになりました．一般に春植え野菜は，冬場にまとめて苗を作ります．播種から苗までの工程は，冬から初春の一番寒さの厳しいときにかかるので，昔は熱源の上にわらを敷いて，土を被せて苗を生育させていました．今では暖房の効いたビニール・ハウスで大量に栽培されています．培養土の発酵熱も有効に使われています．

しかし，露地栽培だと温度が低すぎ，霜が降りると枯れてしまいます．そこで，小型の育苗箱があれば，播種から収穫までを全て行えます．エレクトロニクスの力を借りて，採光や換気だけでなく，土壌の温度管理も行ってみましょう．

今回の育苗箱のシステムでは，一般に土壌ヒータの入手が難しいので，今回は手作りします．土壌ヒータ・システムは，育苗箱以外に，温室や露地栽培の降霜防止にも応用できます．

製作する土の温度ヒータ制御箱

育苗箱とは，種をまいて苗まで生長させるための装置です．

今回，自作する育苗箱は，入手が難しい土壌ヒータを手作りして，温度制御を行います（図1，写真1）．土壌ヒータが最大30℃の低温動作のため，コントローラ（写真2）の故障時にも割と安全です．

保温材を入れた二重壁の箱に，土の入ったプランタ・ボックスを置き，底にヒータを設置します．天井からは電球で照明し，壁にファンを付けて換気します．

製作するコントローラのハードウェア構成を図2に，部品表を表1に示します．育苗箱で駆動する対象は，土壌ヒータ，保温用のランプ，換気用ファンの3つです．また，センサは，土壌温度検出用のサーミスタと，育苗箱外部の明るさ（昼夜の区別）を知るための照度センサの2つです．ランプとファンのON/OFFは，ソリッド・ステート・リレー（SSR）で行います．SSRの制御電圧は＋5Vなので，マイコンで直接制御できます．

土壌ヒータはトライアックで位相角制御を行い，連続的にヒータ電力を変化させます．トライアックの制御位相の基準は，AC100V正弦波のゼロ・クロス点か

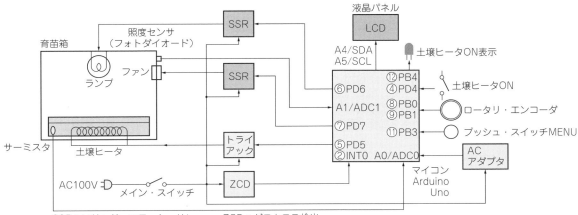

図2　コントローラ基板の構成

SSR：ソリッド・ステート・リレー　　ZCD：ゼロクロス検出

写真2　製作した土の温度コントローラ

らの時間で制御するので，ゼロ・クロス検出回路
（ZCD）を使います．
　マイコンの入力としては，照度センサとサーミスタ
がマイコンのA-D入力につながります．A-Dコンバー
タは10ビット分解能とします．SSRとサイリスタは
通常ポートで制御します．
　温度の設定，現在値などを表示するためにLCDパ
ネルを付けます．8文字×2行の小型のパネルで十分
ですが，土壌ヒータ温度のPID制御の制御パラメータ
（P，I，Dの値）を設定できるように，順送りのメ
ニュー形式の表示とします．このために，値を設定す
るためのロータリ・エンコーダ，値決定のためのプッ
シュ・スイッチを付けます．いずれもマイコンの通常
ポートにつなぎます．土壌ヒータはON/OFFできる
ようにスイッチとLEDを付けます．マイコンは，
LCDなどのライブラリが豊富なArduino Unoを使い
ます．

表1　育苗箱部品リスト（価格は目安）

名　称	型　式	メーカ	参考価格注[円]	数
マイコン・ボード	Arduino Uno Rev3	Arduino Srl	2940	1
LCDモジュール	AQM0802A	秋月電子通商	700	1
電源トランス	12V0.1A, HP-126	豊澄電源機器	880	1
トライアック	SM12JZ47A（AC16FGM）	東芝（NEC）	150	1
フォトトライアック	S21ME3	シャープ	30	1
サーミスタ	NXFT15XH103FA2B050	村田製作所	40	1
ロータリ・エンコーダ	EC12E2430803	アルプス電気	90	1
フィルム・コンデンサ	0.1μF/600V（120VAC）	ルビコン	30	1
フォトカプラ	PC813, FOD814	シャープ, オンセミ	40	1
フォトダイオード	S9648	浜松ホトニクス	564	1
SSR	AQG22105	パナソニック	685	1
	AQG12105		421	

注：筆者は，下の3種はRSコンポーネンツ，トライアックは
Amazon，それ以外は秋月電子通商で入手

用意するプログラム

　コントローラ・マイコンのソフトウェアは，次の5
つからなっています．

● 1．温度制御
　メニューから目標温度（地温）を設定すると，ヒー

タがONであれば目標温度に向かってヒータ温度を上げていき，目標温度になると後はこの温度を維持します．制御アルゴリズムは，PID制御を使います．P，I，Dのパラメータ（係数K_p，K_i，K_d）は，メニューで設定することができます．デフォルトでは一般的な比率に設定しています．

ヒータ温度は，土壌ヒータへの供給電力を，正弦波の一定区間をONまたはOFFする位相角制御を行います．

● 2．サイリスタ制御

ゼロ・クロス検出からのパルスで，タイマ割り込みをスタートさせます．割り込みルーチン内で，ソフトウェア・タイマによって所望の位相角に相当する時間経過後に，サイリスタのONパルスを出します．この位相角相当時間は，PID制御の誤差（制御）出力の値で決定します．サイリスタは，次のゼロ・クロス点で自動的にOFFになります．

● 3．LCD制御

LCDはI²Cで制御します．Arduinoのライブラリは，各社のLCDに対応しているので，他のLCDを使っても同等の表示ができます．

● 4．ロータリ・エンコーダとメニュー送りボタン入力

ロータリ・エンコーダとメニュー送りボタンが動かされたことは，ピン・チェンジ割り込みで検出します．メニュー制御はピン・チェンジ割り込みルーチン内で行います．

● 5．センサ入力

サーミスタと照度センサ出力は，10ビットA-Dコンバータに入ります．サーミスタの出力データは，温度に対してノンリニア（直線的変化ではなく，多項式で表される曲線で変化する）です．従って，多項式近似により温度を算出します．照度センサの出力は，照度に対してリニアです．ただし，直射日光下では出力

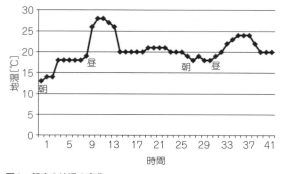

図3　朝晩の地温の変化

は飽和するので，ここでは夜と昼の判別程度の使い方に限定しています．

土壌ヒータを作る

● 地温が低いと発芽しにくい

発芽には，水分や酸素，温度が必要です．特に土壌の温度は，種が発芽するカギを握っています．地温が15℃を切ると，発芽が遅くなったり，全く発芽しなかったりします．

レタス，ほうれん草，ニンジン，キャベツなどの最低発芽温度は15℃です．白菜，トマト，ナスはさらに高温で20℃，キュウリ，カボチャは25℃以上です．よって，最低発芽温度は15℃と言われています．

図3は，2日にわたって地温を計測した結果です．朝方，非常に温度が下がり，昼は日照の影響を受けて冬場でも20℃を超えます．もし，朝方の気温が0℃以下になると，霜が降りて枯れてしまいます．露地で育苗することが難しくなります．

● 製作

土を暖めるためのヒータは，土の下に敷くタイプとします．写真3（a）は内部構造です．天井に貼る防火材の石膏ボードで枠を作り，300Wのニクロム線を7本直列にしました．電力は，300W/7≒43Wになります．

300Wや600Wのニクロム線を1本だけ使うと，ニクロム線が赤熱し，高温となって，植物を痛めるばかりか，防水材（ビニール）を溶かして発煙・発火や火災につながる恐れがあります．今回は，温度制御を行いますが，万一，100Vがそのままかかっても，必要以上の温度にならないように設計すべきです（フェイル・セーフ）．

ニクロム線の固定には，耐熱粘土か耐熱セメントを使います．ニクロム線を組み込んだら，写真3（b）のように，石膏ボードでふたをします．

最後に，防水のため，写真3（c）のように，ヒータを耐熱ビニール・シートで包みます．

ヒータは，セメントをかき混ぜる桶に，ドレイン用の穴を開けてセットします．この上に培養土を入れて土壌ボックスは完成です．

図4は，土の中ほどに温度計を入れて，地温の変化を測定した結果です．43Wという小さな電力でも，地温は37℃にも上昇することが分かります．この温度上昇には，培養土の発酵も寄与しています．

● 温度の検出

温度の検出には，小型で高感度，廉価で耐久性のあるサーミスタ（Thermistor）を使います（写真4）．サーミスタは，温度によって抵抗値が変化する抵抗器です．温

ニクロム線
300W

（a）土壌加温用ヒータの内部

（b）ニクロム線が露出しない
よう石膏ボードで蓋をする

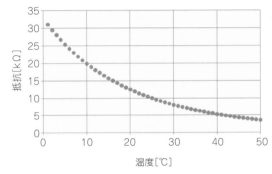

（c）防水のため，耐熱ビニールで包む

写真3　ヒータの熱せられる部品を作る

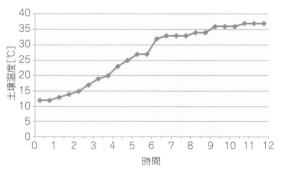

図4　自作ヒータによる地温の変化

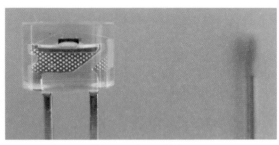

写真4　照度センサ（左）とサーミスタ（右）

度が上昇すると抵抗値が小さくなる（温度係数が負の）タイプは，NTC（Negative Temperature Coefficient）サーミスタと呼ばれよく使われます．金属酸化物の半導体とセラミックを加熱，圧縮して製造されます．

　これに対して，温度が上昇すると抵抗値が大きくなるタイプは，PTC（Positive Temperature Coefficient）サーミスタと言います．ある温度から急激に抵抗値が増えるので，温度測定には不向きで，過熱検知，電流制限などに使われます．

　図5は，サーミスタの抵抗-温度（R-T）特性の例です．直線ではなく，3～5次の多項式で表される曲線です．近似式としては，Steinhart and Hartの式が有名です．

よく使われるのはB（β）定数という，サーミスタの固有定数です．しかし，B自体が温度の関数なので，精度を求める場合は，多項式近似を使います．

　リスト1は，今回使用したNTCサーミスタ（NXFT15XH103FA2B050，村田製作所）のArduinoサンプル・プログラムです．抵抗値から温度を求める多項式がそのまま使えます．

図5　サーミスタのR-T曲線の一例
EC95F103W（GEセンシング）

リスト1　抵抗値から温度を求める多項式が用意されたサーミスタのArduinoプログラム

```
int    a_val = 0;
double vcc = 5.0;
double vol  = 0.0;
double temp = 0.0;

void setup() {
  Serial.begin(9600);
  Serial.println("Starter Kit : FTN Thermistor");
  Serial.println("=============================");

  // Configure ADC
  analogReference(DEFAULT);
}

void loop() {
  a_val   = analogRead(0);
  vol     = ((double)a_val/1023) * vcc;
  temp    = -0.30779 * pow(vol,5) + 4.1545 *
       pow(vol,4) - 23.272 * pow(vol,3) + 68.015 *
              pow(vol,2) - 126.35 * vol + 160.42;

  Serial.println(temp);
  delay(1000);
}
```

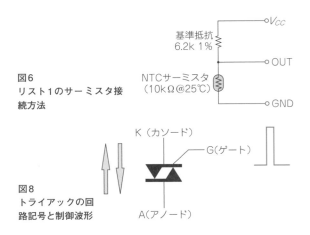

図6
リスト1のサーミスタ接続方法

図8
トライアックの回路記号と制御波形

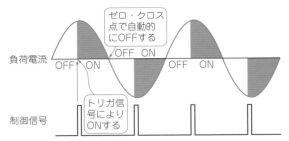

図7 トライアックによるヒータの電力制御方法

リスト1を使うときは，図6のようにサーミスタを接続します．基準抵抗の値と温度特性はそのまま測定精度に影響します．$6.2k\Omega = 4.7k\Omega + 1.5k\Omega$とするとE24系列の金属皮膜抵抗などで実現できます．

● ヒータ制御信号について

地温を一定に保つには，ヒータをON/OFFするだけでは不十分です．フィードバックにON/OFF制御を使うと，常にヒータの最大電力で制御することになり，きめ細かな温度制御ができません．このような場合には，トライアックで図7のように位相角制御を行います．

トライアックは交流電力制御用のスイッチング素子です．正弦波位相のゼロ以外の点でトライアックのゲートにパルスを加えると，この位相で負荷に電流を流す（ONする）ことができます．トライアックの回路記号と電流の方向は，図8の通りです．

トライアックは，アノードとカソードの間の電圧が0になる点（ゼロ・クロス点）で自然にOFFになります．トライアックを使えば，ヒータの電力をゼロ（OFF）からフル・パワーまで，任意に変化させられます．

図9は実際の波形です．上がもとの正弦波，下がト

ライアック通過後の電流波形です．電力は，ゼロ以外の部分の波形の積分値ですから，波形を切り取ることで電力が制御できます．

トライアックの制御には，入力正弦波のゼロ・クロス点の検出が必要です．このためには，フォトカプラを使います．ゼロ点ではフォトカプラのLEDが消灯するので，これをフォトダイオードで受光すればゼロ点が検出できます．図10は，ゼロ・クロス検出信号です．下は両波整流回路（ブリッジ回路）の出力電圧です．

ヒータの電力は，トライアックのゲートに加えるパルスの，ゼロ・クロス点からの位相（時間）で制御できます．この位相（時間）は，60Hz交流では$0 \sim 1/(60 \times 2) = 8.3ms$になります．50Hzでは，$0 \sim 1/(50 \times 2) = 10ms$です．この値が大きいほど，電力は小さくなります．

● 温度のPID制御

ヒータの温度制御には，PID制御を使います．PID制御とは，負帰還による自動制御でよく使われる方法で，きめ細かな温度制御ができます．

PID制御のブロック図を図11に示します．図11は，全体として負帰還ループになっています．

まず，比例ループだけ考えます．サーミスタで検出したヒータの温度が25℃だったとします．これと設定温

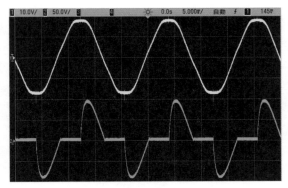

図9 トライアックによる電力制御波形

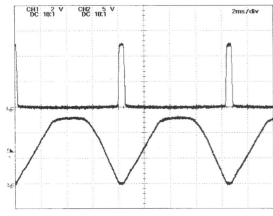

図10 ゼロ・クロス点検出パルス

図11　PID制御の原理

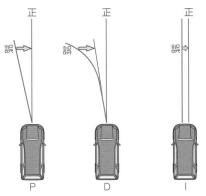

図12　PID制御のクルマによる説明

度，例えば30℃と比較するために引き算すると，30 − 25 ＝ 5℃と正の値となります．これをK_p（比例ゲイン）倍してヒータに加えると，ヒータはさらに加熱されて温度が上昇します．3℃上昇したとすると，今度は誤差が30 − 28 ＝ 2℃となり，前よりは少ないものの，またヒータを加熱します．その結果，2℃上昇したとすれば，30℃ − 30℃ ＝ 0℃となり，ヒータへの加熱はゼロとなります．実際はこんなにうまくはいかず，行き過ぎたり，なかなか目標値にならなかったりします．これは，**図12**で例えると，左の比例ループ（P）のように，ずれた分だけ元に戻すという制御に相当します．この制御方法の一番の欠点は，行き過ぎが発生することです．つまり，行き過ぎてみないと結果が出ないということです．温度制御では，目標より高い温度に一瞬なるということです．

この欠点を解決するには，**図11**の微分ループ（D）のように，急に行き過ぎたら，急いで戻す（微分），また，積分ループ（I）のように，定常的にずれていたら時間をかけて戻すという制御を追加することです．**図11**の微分と積分のループはこの作用を行います．

ヒータへの制御量は，次式のようになります．

$$制御量 = K_p \cdot e + K_d \cdot \frac{d}{dt} \cdot e + K_i \cdot \int e \cdot dt \quad \cdots\cdots\cdots (1)$$

ただし，K_p：比例ゲイン，K_d：微分ゲイン，K_i：積分ゲイン
e ＝ 誤差 ＝ 目標温度 − 現在温度，t：経過時間

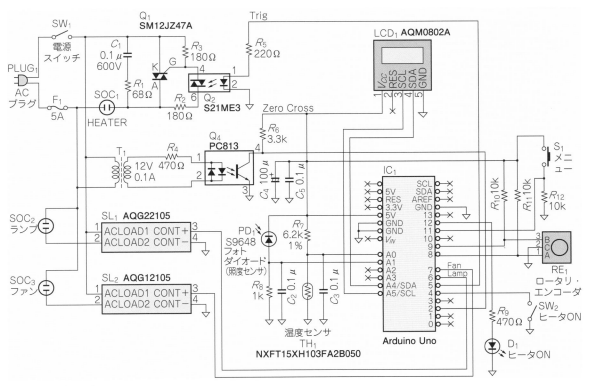

図13　温度制御回路

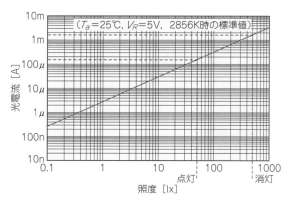

図14 照度センサS9648の特性

● 温度制御回路

　温度制御回路を図13に示します．マイコンは Arduino Unoを使いました．ヒータの制御（PID）には，前述のサイリスタを使い，ランプとファンの制御（ON/OFF）にはソリッド・ステート・リレー（SSR）を使っています．

　筐体は，配電盤の防雨ボックスを利用しました（写真1）．温度設定や現在温度表示，PIDの係数設定などの表示には8文字×2行のキャラクタLCD（AQM0802A，Xiamen Zettier Electronics社）を使っています．また，メニュー設定にはロータリ・エンコーダとプッシュ・スイッチを使いました．

実際のマイコン・プログラム

　マイコン・ボードは，Arduino Unoです．互換ボードも使えます．サイリスタのトリガ位相は，電源周波数に依存するので，マクロHZ60が定義されていたら60Hz（西日本），未定義なら50Hz（東日本）としています．

　LCD表示は，ArduinoのライブラリFaBoLCDmini_AQM0802Aを利用しています．ロータリ・エンコーダとメニュー・ボタンはINT0，INT1とは異なる，ピン・チェンジ割り込みPCINTを使っています．この割り込みでメニュー表示を切り替えます．AC電圧のゼロ・クロス点で外部割り込みがかかります．割り込みルーチンではソフトウェア・タイマによりサイリスタのトリガ点を決めています．PIDによる制御量は，ゼロ・クロス点からトリガ点までの時間（つまり位相）です．

　メイン・ルーチン（loop）では，割り込み設定，ランプとファンの制御，PID制御，メニュー操作を行います．

　本稿のプログラムは，本書のウェブ・ページから入手できます．目次（p.5）を参照ください．

ヒータ以外

● 照明

　発芽後は光合成により緑化します．光がないと，もやしのように白くなり成長が止まります．冬場の日照は弱く不安定で，ビニール・ハウスや温室は一般に採光が不十分です．育苗箱も例外ではなく，電球やLEDによる照明が役立ちます．特に電球は熱源にもなるので，イチゴ栽培などで使われます．

　育苗には高圧ナトリウム・ランプが使われてきましたが，光合成に必要な青色成分が少ないので，最近はLEDに変わりつつあります．

　今回は，LEDではなく，電球による照明（と暖房）を選びました．110V，100Wのクリア・ガラスの白熱電球を使いました．110V仕様は，寿命が長いので，昔は街灯に使われました．点灯は夜間だけとします．すりガラスではなく，クリア・ガラスだとフィラメントからの遠赤外線がそのまま植物に届くので効率的です．

● 照度検出

　ランプとファンとのON/OFFは，周囲の照度を検出して行っています．照度の検出には，フォトICダイオード（S9648，浜松ホトニクス）を使いました（写真4の左）．図14は，照度-光電流のデータです．照度が50ルクス以下でランプ点灯，ファンOFFとします．また，照度500ルクス以上でランプ消灯，ファンONとします．この2つの設定により，ヒステリシスができて，ON/OFF時の無用なチャタリングを防止できます．

● ファン（換気扇）

　日中かつ地温が高いときは，ファンを回します．温度だけでなく，湿度も検出すれば完璧です（今回は実施しない）．

実験

　図15は，ヒータON後の地温の時間変化です．目標値にじわじわと近づきますが，決して越えることはありません．ヒータ電流はON/OFFを繰り返すことはなく，目標値とのずれ（P），変化（D），長期的なずれ（I）を監視しながら制御しています．

● キュウリと枝豆を育てる

　製作した育苗箱を使って，キュウリと枝豆を育ててみました．

　育苗専用の土，挿し木，種まきの土をポットに入れ，鉛筆などで穴をあけて種を播きます．キュウリは種が小さいので，2〜3粒ずつ，枝豆は大きいので1

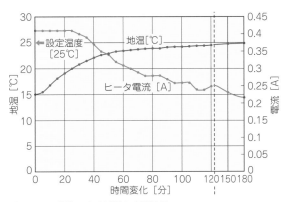

図15　PID制御による地温の実測結果

写真5　4日後，芽が出た

粒ずつ2〜3cmの深さに押し込みます．土をかぶせて十分水をやります．

地温を30℃に設定し，夜中も電球で照明します．発芽までは毎日水やりをし，乾燥しないようにします．**写真5**のように，4日後には芽が出ました．

地温が高いことと，ランプによる照明と保温の効果もあって，キュウリは，**写真6**のように6日後には大きく成長しました．

育苗専用の土は，根張りが良く，発芽促進，根ぐされ防止成分が含まれています．肥料は入っていません．ポット（セル）の中で育苗しているので，根がこの中でまとまり，強い根となり，取り出しも容易になります．

● **育苗箱プログラムの全体構成**

育苗箱プログラム（pidcont0604.ino）では，最初にsetup()でLCDの初期設定を行います．2行8文字で，フォント・サイズを5×7とします．拡張コマンドでコントラストなどを設定します．サイリスタ制御のために，D8，D9，D11のピン割り込みをセットします．トライアック，SSRのピンを初期設定します．

リスト2に示すloop()では，ヒータ・スイッチを見て，ONならばINT0割り込みを許可して，AC-ON表示のLEDをONします．次にAD1ピン（照度センサ）が500lxより大つまり周囲が明るければ，昼と判断して，ランプを消して，ファンをONします．また，50lxより小ならば夜と判断し，ランプを点灯して，ファンはOFFします．

土壌ヒータは，温度センサの出力と設定温度の差（誤差：PID_error）により，PID制御を行います．P（比例）制御は，誤差に比例した制御をします．D（微分）制御は，誤差を経過時間で割った値で制御します．I（積分）制御は，過去の誤差を累積した結果で制御します．P+I+Dの値で，トライアックの位相角を変え，ヒータへの電力を制御します．

写真6　6日後，大きく成長した（キュウリ）

ロータリ・エンコーダとメニュー・スイッチにより，メニュー項目を切り換えます．設定温度と現在温度の表示，PIDパラメータの決定を行います．

● **Arduinoプログラム書き込み手順**

Arduino IDEをPCにインストールします．
https://www.arduino.cc/en/software
ボードArduino UnoをPCにUSBケーブルで接続します．

「ツール」→「ボード」→「Arduino/Genuino Uno」を選択します．

「ツール」→「シリアルポート」で表示されたCOMポート（COM3など）を選択します．

GitHubから，下記ライブラリをダウンロードします．zip形式のままで構いません．

https://github.com/FaBoPlatform/
FaBoLCDmini-AQM0802A-Library

「スケッチ」→「ライブラリ」を「インクルード」→「.ZIP形式」のライブラリをインストールで，上記の

リスト2　育苗箱プログラム（`pidcont0604.ino`）

```
void loop() {
//トライアック制御
// check for SW closed
  if (!digitalRead(SW))  {
    // パワーON
    attachInterrupt(0, acon, FALLING);
    // パワーLEDを点灯
    digitalWrite(aconLed, HIGH);
  }
  else if (digitalRead(SW)) {
    detachInterrupt(0); // パワーOFF
    // HV indicator off
    digitalWrite(aconLed, LOW);
  }

// ランプとファンの制御
int ad1val = analogRead(1);
float lx = ((long)ad1val*5000/1024)/(290/100);
if (lx > 500) {
  digitalWrite(lampSSR, LOW);
  digitalWrite(fanSSR, HIGH);
}
if (lx < 50) {
  digitalWrite(lampSSR, HIGH);
  digitalWrite(fanSSR, LOW);
}

//PID制御
if(menu_activated==0)
{
  //最初に現在の温度を測定する
  temperature_read = readThermistor();
  //次に設定値と現在温度の差（誤差）を計算する
  PID_error = set_temperature - temperature_read + 1.5;
  //比例部分pを計算する
  PID_p = 0.3*kp * PID_error;
  //積分値Iを計算する
```

```
  PID_i = 0.3*PID_i + 30*(ki * PID_error);

  //変化速度を求めるために現在の時間を求める
  timePrev = Time;  // 現在の時間を求める前に前回の時間を保存しておく
  Time = millis();  // 現在の時間を求める
  elapsedTime = (Time - timePrev) / 1000;
  //微分値Dを計算する
  PID_d = 0.3*kd*((PID_error - previous_error)/
                                    elapsedTime);

  //合計のPID値はP+I+Dの和となる
  PID_value = PID_p + PID_i + PID_d;

  //位相角の変化を0と 7680(60Hz)/9200(50Hz) の間に制限する
  if(PID_value < 0)
  {      PID_value = 0;      }
  if(PID_value > Phase_max)
  {      PID_value = Phase_max;   }
  //トライアックのトリガ位相はディジタル・ピンD5のタイミングで決まる
  //トライアックをONするのは、AC電圧の位相0度から
                        位相制御角に相当する一定時間後である
  CONT_phase = (Phase_max-PID_value);
  previous_error = PID_error;  //次回のために現在の誤差値を保存する
```

（中略）

```
}

//トライアック制御
// AC電圧のゼロクロス点でスタートする割り込みルーチン
void acon()
{
  delayMicroseconds(CONT_phase);
  digitalWrite(triacPulse, HIGH);
  delayMicroseconds(200);
  // トライアックをONするために200μ秒のパルス幅を確保する
  digitalWrite(triacPulse, LOW);
```

zipファイルを選択します．

「スケッチ」→「ライブラリ」をインクルードで，「FaBo 213 LCD miniAQM0802A」が表示されていればOKです．

「マイコンボードに書き込む」（丸に矢印→ボタン）を押せば，コンパイルと書き込みを一括して行います．コンパイルだけ行うには，「スケッチ」→「検証・コンパイル」とします．エラーが無ければ，「スケッチ」→「マイコンボードに書き込む」で，ボードに書き込むことができます．

● **書き込んだボードを動かす**

ボードに書き込んだら，既にボードはプログラムの実行状態になっています．このとき，電源はUSBケーブルから供給されます．いったんUSBケーブルを外して，LCDパネルとロータリ・エンコーダなど周辺I/Oを接続すれば，プログラムの動作検証ができます．このときは必ずしもPCに接続しなくても，USB電源

かACアダプタだけで動作します．今回のようにAC100V電源のON/OFF制御をする場合は，AC電源は接続せずに動作確認するのが安全です．

メニューボタンとロータリ・エンコーダ，LCDパネル，温度センサ，LEDを接続して，ボードにDC電源を供給するとLCDパネルに現在温度と設定温度が表示されます．メニュー・ボタンを押すとPID係数入力メニューが出るので，ロータリ・エンコーダを回して係数を設定できます．通常はデフォルト値で問題ありません．

温度が正常に表示されたら，回路図の周辺回路を全て接続して，ヒータ温度制御，ランプとファンのON/OFFを確認します．数十分でヒータ温度が目標値になります。周囲が明るければ，ランプは消灯，ファンがONします．照度センサを手で覆って暗くすると，ランプが点灯しファンが停止します．

うるしだに・まさよし

第6部
農業 アイデア&
役立ち製作実験

第20章 イノシシ / シカ / サル / カラス / スズメに効果あり

動物にできるだけやさしい撃退機を作る

漆谷 正義

写真1 できるだけ動物にやさしい音声イノシシ撃退機
ソーラ・パネル一体型. 出荷台数1200台超（執筆時点）

ソーラ・パネル付きでそのまま設置できる

イノシシが逃げるような音を出す

キッカケ

● 動物は学習する

イノシシ, シカなどによる農作物の被害は, 過疎地ほど激しく, 農業従事者の高齢化とあいまって, 事業縮小だけでなく, 耕作放棄（農業からの撤退）も少なからず起きています.

害獣に対しては, 電気柵や金網など種々の対策が講じられています. このうち, 音声を利用した害獣駆除は, ラジオを鳴らす, 爆竹音を出すなどがあります. しかし, 効果が今ひとつで, 害獣が学習してしまうのが難点でした（図1）. そこで写真1の最新型の「イノシシ撃退機」を作りました. イノシシを直接攻撃せずに撃退できる, 動物にできるだけ（？）やさしい装置です（図2）.

● ホンネ…若手エンジニア個人のやる気につながれば

筆者は, 地域の農家の協力で, 害獣が苦しむ声を使った害獣駆除装置を開発・製作し, 多数の農家の方に効果を確認していただきました. 苦悶音だと害獣の学習効果も小さく, 90％以上のユーザから「効果あり」と判断され, 現在では, 老後のライフワークとして同装置を製作・販売しています.

商売といっても, 元手もなく, 企画, 設計, 製造, 販売を, 全て1人でやっているので, 製造の工夫や顧客対応, 経理, お金の工面などの雑知識と馬力が必要です. このような経験は, 個人で起業したいと考えておられる若いエンジニアの参考になるのではないかと思います.

図1 音で追い払うアイデアは昔からあるがイノシシが学習してしまう難点があった

図2 改造版（写真1）はイノシシが捕獲を警戒していつも逃げてくれる

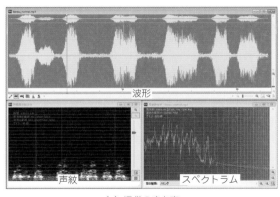
（a）通常の鳴き声

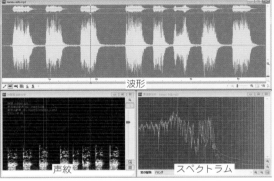
（b）警戒時の鳴き声

図3　カラスには警戒しているときの鳴き声がある

写真2[1]　最初に作ったカラス撃退機
効き目はあったけど，ケースが杉材で塗装もなくすぐ腐食することになった

写真3　害獣の音声を収録した牧場（福岡県みやこ町）

動物にできるだけやさしい撃退機のアイデア

● 初代「カラス撃退機」

　筆者は，田畑の多い田舎に住んでいるため，エレクトロニクスを応用して害獣駆除ができないかという相談を10数年来たくさん受けてきました．

　中でも，以前実際に作った「カラス撃退機」[1]（写真2）は，ソーラ・パネル搭載なので，畑に置いておくだけでよく，近くの農家からしばしば製作を頼まれました．警戒音には図3のように明らかなスペクトラムの差が見られます．それを利用してカラスの警戒音を鳴らすと，カラスが逃げ去るという原理です．

　初め，回路はユニバーサル基板で組んでいました．試作時期にパターンを起こすと，修正がきかない上に，コストや日数がかかります．不具合ゼロになってからCADに向かうのが得策です．

　この「カラス撃退機」の配布は，格好のフィールド・テストになりました．圃場は，風雨にさらされる過酷な環境下ですので，予想外の不具合や故障が多数発生します．その都度，出かけたり，返品されたりして，

地道に1つ1つ調査，対応していくと，製品として「使える」レベルに近づいていきます．

　コスト面でも，農家の方が，農場からの作物収入から逆算して，価格を「1万円」と弾き出しました．この販売価格から逆算して材料費を算出し，材料を決めてから回路を設計しました．「初めにコストありき」の設計手法です．

写真4　イノシシが狙う飼料用のわらのたば

● ヤフーのニュースで広く知られることに

カラス撃退機が昼間の動作なのに対し，イノシシの活動するのは夜間です．そこで動作時間を夜間に変更しました．入手したイノシシの声を音声ICに録音し，4台ほど試作して，**写真3**の牧場と，ブドウ農園に2台ずつ配布しました．イノシシがブドウの木の根を掘り返すという被害があったためです．3カ月ほど稼働したところ，設置した場所から半径50mにはイノシシの足跡がないという報告を受けました．どうも効果があるようです．声は100m程度届きますが，100m地点には足跡がありました．

この頃，M新聞の記者から，「カラス撃退機」を取材したいと電話があり，カラスの代わりに，新規性のあるイノシシの方を紹介してみました．記者も興味を示し，社会面に「里の発明王，イノシシ撃退」という派手なタイトルの記事が大きく掲載されました．記者の話では，自分の付けたタイトルではないそうです（新聞社には，記事の見出しだけを考える専門スタッフがいるらしい）．同じタイトルの記事は，ネットのヤフーニュース（M新聞と連携している）に転載され，その日は安倍首相（当時）の就任の記事を抜いてトップに躍り出たそうです（筆者は確認する暇がなかった）．「里の発明王」＋「イノシシ」という人目を引くタイトルの威力だと思います．

その日から，家の電話は鳴りっぱなしになり，親戚や，平素は疎遠な旧友，昔の職場の同僚，近隣の方々などからの驚きと祝福の声が舞い込みました．そして，次々と製作・購入依頼が集中したのです．3カ月で400件あまりあったでしょうか．やむなく，最長6カ月の予約販売としてもらいました．イノシシ被害は，カラスの比ではないことを実感しました．**図A**は，頒布依頼のあった顧客の府県別分布です．福岡県が多いのは，筆者の居住地域の関係です．北に行くほど少ないことが分かります．北海道と沖縄にはイノシシがいないので要望もゼロです．柑橘類農家の多い，和歌山，四国，大分が目立っています．

この後，テレビ各局，ラジオ，雑誌の取材依頼がありました．多くは当方の時間が取れないことを理由にお断りしましたが，当初取材のあったM新聞社の系列局には取材いただき，夕方のローカル・ニュースで放映されました．

頒布を希望された方に，「何で知ったか」を問うと，95%がネットでした．ヤフーニュースを見た都市部で働くご子弟が，故郷の父母に知らせるというケースもありました．SNSの拡散など，ネットの威力は絶大です．これに対し，新聞やテレビ，ラジオで知った人は数%と意外に少なく，時代の変化を痛感しました．

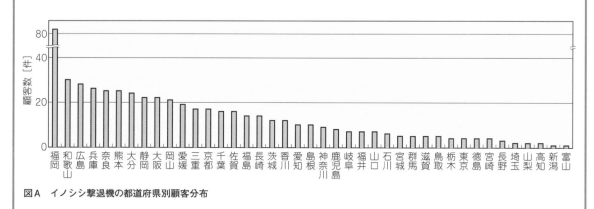

図A　イノシシ撃退機の都道府県別顧客分布

● イノシシ撃退機に応用

カラス撃退機がほぼ，実用レベルになったころ，同じ方法でイノシシが撃退できるのではないかという話が持ち上がりました（**図2**）．この話を持って来たのは，同じ町内で乳牛を飼育する牧場（**写真3**）の方です．

牧場には，牧草のない冬場の飼料として，**写真4**のように飼料稲のわらをラッピングしたものを，積み重

ねて置いています．わらは，この中で発酵するので，牛が喜んで食べます．ところが，イノシシがこれを狙って，牙で突いて破るのです．一度イノシシのにおいの付いた飼料は，牛が食べないので，使いものにならなくなります．

音声の採取は，イノシシを檻で捕獲し，苦渋の音声を出したときに，これを録音するというものです．録

表1　害獣の対策音声の種類と動作時間

害獣	音声	動作間隔	動作
イノシシ	苦渋音	1分/30分	夜
シカ	苦渋音	1分/30分	夜
サル	集団音	1分/30分	昼
カラス	警戒音	1分/5分	昼
スズメ	天敵音	1分/5分	昼
ヒヨドリ	天敵音	1分/5分	昼
カモ	天敵音	1分/5分	昼

（a）回路基板はCADで設計して製造を委託し
部品は自分ではんだ付けした

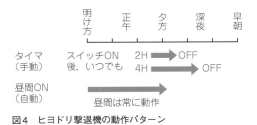

図4　ヒヨドリ撃退機の動作パターン

図5　害獣別出荷割合

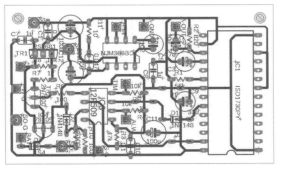

（b）回路基板のパターン

音機を牧場主に渡して半年後の冬，適当な大きさのイ
ノシシを捕獲でき，音声の録音ができたとの連絡があ
りました．

● シカ，サルや他の害鳥にも対応OK

　表1は，対応した害獣の種類と音声の内容です．同
じ牧場ではシカの被害（牧草を食べる）があり，シカ
を捕獲して同様の苦渋音が入手できました．

　北海道では，シカが鉄道の線路に入る事故が多いそ
うで，音声による駆除がしたいとの要望もありまし
た．サル（桜などの樹木を傷める）やハクビシン，ア
ライグマ（果樹を食べる）などの被害もあります．

　害鳥ではカラスの他に，ヒヨドリ（ブロッコリーの
若芽を食べる），カモ（養殖ノリを食べる），スズメ（稲
を食べる）などの相談を受け，天敵の音声を搭載した
装置を作りました．

　ヒヨドリは，九州では10月ごろに畑に現れる渡り
鳥です．図4は，ヒヨドリ撃退機の動作パターンです．
夕方から夜にかけて被害が多いので，特別な仕様とな
りました．ソーラ・パネルを使った昼夜判別だけでは

（c）害獣撃退機の「量産」中

図6　複数台作るので回路基板を作ることにした

うまくいきません．図5は，害獣別の出荷割合です．
イノシシが群を抜いています．

● 1日に数台でも個人なら利益は出る

　電子工作というものは，2〜3台作るなら何でもあ
りませんが，数十台を超える規模になると，専用の治
具を作るなどして，量産体制を整えないと対応できま
せん．

　設計だけして後は委託生産すればよいと思われるか
もしれませんが，前に述べた事情から，販売価格が低

171

図7　害獣，害鳥ごとの駆除音声の内容

にさらに激しい声を採取していただきました．元の音声の効果がなくなったときの交換用として使っています．図7は，害獣ごとの音声の内容です．録音時間は，ICのサンプリング・レートが最も高い（より忠実度が高い）ときの録音可能時間20秒を基準にして作成しています．動物（特に鳥類）は耳が良く，高域が出ていないと効果がありません．

　害獣の場合は，イヌの吠え声をミックスしています．効果を増すためですが，イヌの声なしでも効果があることは確認済みです．イヌの声が近所迷惑だというケースがあり，イヌの声を削除しましたが，効果は変わらないようです．

　図8と図9は，イノシシとシカの苦悶音声の声紋とスペクトルです．いずれも高域が増加することが特徴です．

く，利益≒自分の人件費ですから，人を雇ったり，外注したりはできません．もちろん，ユニバーサル基板では手間がかかるので，回路基板だけはCADで設計して製造を委託しました（図6）．

　部品の実装を外注すると，1枚当たり1,000円を超えます．これも自分ではんだ付けするしかありません．我が家は，たちまち町工場に変身しました．

　知的財産権は申請してみましたが，音声による害獣駆除は前例が多く，権利としての効力は薄いと思います．本機の価値は，録音された音声の内容（著作権）にあると考えています．従って，音声以外の技術内容は本稿のように，全て公開しています．

● 撃退機に搭載する音声について

　イノシシの苦渋音は，その後，大分県の猟友会の方

ハードウェア

● 方針はシンプルこそベスト

　エンジニアという人種は，ワザを発揮して凝ったものを作るのが大好きです．「私ならMP3で音を出す」という方がおられました．最近は安いマイコンでもメモリ容量が増え，圧縮音声をマイコンのメモリに入れてしまうことも可能です．腕を振るう良い機会です．

　しかし，こと農業に関しては，「シンプルこそベスト」が正解です．農地は湿気が多いので基板は水が付

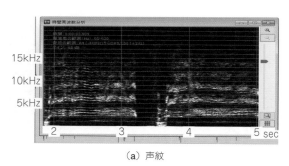

（a）声紋

図8　イノシシの苦悶音声の声紋とスペクトル

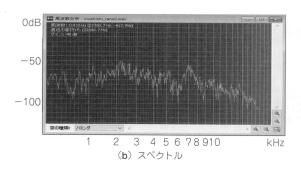

（b）スペクトル

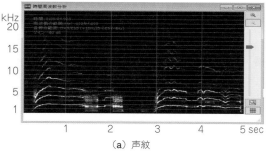

（a）声紋

図9　シカの苦悶音声の声紋とスペクトル

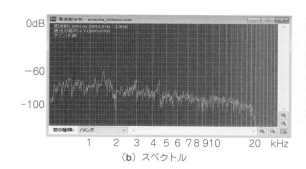

（b）スペクトル

きやすく，虫が入って巣を作ります．昼夜の気温の差が大きく，冬や夜間の酷寒（零下）から，真夏の酷暑の50℃くらいまでを考慮しなければなりません．温度にシビアな部品を避け，基板のパターン・ピッチを広くして水が付いても動作するようにします．

　手間とコストは大敵です．部品点数を極力減らし，市場で最も安い部品を探し，その部品に合った設計をします．一番大事なのは，部品が長期的に入手可能かどうかです．さらに，互換部品も考慮しておくことです．万一，部品が入手できないときでも，代わりに使える部品を考えておきます．音声IC（ISD1730，ヌヴォトンテクノロジー）が入手できない場合，APR9600（APLUS Integrated Circuits）といった代替IC等を使います．

● 使用する部品の選定

　音声録音ICは，ISD1730を使用しました．最高サンプリング・レート時の録音時間は20秒です．周波数特性は$8kHz_{max}$です．スピーカは，秋月電子通商で1,500円で購入できた8Ω10Wのトランペット・スピーカです．ニッケル電池，太陽電池モジュールも同社扱いの格安品を選びました．マイコンは，同社で50円と最も安いPIC12F509（マイクロチップ・テクノロジー）としました．主要部品を写真5に示します．

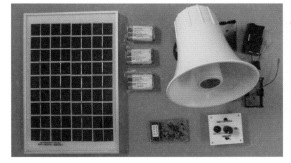

写真5　害獣撃退機の主要部品

● 基本回路

　害獣撃退機の基本回路を，図10に示します．表2が部品表です．音声ICにはスピーカを直結できますが，出力が小さくて実用にならないので，外部アンプNJM386（日清紡マイクロデバイス，旧新日本無線）を追加しました．出力は最大1.5W程度です．トランペット・スピーカとの組み合わせで，100dB/1mが余裕で出ます．市町村の害獣撃退機の補助金拠出の条件が100dBですし，これ以上の出力は必要ないと思われます．

　ソーラ・パネルによる昼夜検出の感度は，分割抵抗R_9の値で変更できます．イノシシでは感度小，カラ

入門
IoT
画像
大気
土壌
アイデア

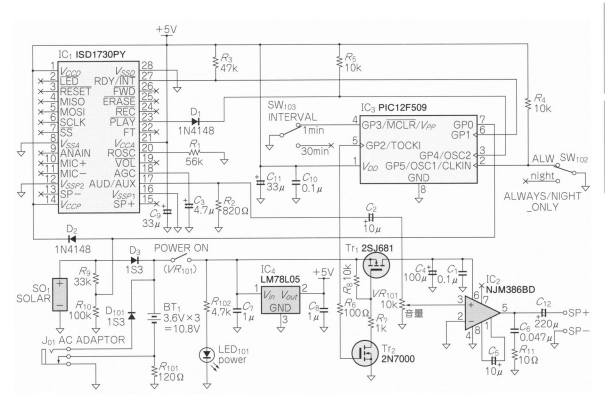

図10　筆者が作った害獣撃退機の基本回路

173

表2 筆者が害獣(イノシシ)撃退機に使用した部品

品 名	型番・仕様	数	筆者の購入先
録音再生IC	ISD1730PY	1	aitendo
ボリューム(スイッチ付き)	10kΩB S16KN2	1	秋月
トランペット・スピーカ	8Ω 10W	1	秋月
プリント基板	片面, 75×45mm	1	
マイコン	PIC12F509	1	秋月
ニッケル水素電池パック	HHR-P104, 3.6V830mAH	3	秋月
電池ボックス	BH-3.6V-A	3	秋月
太陽電池モジュール5W	SY-M5W-12 (2019)	1	秋月
トグル・スイッチ	AC3A/250V, オンオフSPDT2ポジ	2	秋月
整流用ショットキー・ダイオード	1S3	2	秋月
トランジスタ	2SJ681や 2SA1020L等	1	秋月
ICソケット(28ピン)	600mil	1	秋月
ICソケット(8ピン)	300mil	1	秋月
DCジャック	MJ-10	1	秋月
トランジスタ(MOS-FET)	2N7000	1	秋月
線材	AWG28, 17cm×9=153cm	1	千石
3端子レギュレータ	L78L05ACZ	1	秋月
積層セラミック・コンデンサ	0.1μF	4	秋月
	1μF	2	
小型ボリューム用ツマミ	15mm, ABS-28	1	秋月
電解コンデンサ	220μF(16V以上)	1	秋月
	100μF(16V以上)	1	秋月
	33μF(6.3V以上)	2	秋月
	10μF(16V以上)	2	秋月
	4.7μF(6.3V以上)	1	秋月
オーディオ・アンプIC	NJM386B	1	秋月
1/6W抵抗	100k, 56k, 47k, 33k, 10k, 1k, 820, 100, 10	11	秋月
ダイオード	1N4148	2	秋月
LED	5mmφ赤	1	秋月
フィルム・コンデンサ	0.047μF	1	秋月

※：秋月：秋月電子通商, 千石：千石電商

写真6 害獣撃退機の回路基板

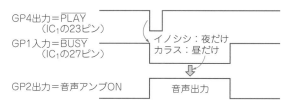

図11 音声出力制御方法

イコンとツールが完備された現在, アセンブリ言語で開発する必要はありません. リスト1は, イノシシ撃退機のプログラムです. プログラム・メモリが17%, データRAMが54%の使用率です.

● 昼・夜判定動作

昼と夜の判別は, ソーラ・パネルの出力を利用しています. 夕方と朝の切り替わり時期には, ON/OFFを繰り返すので, 100回ソーラ出力が"H"となったら昼間, 他は夜と判断しています.

1分/30分のカウントは, ソフトウェア・タイマを使っています. 音声ICの$\overline{PLAY}$端子(23番ピン)を1秒間"L"とすることで再生指示を出します(図11). 音声ICは電源ONではいつでも1分または30分間隔で再生を繰り返しますが, 実際に音声を出すかどうかは, タイマ・ルーチン(Wait()関数)の中で昼か夜かを判断して, オーディオ・アンプの電源をON/OFFしています.

カラスなど害鳥の場合は, 昼間動作ですから, Wait()関数の昼夜判断を逆にします. 動作間隔は表1のようにバリエーションが多いので, プログラム最後のWait_sec(n)の引き数n(秒数)を変更して対応します.

● プログラムの構成

プログラムの構成は, 次の通りです.

▶タイマ・ルーチン

Wait_sec(num)で, num(秒)のウェイトが入り

スでは感度大とした方がベターです. そこで, 両者の中点を取って33kΩとしました. 写真6は, 部品搭載後の基板です. 音声ICとマイコンはソケットを実装することでバージョンアップしやすくしています.

ソフトウェア

● ターゲットPIC12マイコン

撃退機に使用するマイコンは, コストを重視してPIC12F509を使いました. 開発言語はCです. このような小さなマイコンは, 昔はメモリ容量の関係とツールの不備からアセンブリ言語で開発していました. マ

リスト1　害獣撃退機のソフトウェア

```
//pic12F509
#include <xc.h>

#define _XTAL_FREQ 4000000

#pragma config OSC = IntRC, WDT = OFF, MCLRE = OFF,
                                       CP = OFF

unsigned char stateGP3;
unsigned char dayFLAG;
int dayCNT;

void Wait(unsigned int num)
{
    int i ;

    for (i=0 ; i<num ; i++) {      //ソーラチャタリング対策
        if(GP0==1){                //ソーラ出力あり(昼間)
            ++dayCNT;
            if (dayCNT>100) {
                dayCNT=100;
                dayFLAG=1;
            }
            else dayFLAG=0;        //ソーラ出力なし(夜間)
        }
        else {
            dayCNT=0;
            dayFLAG=0;
        }

        if((GP5==0) || (dayFLAG==0))
                               //カラスは, dayFLAG==1とする
            if (GP1==0) GP2=1;  //busy=Lなら音声を鳴らす
            else GP2=0;         //busy=H(off)なら鳴らさない
```
```
        else GP2=0;
            __delay_ms(10) ;        // 10ms
    }
}

void Wait_sec(unsigned int num)
{
    int i ;

    for (i=0 ; i<num ; i++) {
        Wait(100) ;        // 1s
        if(GP3!=stateGP3) break; //間隔スイッチ操作あり？
        stateGP3=GP3;
    }
}

void main()
{
    OPTION=0b11000000;

    TRISGPIO=0b00101011;

    while(1) {
        stateGP3=GP3;
        GPIObits.GP4 = 0;      //PLAY音声を再生する
        Wait(100) ;            // 1sec待つ
        GPIObits.GP4 = 1;      //再生停止
        if(GP3==0)             //間隔=1分？
            Wait_sec(60+20);   //1min
        else
            Wait_sec(1800) ;   //30min
    }
}
```

ます．この間に1分/30分などの「間隔」スイッチの操作が行われたら，ウェイトから抜けて，新たに設定されたウェイトとなります．Wait(num)は，ウェイトの本体で，待ち時間はnum×10msです．ソーラ・パネルの出力を見て昼夜を判断し，夜だけ(または昼だけ，スイッチによっては常時)音を出します．

▶メイン・ルーチン

メイン・ルーチンに返ってくるのは，タイマ(ウェイト)ルーチンが設定時間になったときですから，スピーカを鳴らします．

組み立て

● 量産用の治具

図12は，音声録音用の治具です．

マイクを接続して録音するのが標準ですが，既に録音されたソースが音源なので，ライン入力ができるようにしています．スピーカも直結できますが，音質の確認のため，外部アンプに接続しています．操作スイッチの機能は表3の通りです．写真7は，音声録音治具の外観です．電池動作としたのは，AC回路のハムやリプルをなくすためです．

害獣撃退機には，ソーラ・パネルの出力電力を蓄えるための2次電池を内蔵しています．1.2Vのニッケル水素(NiMH)電池を9個直列にして10.8Vを得ています．容量は830mAhです．1分間隔で20秒間1W出力すると一晩で3Wh程度ですが，10.8[V]×830[mAh]=9[Wh]ですから，十分余裕があります．また，有効日照時間が4時間だとすると，10.8[V]×0.83[A]×4=35[Wh]の蓄電量となるので，2～3日曇りの日が続いても大丈夫です．

この電池は，入荷時点では端子電圧が70%程度に低下しているので，充電しておく必要があります．

写真8は市販のタイマを使った充電治具です．この治具を使い，200mAで2時間ほど充電しています．タイマがないと過充電になる恐れがあります．

● 筐体製作治具

害獣撃退機の外寸を図13に示します．

うまく割り振ると，ベニヤ板(1.8m×0.9m, 厚さ12mm)2枚から，13台の筐体を作ることができます．材料費は塗料を含め，1台当たり300円程度です．図14は操作板の寸法図です．アルミ貼りスチロール板(厚さ3mm)を使っています．1.8m×0.9mで2,700円程度です．操作板1枚当たり，約6円です．

筐体の製作は，ベニヤ板の切り出し，穴あけ，接着と釘打ち，塗装の作業です．操作板の穴あけも固定治具が必要です．写真9は筐体の製作治具です．

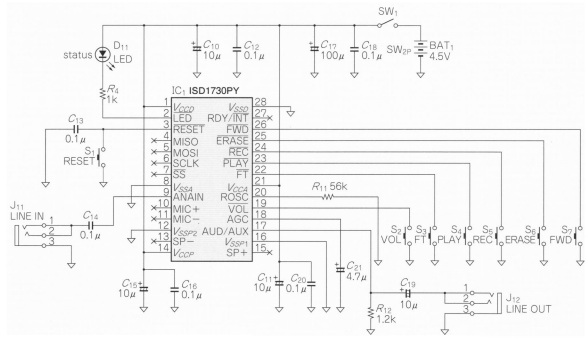

図12 音声録音治具の回路

表3 音声録音装置のボタンの機能

名　称	機　能
REC	録音（"L"の間）
PLAY	再生
ERASE	消去，3秒以上押すと全消去
VOL	音量（ボリューム）
FWD	再生ポインタ移動
FT	音声モニタ（フィード・スルー）
FWD	再生を中断し，次メッセージに移動
RESET	アドレス・ポインタ復帰，全機能リセット
LED	録音中点灯，再生中点滅

写真7 録音ICの音声録音回路基板

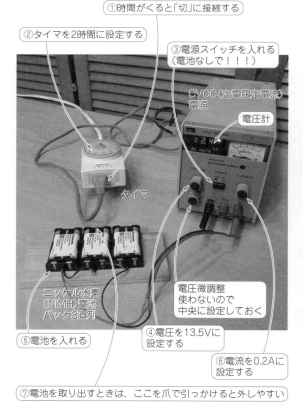

写真8 市販タイマを使った電池の充電治具

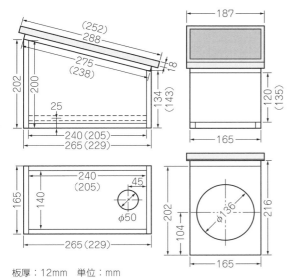

板厚：12mm　単位：mm

図13　害獣撃退機の筐体の図面（スリム型パネル時）

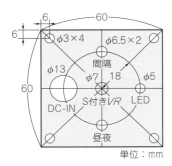

単位：mm

図14　害獣撃退機の操作基板の穴寸

動物の検知

● 害獣の検知
▶焦電センサ型

　ユーザの要望により，幾つかの拡張機能を開発しました．標準品では，タイマで音声の発生間隔を決めているので，動物が近接したときに鳴るとは限りません．そこで，害獣が装置の近く（5〜6m程度）に近づいたときにも発声するように，**写真10**の焦電センサを搭載したものを作りました．このセンサは通販（Amazon等でも）で安く手に入りました．回路は**図15**のようなものです．

　センサを外付けにしたいという要望もあり，**写真11**のようにセンサだけケースに収納したものも作りました．本体との接続は，4線の電話ケーブルを使いました．

写真9　筐体製作に使う治具類

写真10　焦電センサ基板HC-SR501

　焦電センサと本体回路のインターフェースは，**図16**のように行います．通常，センサとタイマを併用しますが，センサとタイマを切り替えたい（センサをOFFできるようにしたい）という要望もあるので，D_{101}の接続を変えて対応しています．指向性は，**図17**のように装置前方120°の範囲で，最大7m程度の検出ができます．

▶マイクロ波ドップラ・センサ型

　回路は**図18**の通りで，送受信回路はトランジスタ1石です．**写真12**のような，マイクロ波（3.2GHz）のドップラ・センサが市販されており，これも安く入手できます．信号処理ICは，焦電センサで使っているものと酷似しています．

　写真13は，撃退機の内部，スピーカの上部に取り付けたところです．マイクロ波は基板に垂直に発射されます．**写真13**のように取り付けたときの指向性は，**図19**のようになりました．この測定は室内では反射のため正しいデータは取れません．図は，近くのグラウンドに出かけて行って取ったものです．検出角度は120°程度，検出距離は最大5mです．

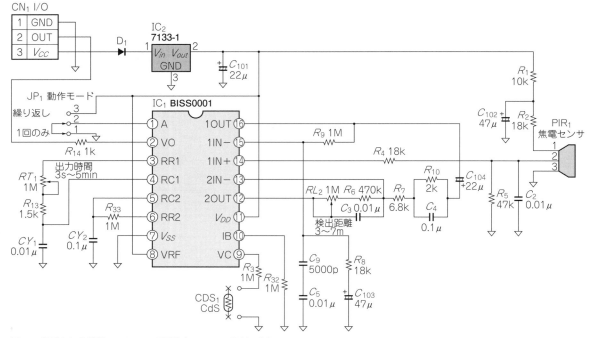

図15　焦電センサ基板 HC-SR501 の回路（HC-SR501資料より）

写真11　分離型焦電センサ・ユニット

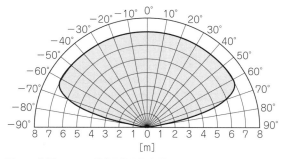

図17　焦電センサの到達距離と指向性

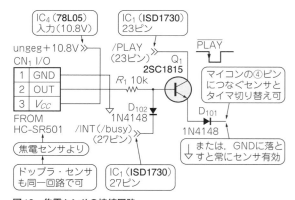

図16　焦電センサの接続回路
マイクロ波ドップラ・センサもこの回路でOK

　ドップラ・センサの良いところは，風（温風）で誤動作しないこと，樹木や建物のかげでも検出できること，筐体に穴を開けることなく取り付けできることなどです．光（赤外線）と電波の違いは意外と大きいです．

● 音を全方向に出す

　全方向（実際は4方向でよい）に音声を出したいという要望もありました．写真14はその内部です．

　スピーカが4個になるので，アンプも4個用意して，出力を4倍にしました．消費電力も4倍になるので，電池をもう1系統設けました．

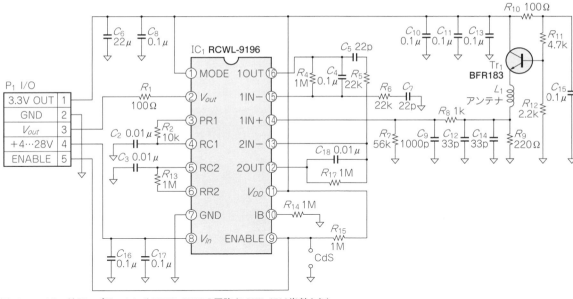

図18　マイクロ波ドップラ・センサRCWL-0516の回路（RCWL-0516資料より）

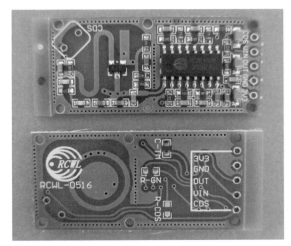

写真12　マイクロ波ドップラ・センサ基板RCWL-0516

写真13　スピーカ上部に取り付けたマイクロ波ドップラ・センサ

● 動作時間を自在に

　タイマの設定時間は，1分/30分や，1分/5分のように固定です．これを連続，可変にしてほしいとの要望がありました．写真15の右のように，ボリュームで時間を設定することにしました．マイコンにはボリュームで分圧したDC電圧を与えます．マイコンは，A-D変換器を備えたPIC12F675を使いました．プログラムは，リスト2の通りです．

　プログラムの構成は，次の通りです．

▶Waitルーチン

　音声を鳴らす間隔（1分や30分）を作るため，ソフ

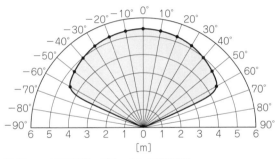

図19　マイクロ波ドップラ・センサの指向性

　　　　　　　　　　　　　　　　　　　　　漆谷 正義

　エレクトロニクスを使って動物を追い払うには，音声が有力です．猫や野良犬は超音波で追い払うことができますが，イノシシではどうでしょうか．

　当初，可聴音では人間がうるさく感じるのでだめだと思っていました．そこで，超音波で実験したのが**写真A**の装置です．

　ネコ用は，小出力の超音波スピーカです．野良猫には効果がありました．イノシシには，出力10Wのツィータ2本で合計20Wの超音波（20kHz）のものを試作しました．神戸の六甲山には餌付けされた野生イノシシがいると聞き，この装置を持って出かけて行きました．

　約100m先に，大きなイノシシを発見し，スピーカを向けたところ，こちらを振り返って近付いてきました．あわてて近くの高台に避難しましたが，同行した妻を置き去りにしたことに気づきました．見ると，妻は持っていた菓子を与えて大イノシシを手なづけていました．

　イノシシは逃げるどころか，人間の方に寄ってきたわけで，実験は失敗でした．

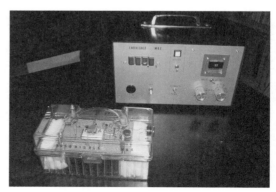

写真A　超音波による害獣撃退装置
手前左はネコ用，右奥がイノシシ用

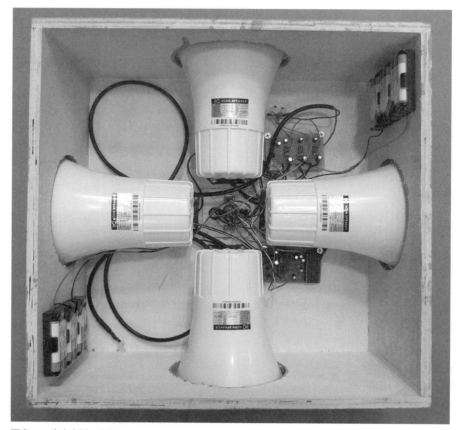

写真14　全方向型の内部

リスト2　可変タイマ型のプログラム

```c
//pic12F675
#include <xc.h>

#define _XTAL_FREQ 4000000

#pragma config FOSC=INTRCIO, WDTE = OFF, MCLRE = OFF,
                                                 CP = OFF

unsigned char dayFLAG;
int dayCNT;

void Wait(unsigned int num)
{
    unsigned int i ;

    for (i=0 ; i<num ; i++) {
        if(GP3==1){                    //GP0, if day
            ++dayCNT;                 //for solar chattering
            if (dayCNT>100) {
                dayCNT=100;
                dayFLAG=1;
            }
            else dayFLAG=0;
        }
        else {                         // night
            dayCNT=0;
            dayFLAG=0;
        }

        if((GP5==0) || (dayFLAG==0))
                     //(GP0==0)) if always or night
            if (GP1==0) GP2=1;    //if busy Audio ON
            else GP2=0;           //else  Audio OFF
        else GP2=0;
        __delay_ms(10) ;          // 10ms
    }
}
```

```c
void Wait_sec(unsigned int num)
{
    unsigned int i ;

    for (i=0 ; i<num ; i++) {
        Wait(100) ;          // 1s
        // if(GP3!=stateGP3) break;
        // stateGP3=GP3;
    }
}

void main()
{
    unsigned char ad_data;
    unsigned int wait_cnt;

    OPTION_REG=0b11000000;          //OPTION

    TRISIO=0b00101011;

    CMCON=0x07;
    ANSEL=0b01010001;
    ADCON0=0b00000001;

    while(1) {
        //stateGP3=GP3;
        GPIObits.GP4 = 0;     //PLAY
        Wait(100) ;           // 1sec
        GPIObits.GP4 = 1;
        ADCON0bits.GO_DONE=1;
        while(ADCON0bits.GO_DONE){}
        ad_data=ADRESH;
        if(ad_data<5) wait_cnt=60;          //1min
        else wait_cnt=(unsigned int)ad_data*14;
        Wait_sec(wait_cnt);          //1min
    }
}
```

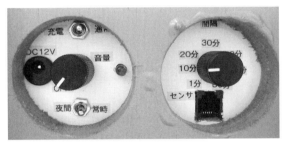

写真15　可変タイマ型の操作基板

写真16　パネル分離型

トウェア・タイマにより10msのウェイトを，引き数分だけ繰り返します．100回呼べば10ms×100=1秒になります．ソーラ・パネルの出力を見て昼夜を判断するのはこのルーチン内で行います．メイン・ルーチンには，1分～60分おきにしか返ってこないので，常時チェックが必要なタスクは，ウェイト・ルーチン内で行っています．

▶メイン・ルーチン

　A-Dコンバータにより，間隔設定ボリュームで設定された電圧を測定し，1分～60分の設定値を得ます．メイン・ルーチンに返ってきたら，ウェイト時間を超えたときですから，音声ICに音声再生の指示（PLAY）を出します．

● ソーラ・パネルを分離したい

　ソーラ・パネルを分離して，陽当りの良いところに設置したいという要望が少なからずありました．写真16はパネル分離型の外観です．延長コードは20mとし，本体とはコネクタで接続できるようにしました．

◈参考・引用＊文献◈
(1) 漆谷 正義；作る自然エレクトロニクス，第2章　カラス撃退機，p.33，2011年，CQ出版社．

うるしだに・まさよし

雨センシングの実験研究

漆谷 正義

（a）畑に設置する

（b）スマホで畑の潅水量をチェックできる

写真1　IoT雨量計＆自動散水装置

● 農業では雨量もセンシング対象

空模様を見ながら，今日は水やりをしようか，雨にまかせようかと，天気予報や勘で判断するのも大変です．水やりを自動化しても，雨の日まで水やりをする必要はありませんし，水のやり過ぎや，畑の冠水も心配です．広い畑だと，散水装置が動いているかどうかも不安です．土壌に必要な水分が供給されているかどうかは，雨量計を使えばある程度分かります（**写真1**）．

雨量は，面積当たりの降水量ですから，適当な容器に雨を受けておけば，たまった水の高さで分かります．しかし，これをディジタル化するのはちょっと大変です．容器にたまった水を捨てないと，次の測定ができないからです注1．

気象庁などの専門機関で，雨量は，「転倒ます型雨量計」という道具を使って，伝送可能なディジタル量に変換しています．雨を受ける小さなますに，一定量の雨水がたまったら，転倒させて排水するという方法です．このとき，パルス信号を出せば，時間当たりのパルス数から，雨量が分かります．

注1：たまった水を常に排出して流量から割り出すこともできるが，微量の雨と大量の雨の双方に対応できない．

表1　雨量とその影響，畑の水やりとの関係注2

雨量 [mm/h]	表現	特徴	災害	畑
0〜0.5	小雨	水たまりはできない		水やり必要
0.5〜1		道路が濡れる		
1〜2	弱い雨	水たまりができ始める	─	ほぼ不要
2〜5		水たまりができる		
5〜10	雨	本降りなので傘が必須		不要
10〜20	やや強い雨	跳ね返しで足が濡れる		
20〜30	強い雨	どしゃ降り	下水，小川があふれる	
30〜50	激しい雨	道路が川のようになる	山，がけ崩れの危険	浸水注意
50〜80	非常に激しい雨	滝のように降る	土石流，地下街浸水	洪水注意

注2：本表は，https://www.jma.go.jp/jma/kishou/know/yougo_hp/amehyo.html などの複数のサイトを参考に筆者が作成

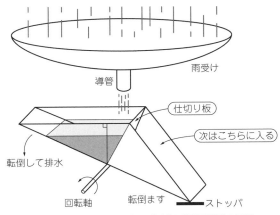

図1　時間ごとの雨量変化が測れる転倒ます型雨量計の原理

写真2　製作した転倒ます型雨量計

転倒ます型雨量計の原理は後で解説しますが，簡単です．さっそく，ホーム・センタで入手可能なパーツを使って製作してみましょう．そして，簡単なパルス・カウンタを作り，雨量計として動作させます．次にこのデータをマイコンに取り込み，時間当たりの雨量に換算してクラウドに送り，データをロギングしてみましょう．スマートフォンからもデータにアクセスできます［**写真1（b）**］．

My雨量計を作る

● そもそも雨量とは

空から降って来る水分は，雨の他に雪や雹，霰もあります．これを含めて降水量と呼びます．いずれも水に換算した量となります．今回は，畑の水やりが対象ですから，雨に限定し，以後，雨量と呼びます．

雨量の単位はmmです．雨が一様に降るなら，たらいで受けても，コップで受けても水の高さは同じです．面積が大きいほど精度は良くなります．気象庁では1m²のますに受けています．最小単位は0.5mmのようです．雨量の程度と表現，特徴，畑の水やりとの関係を**表1**に示します．

雨量は，小雨，弱い雨，雨，やや強い雨，強い雨，…というように表現します．畑の水やりが不要になるのは，雨量2mm程度からです．しかし，雨量が30mmを超えると，今度は畑自体が浸水などの影響を受けてしまいます．なので，雨量を測ることは，干ばつ，洪水などの自然災害を予測する上でも重要です．

専門的な話は省きますが，一番簡単な雨量計は，直径15cmくらいの円筒形の容器に物差しを貼り付けたもので実現できます．

容器は，洗面器のように上部と下部の直径が異なるものでも構いません．たまった雨水の深さを測れば，これが雨量となります．10分とか1時間を単位として

その間に溜まった水の深さを測ります．

この方法の欠点は，測定が終わったら，次の測定のために水を捨てる作業が必要なことです．さらに，時間ごとの細かな雨量の変化が分かりにくいという点も問題です．

● 時間ごとの雨量変化が測れる転倒ます型構造とは

時間ごとの雨量の変化を測定するには，容器の容量を小さくして，満杯になったら自動的に捨てる構造にすればよいでしょう．そして，捨てた回数をカウントすれば，「容器の容量×カウント数」が雨量となります．このような構造の雨量計を「転倒ます型」と言います．

図1は，転倒ます型雨量計の原理です．雨受けで受けた雨水は，導管を伝って転倒ますに入ります．転倒ますとは，断面が三角形の容器で，中央に仕切り板があり，左側と右側の2つの容器に分かれています．三角形の底辺の中央には，回転軸が取り付けられていて，容器はこの軸を中心に回転できるようになっています．**図1**では，ますが右側に倒れて，ストッパの位置で止まっています．雨が降ると，この状態だと，左側の容器に水が入ります．**図1**では断面の左側の三角形に垂線が入っていますが，この線を境として，左側の容量が右側よりかなり大きいことが分かります．

左側の容器に水がたまっていくと，重心が左側に移動し，ある点で左側の重さが，垂線より右側の水の重さと，転倒ますの右側の重さを加えたものより大きくなります．転倒ますは，回転軸の周りに回転できるので，ますは左側に倒れます．すると，たまった水が排出され，今度は右側の容器に水がたまりはじめます．同様に，右の容器の水が満杯になると，今度は右側に倒れ，同じく水を排出し，**図1**の状態になって，同じ

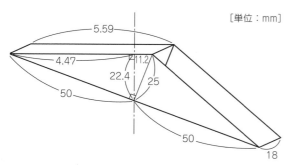

[単位：mm]

5.59
4.47
11.2
22.4
25
50
50
18

図2　My転倒ますの寸法

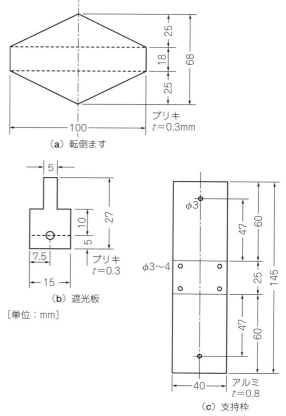

25
18
25
68
100
ブリキ
$t=0.3$mm

（a）転倒ます

5
10
5
27
7.5
15
ブリキ
$t=0.3$

（b）遮光板

[単位：mm]

$\phi3$
$\phi3\sim4$
47
60
25
47
60
145
40
アルミ
$t=0.8$

（c）支持枠

図3　転倒ますなどの展開図

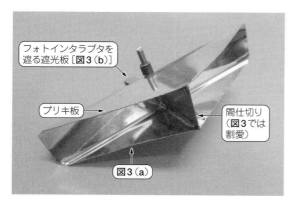

フォトインタラプタを
遮る遮光板［図3（b）］

ブリキ板

間仕切り
（図3では
割愛）

図3（a）

写真3　My転倒ます

繰り返しとなります．完成した転倒ます型雨量計は，**写真2**のようになります．

● My転倒ますの設計

　雨量の精度を1mmとします．従って，1mmの雨量以下で，ますの片側の容器が一杯になるようにします．

　まず，受水容器（雨受け）の内径から決めます．というのは，**写真2**のような雨受けに使うボウルはそんなに種類が多くないからです．また，このボウルに合う筐体として，**写真2**の奥の植木鉢を選んだこともあります．ボウルが植木鉢にちょうど納まるので都合が良いからです．このボウルの内径は，13cmです．1mmの雨量の場合，体積は，$\pi \times (6.5\text{cm})^2 \times 0.1\text{cm} = 13\text{cm}^3 = 13\text{cc}$です．

　転倒ますの長さは，**写真2**の奥の植木鉢に入ることが条件ですから，差し渡し10cmくらいが適当です．以上の条件から，**図2**のように各部の寸法を割り出しました．片側のますの容積は，$1.8[\text{cm}] \times (5[\text{cm}] \times 2.5[\text{cm}])/2 = 11.25[\text{cc}]$です．**図2**には垂直線を入れていますが，これより右の体積は，$1.8[\text{cm}] \times (2.24[\text{cm}] \times 1.12[\text{cm}])/2 = 2.26[\text{cc}]$，左は，$1.8[\text{cm}] \times (4.47[\text{cm}] \times 2.24[\text{cm}])/2 = 9.01[\text{cc}]$と，大きな差があるので，実際に転倒するのは，11.25cc以下となります．後で実測します．

● My転倒ますの製作

　転倒ますは，作りやすい板金加工で，接合ははんだ付けとします．はんだ付けがしやすい材料としては，厚さ0.3mm程度のブリキ板が適当です．ホーム・センタで入手できます．**写真3**のように組み立てます．展開図を**図3**に示します．

　ブリキ板は，外径を金切りばさみで切り取り，厚手の鉄板などを角にして，ハンマで折り曲げます．太さ2.6mmの銅線（屋内配線用VVF電線の芯線）を中央底にはんだ付けします．スペーサは，VVF線の外被を使いました．

　遮光板は，後で解説しますが，フォトインタラプタと組み合わせてカウント信号を取り出すためのものです．同じくブリキ板で作り，下側を互いに逆方向に曲げて**図2**の転倒ますの底にはんだ付けします．

　支持枠は，厚さ0.8〜1mmのアルミ板を折り曲げて作ります．料理用の金属製ボールの底に穴をあけ，ϕ10mm，長さ35mmくらいのパイプを金属用接着剤で接着します．**写真4**と**表2**に転倒ます製作に必要なパーツを示します．

表2　転倒ます型雨量計製作に必要な部品

品　名	型　番	仕　様	製造元	個　数	購入先
ブリキ板		厚さ0.3mm，200×300mm		1	ホーム・センタなど
アルミ板		厚さ0.8mm，100×300mm		1	ホーム・センタなど
フォトインタラプタ	EE-SV3	ネジ取り付け，溝幅3.4mm	オムロン	1	Amazon
寸切りボルト		φ8mm×285mm，鉄メッキ		3	ホーム・センタなど
ナット		φ8mm，鉄メッキ		12	ホーム・センタなど
ステンレス・ボウル	深型B-15	料理用，φ15cm，内径13cm	ダイソー	1	100円ショップなど
積み重ねケース		φ35mm，高さ20mm		4	Amazon
丸パイプ		φ10mm，透明ABS，1m		1	ホーム・センタなど
植木鉢（PLANT POT）	長鉢6号 A-081	φ15cm，高さ20cm，ポリプロ		1	ホーム・センタなど
VVF電線		φ2.6mm		10cm	ホーム・センタなど

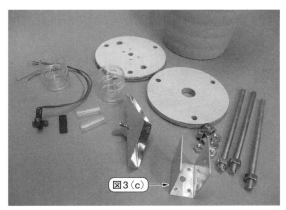

写真4　転倒ます製作に必要なパーツ

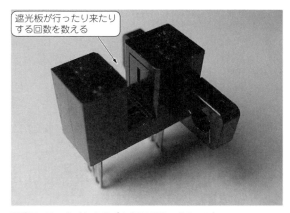

遮光板が行ったり来たりする回数を数える

写真5　フォトインタラプタ（EE-SV3，オムロン）

● パーツあれこれ

　支持枠の内側側面に，フォトインタラプタを取り付けます．このとき，2〜3mm厚のスペーサを入れて，スリットが枠の中央に来るように調整します．転倒ますを支持枠に取り付けたら，**写真2**のように下側の丸板に，排水受けを2個取り付けます．排水受けは，薬やビーズ収納などに使う丸ケースを，転倒ますが当たる部分を切り，排水用の穴を開けて2個つなぎます．下の丸ケースの中央にもφ10mmの穴を開けてパイプでベニヤ板を通して底に排水します．ベニヤ板は，円形に切って写真のように穴をあけます．2枚のベニヤ丸板を16cmの長さに切った寸切りボルトで**写真2**のようにつなぎます．上の丸ベニヤの上に，底に穴をあけて排水パイプを取り付けた金属ボウルを載せて出来上がりです．

● 転倒回数をカウントするフォトインタラプタ

　転倒ます型雨量計のセンサには，フォトインタラプタ（**写真5**）を使います．

　回転スリットと組み合わせて，ロータリ・エンコーダやマウスなどに使われる部品です．発光ダイオードとフォトトランジスタなどの受光素子を向かい合わせ

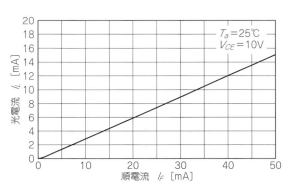

図4　フォトインタラプタの光電流 - 順電流特性（EE-SV3，オムロン）

て一体化した光センサです．**写真5**のように，側面から見るとコの字形のスリットになっています．このスリットに光を遮る板を入れると，フォトトランジスタのコレクタ電流が減少して，コレクタ電位が上昇，またはエミッタ電位が低下します．

　フォトインタラプタの欠点は，スリット部分に水滴やほこりが付くと，LEDからの光（波長940nm）が減衰して遮光板がなくても受光出力が減少し，誤動作につながることです．転倒ますからの排水がかからないような構造にする必要があります．

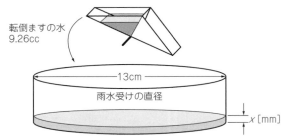

転倒ますの水
9.26cc

13cm
雨水受けの直径

x [mm]

図5　転倒ます1カウント当たりの雨量の計算

使用したEE-SV3の光電流と順電流の特性を**図4**に示します．LEDの順電流に対して，フォトトランジスタのコレクタ電流（光電流）がどれくらい流れるかを示したものです．順電圧（LED両端の電圧降下）は1.2V（標準値）ですから，3.3Vで使ったときの直列抵抗両端の電圧は，3.3 − 1.2=2.1Vです．LEDの直列抵抗を220Ωとすれば，順電流は，

$I = (2.1 [V]) / (0.22 [k\Omega]) = 9.5 [mA]$

です．**図4**より，このときの光電流は，3mA弱です．これは，後続の回路とのインターフェースを設計する上で重要な値です．

ます容量の較正

ペット・ボトルなどを利用して，500cc（ml）の水を用意します．水500ccは500gですから，はかりで測定します．転倒ますの雨水受けのステンレス・ボウルにゆっくりと水を注ぐと，転倒ますが「カチン，カチン」と音を立ててシーソーのように動き出します．左右のますから均等に水が排出されればよいのですが，なかなかそうはいきません．これは左右の寸法や重さがアンバランスのためです．重い方のますの先端を少しずつ金切りばさみで切って，均等に水が排出されるように調整します．

較正の仕方は次の通りです．500ccの水をゆっくりと注ぐと，転倒ますが倒れる音が聞こえます．このカチン，カチンという音を数えます．筆者の場合，最初は113カウントありました．次の計算をします．
500cc/113カウント =4.4cc
つまり，1カウントで入る水の量が容器の容積11.25ccの40%程度だということです．これは少なすぎます．片側のますに水が入りきらないうちに倒れるため，回数が増えているのです．つまり，上で述べたますの左右の重さのアンバランスのためです．ますの左右の長さ（重量）を調節した後では，500ccに対するカウント数は54になりました．
500cc/54カウント = 9.26cc
容器の容積11.25ccの82%ですから，これでOKとします．なお，調整前の4.4ccという値を使っても雨

写真6　転倒ますの動作回数を数えるカウンタ

量はほぼ正確に測定できますが，左右のますの水量がアンバランスということはカウント当たりの水量が交互に異なるわけで，1回だけのカウントのとき多いか少ないかのどちらかになるので，精度が出ません．そこで，左右のますの水量はできるだけ均等になるように調整します．もちろん，製作の際に寸法を正確に取るようにすれば，後でバランスの調整をする手間が省けます．

この結果から，1カウント当たりの雨量は，次のように計算できます．**図5**を見てください．雨水受けの内径が13cmですから，1カウントが9.26ccならば，雨水受けに入った水の高さをx[mm]とすると，式（1）が成り立ちます．r[cm]は，雨水受けの半径 = 13/2=6.5[cm]です．

$$\pi r^2 \left(\frac{x}{10} \right) = 9.26 \quad \cdots\cdots\cdots(1)$$

$r = 13/2$ですから，これを式（1）に代入すると式（2）となります．

$$x = \frac{9.26}{\pi r^2} \times 10 = 0.70 [mm] \quad \cdots\cdots\cdots(2)$$

これが求める1カウント当たりの雨量です．

雨量計測用パルス・カウンタの製作

● まず単体回路で実現する方法

転倒ますが倒れる「カチン，カチン」という音を数えるのも大変です．雨量計から離れることもできません．そこで，簡単なカウンタ（**写真6**）を作りました．

回路を**図6**に示します．部品表を**表3**に示します．LCDで表示するのは面倒ですから，8個のLEDを使って2進数で表示することにします．最大カウント数は，2^8=256です．

前に述べたフォトインタラプタの光電流は，電源電

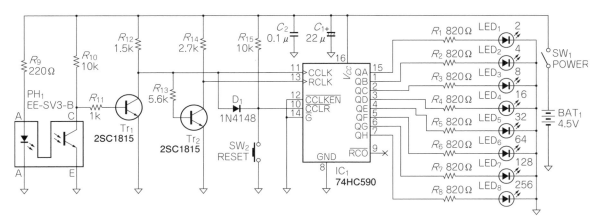

図6 転倒ます動作回数カウンタの回路

表3 雨量計測用の転倒ます動作カウンタ単体版に必要な部品

名称	型式	メーカ	価格※[円]	数量
フォトインタラプタ	EE-SV3	オムロン	833	1
デジタルIC	TC74HC590	東芝	100	1
LED	OSR5JA3Z74A	Opto Supply	6	8
トランジスタ	2SC1815	東芝	10	2
ダイオード	1N4148	オンセミ	2	1
タクト・スイッチ	DTS-6	Cosland	10	1
トグル・スイッチ	1MS1-T1-B1		80	1
電池ボックス	BH-331-3A	COMFORTABLE	60	1

※：フォトインタラプタはRSコンポーネンツ，それ以外は秋月電子通商の参考値

表4 カウンタ74HC590の機能表

入　力					機能の説明
$\overline{G}$	RCLK	$\overline{CCLR}$	$\overline{CCLKEN}$	CCLK	
H	X	X	X	X	Q出力禁止
L	X	X	X	X	Q出力許可
X	↑	X	X	X	カウンタ・データをレジスタにストア
X	↓	X	X	X	レジスタ状態は変化なし
X	X	L	X	X	カウンタ・クリア
X	X	H	L	↑	1カウント進む
X	X	H	L	↓	カウントしない
X	X	H	H	X	カウントしない

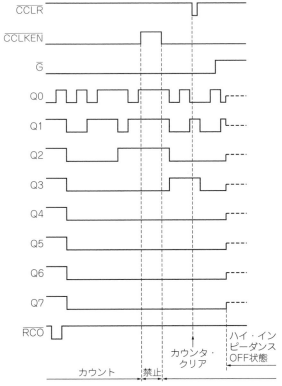

図7 74HC590のタイミング・チャート

圧が4.5Vですから，LED電流が式(3)となるので，図4から光電流（コレクタ電流）は，4.5mAとなります．

$$I = \frac{E}{R} = \frac{4.5 - 1.2}{0.22} = 15\text{mA} \quad \cdots\cdots(3)$$

コレクタ側の抵抗（R_{10}）が10kΩなので，コレクタ

は完全に飽和しています．なので，遮光されないときはコレクタ電圧が0Vから浮き上がるようなことはなく，余裕があります．

カウンタICには，74HC590を使いました．このICは，出力レジスタ付きの8ビット・バイナリ・カウン

（a）外観

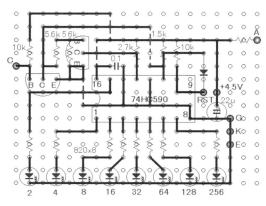

（b）パターン（部品面視）

図8　ユニバーサル基板に組んだ雨量カウンタ

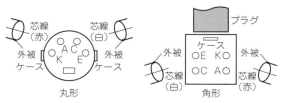

図9　センサとの接続に使うS端子の使い方

タです．カウント用のフリップフロップの後段に出力レジスタがつながっていて，それぞれ別のクロックで動作させることができます．ここでは，入力クロックをトランジスタで反転させてレジスタ・クロック（RCLK）を作っています．機能を表4に，タイミング・チャートを図7に示します．

カウンタ・クリア（リセット）は，次のクロックが入って有効となるので，CCLK（11番ピン）とCCLR（10番ピン）の間にダイオードを入れてリセットがボタン一発でできるようにしました．

カウント結果は2進数で表示されるので，ちょっと慣れが必要です．2進10進変換ができる関数電卓を使えば簡単に10進数に変換できます．最大カウント数は256ですから，雨量にして，0.7［mm］×256=179［mm］です．1時間当たりだと前例のない豪雨，普通の雨で1日の雨量相当ですから，実用できる範囲です．

前に述べた，雨量計の較正にこのカウンタを使えば，音でカウントする手間が省けます．この回路に1日ごとのリセット回路を追加すれば完璧ですが，精度の良い時計，電波時計，ネットの時計などが必要になりますから，2進表示もLCDに変えないとバランスが取れません．この程度の機能で満足しておいた方が無難かもしれません．

● 実回路はユニバーサル基板上で作る

図6の回路を，ユニバーサル基板に組んだものが

図8です．LEDは左端がLSB（Least Significant Bit：最下位ビット），右端がMSB（Most Significant Bit：最上位ビット）です．点灯が1，消灯が0と解釈します．パターンは部品面から見た図です．はんだ付けの際は，このパターンを印刷し，マジックインキでなぞって裏側から見ます．

持ち運びをしなければ，ブレッドボードに組んでもよいでしょう．

雨量計との接続は，AV機器に使われている4ピンのS信号ケーブル注2を使いました．ソケットはミニDIN（メス）コネクタと呼ばれ，秋月電子通商などで入手可能です．自分で長いケーブルを作るときは，ミニDINプラグ（S端子プラグ）も販売されています．なお，防水されていないので，ビニールで覆うなど対策が必要です．防水コネクタは高価ですが，自動車用など種類は豊富です．S端子の場合のピン配置を図9に示します．

M5StackでIoT化する

カウンタは，電池式ですから，雨量計とセットにして圃場（ほじょう）などの屋外に置くことができます．灌水（かんすい）が自動化されている箇所の場合は，灌水の量を監視できます．特定の場所の雨量を知りたい場合は，その場所に雨量計を置きます．灌水装置のない普通の畑の場合は，自然の雨が頼りですから，その畑の雨量を知ることができます．雨は場所によって量が変わります．山のふもと，海岸沿い，街中など周囲の山や建物でも変わってきます．局地的な雨量を知りたい場合は，この雨量計を電池式カウンタと一緒に設置し，ときどきチェックし，データを取ったらリセットしておきます．

注2：アナログ映像信号のY（輝度）とC（色）の信号を分離して伝送するケーブル．GND2本を含めて4ピン．Sはseparate（分離）の略．

リスト1　雨量カウンタのプログラム (Rain_Counter.ino)

```
#include <M5Stack.h>

int disp_count=0;
unsigned long prev_time=0;
int count = 0;

void isr() {
  unsigned long curr_time = millis();
  if(curr_time - prev_time > 200) {
      count++;
      if(disp_count>14){
          M5.Lcd.clear();
          M5.Lcd.setCursor(0,0);
          disp_count=0;
      }
      M5.Lcd.printf("RainCount:%u\r\n", count);
      disp_count++;
      prev_time=curr_time;
  }
}

void setup() {
  M5.begin();
  M5.Lcd.setTextSize(2);
  pinMode(5, INPUT_PULLUP);
  attachInterrupt(5, isr, RISING);
}

void loop() {

}
```

写真7　雨量 (ますの転倒数) カウンタは動作テストしておく

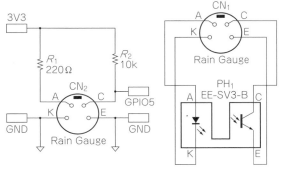

図10　転倒ますとマイコン (M5Stack) のインターフェース

● IoT機器を手軽に作れるマイコン・モジュール M5Stackを使う

せっかく雨量が測定できるようになったのですから，この雨量計をクラウドにつないで，スマートフォンやPCで遠隔監視やロギングができるようにしたいものです．一昔前は，マイコンをネットにつなぐことは，かなりの知識と技術とお金を必要としました．また，Wi-Fiなどの通信インフラも十分に整っていませんでした．今では，スマートフォンの普及が牽引車になって，Wi-FiやBLE (Bluetooth Low Energy) 搭載マイコンが当たり前になりました．

Wi-FiやUSB，HDMI，LCD，カメラ・インターフェースなどを備えたマイコン・ボードが安価 (1万円以下) に手に入るようになりました．センサに直結してこれをWi-Fiにつなぐ，いわゆるIoT機器を手軽に作るには，使いやすいマイコン・ボードを選ぶ必要があります．特にお勧めなのがM5Stackです．

●まずはM5Stackを雨量カウンタとして使う

まずは，Wi-Fiにはつながず，ただのカウンタとして動かしてみましょう．製作した2進カウンタを10進表示できます．Arduinoでのプログラムは，リスト1の通りです．

写真7は，雨量計につないでカウント動作を確認しているところです．ここでは，水は入れずに，転倒ますを手で動かしてテストしました．

写真7のインターフェース基板の回路は，図10の通りです．雨量計の出力は，M5StackのG5ピンに接続します．

転倒ますを含め，スイッチには必ずチャタリング[注3]があります．機械的なチャタリングがなくても，回路側でON/OFFの閾値 (スレッショルド) のところでH/Lの判断を何度もしてしまうことがあります．このため，回路側ではヒステリシス[注4]を設けて対策しています．

リスト1では，チャタリング対策として，スイッチのON/OFFを見てから一定時間後でないとスイッチ入力を受け付けないようにしています．スイッチONの判断は，ポートのハードウェア割り込み (INT0) を利用しています．メイン・ルーチン (loop関数) でスイッチを読むと，無駄な待ち時間が必要になり，他のルーチンの動作の妨げとなります．

転倒ますが動いて，フォトインタラプタがL→Hになると，割り込みルーチンisr () により，カウントアッ

注3：接点の振動 (バウンス) によって，スイッチをON/OFFしたときに短い周期でON/OFFを繰り返すこと．
注4：ONと判断する電圧とOFFと判断する電圧を異なった値にすること．

リスト2　クラウドに雨量データを送信するプログラム（Ambient_RainDet.ino）

```
/*
 * M5Stackと雨量計を接続し，LCD表示し，Ambientに送信する
 */
#include <M5Stack.h>
#include "Ambient.h"
#include <time.h>

#define PERIOD 60
#define JST 3600*9

WiFiClient client;
Ambient ambient;

const char* ssid = "your ssid";
const char* password = "your password";

unsigned int channelId = 100; // AmbientのチャネルID
const char* writeKey = "writeKey"; // ライトキー

int disp_count=0;
unsigned long prev_time=0;
int rain_count = 0;

void isr() {                        //雨量パルス割り込み(INT0)
  unsigned long curr_time = millis();
  if(curr_time - prev_time > 200) {      //チャタリング対策
     rain_count++;
     prev_time=curr_time;
  }
}

void setup(){
    M5.begin();
    pinMode(5, INPUT_PULLUP);
    M5.Lcd.setTextSize(2);
    WiFi.begin(ssid, password);  // Wi-Fi APに接続
    while (WiFi.status() != WL_CONNECTED) {
                                    // Wi-Fi AP接続待ち
```

```
        delay(100);
    }
    attachInterrupt(5, isr, RISING);       //FALLING);
    configTime( JST, 0, "ntp.nict.jp", "ntp.jst.
                                         mfeed.ad.jp");
    ambient.begin(channelId, writeKey, &client);
            // チャネルIDとライトキーを指定してAmbientの初期化
}

void loop() {
    int t = millis();
    time_t tx;
    struct tm *tm;
    tx = time(NULL);
    tm = localtime(&tx);
    if(tm->tm_hour==0 && tm->tm_min==0) rain_count=0;
                          //0時に雨量カウンタをリセットする
    if(disp_count>14){
                 // 画面下端まで表示したら画面クリアしてトップへ
        M5.Lcd.clear();
        M5.Lcd.setCursor(0,0);
        disp_count=0;
    }
    M5.Lcd.printf(" %02d/%02d %02d:%02d:%02d",
        tm->tm_mon+1, tm->tm_mday,
        tm->tm_hour, tm->tm_min, tm->tm_sec);
    M5.Lcd.printf(" Rain:%04d\r\n", rain_count);
    disp_count++;

    // 雨量の値をAmbientに送信する
    ambient.set(1, String(rain_count).c_str());
    ambient.send();

    t = millis() - t;
    t = (t < PERIOD * 1000) ? (PERIOD * 1000 - t) : 1;
    delay(t);
}
```

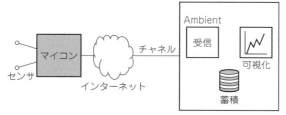

図11　気象データ処理に適したクラウドAmbient

プと液晶表示を行います．表示が画面の最下端に来たら，画面をクリアして最上端に移動します．表示フォントは元のままだと小さすぎて読めないので，1ランク大きくしています．このため，行数が元の30行から15行に，文字数が50文字から25文字に減っています．

● **雨量カウンタをクラウドにつなぐ**

農業でIoTセンシングを行うだけでなく，これをクラウドにつなぐことで，遠隔制御，データ分析，AIによる解析など大きな可能性が広がります．雨量などの気象データを対象としたクラウドに，データ可視化サービスAmbientがあります（**図11**）．

センサにつながったマイコンから，インターネット

を通じてAmbientのサイトに接続すると，センサからのデータを受信し，蓄積し，グラフ化します．蓄積されたデータは随時取り出すことができるので，分析も容易です．Ambientの良いところは，ユーザ・インターフェースが簡単で，設定項目が少ないこと，サンプルがたくさん公開されているので，すぐ使えることです．

● **データ可視化サービスAmbient**

Ambient（https://ambidata.io/usr/sign up.html）にアクセスし，ユーザ登録をしました．無料です．メール・アドレスとパスワードを登録します．入力したメール・アドレスに，確認のメールが送られるので，指示されたURLをクリックして登録終了です．データはチャネルを通じて送られます．「チャネルを作る」ボタンをクリックして新しくチャネルを作ります．チャネルができると，チャネルID，ライトキーなどが付与されます．これはプログラムの中で使いますので，メモしておきます．Ambientは，1つのチャネルに対して8種類までのデータを送ることができます．送信間隔は最短5秒です．気象データとしては十分です．

写真8　Wi-Fiで飛ばす雨量カウンタ

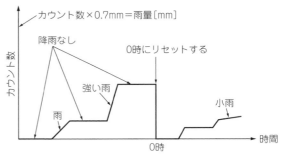

図12　雨量計データの見方

写真9　雨量計を備えた自動灌水装置に仕上げる

図13　畑の灌水量のグラフ（積算値）

● 雨量計データをAmbientに送信する

雨量計データをカウントし，LCDに表示するとともに，Ambientに送信するプログラムをリスト2に示します．プログラムの中身は次のようなものです．

- 雨量のカウント
- 現在時刻の取得
- Wi-Fiの接続
- Ambientとの接続
- Ambientへの雨量データ送信

写真8は雨量データを表示して送信しているところです．

積算雨量のグラフの見方は，図12のように，平坦部は降雨なし，傾きが緩やかだと小雨，急だと強い雨です．カウント数から雨量を計算するには0.7mm/カウントを掛けます．カウント数のリセットは深夜0時です．

灌水装置の製作と雨量（灌水）データの送信

市販の水やりタイマを使って，写真9のような自動灌水装置を作りました．畑の作物は，手前左がオクラ，右が枝豆，奥の左がミニトマト，右がトマトです．テストのため，水やりは自動と手動を組み合わせてややランダムに実行しました．

図13は，Ambientで集計されたデータです．カウント・データは，積算されています．前に較正したデータから，1カウントが0.7mmの雨量に相当します．このデータは，インターネット上のどこからでもアクセスできます．写真1（b）は，スマートフォンでアクセスしているところです．

● まとめ

気象の専門機関でも使われている，転倒ます型雨量計を製作しました．材料はどこでも手に入るものですから，農業だけでなく，趣味や学校での工作のテーマとしても面白いと思います．簡単なカウンタを製作し，マイコンなしでも使えるようにしました．

最近，急速に普及しだしたESP32マイコン搭載のモジュールM5Stackを使って，手始めに，スタンドアロンのカウンタをプログラムしました．さらに，雨量データをクラウドに送信して，スマートフォンなどでもデータを見ることができるようにしました．

農業は，天候相手の仕事です．特に雨と，灌水は作物の生命線です．従来，センサで取得しにくかった雨量，水やり量が1つIoTに加わりました．ぜひともトライして発展させていただきたいと思います．

うるしだに・まさよし

入門

IoT

画像

大気

土壌

アイデア

191

▶平成31年4月11日

　本誌に掲載予定のソフトウェアをそろそろ作り始めないと間に合わない*!!!* という強い危機感を感じ始めて，ぽちっとコードを書き始める．このソフトウェアは本誌用というのは表の姿で，大学の実験でばりばりに使ってやろうという野心（この大いなる野望は私の心に封印しておこう…）を持ったソフトウェアにしようと考える．よし，明日からがんばろう．

▶平成31年4月12日

　取りあえず作り始める．面倒くさいラズベリー・パイを利用した写真撮影の部分は抜きにして，UECSの通信文を取り入れる部分を作り始める．最初，設定ファイルからメールを送信する時間やhtmlファイルを作る部分を作成し始めた．何とか，UECSの通信文を受信してメール送信するところまでできた．取りあえず一安心である．

▶平成31年4月13日

　朝，眠い目をこすって，寝床からスマホをいじって，メールを見てびっくりである．「岡山大インターフェースコラボモニタソフト」という宛先から，死ぬほどたくさんのメールが届けられていた．時間は夜中の0時から1分間に合計82通のメールが送られてきた．このスパム・メールを送信した犯人は…もちろん自分である．大学のメール・アドレスにも送信していたので，大学のメールにもたくさんのメールが送られているであろう．大学のサーバ管理部門におわびのメールを入れた．多分，過去に2〜3度同じことをやっているので「また，こいつかぁ…」と思われているのは間違いないであろう．

　メールを利用したソフトウェア開発は自分には向いていないと再認識した1日であった．しかし，めげていては雑誌の締め切りに間に合わないではないか！取りあえず，今日は休むとして，明日からソフトウェアを再度作り始めねばと心に固く誓った．

▶平成31年4月16日

　何日か，ぽちぽちとソフトウェアの修正をしたおかげで，データを受信してグラフを作るところまで出来上がった．後は写真の転送部分を作る必要があるが，10連休があるのでそこで何とかしようと決めた．休みの日に，誰にもせかされずにプログラムを書くのは割と楽しいものである．

▶平成31年4月28日

　今日は，写真の部分のコードを書き始めた．といっても，以前，似たようなソフトウェアを作ったことがあるのでそれを参考にして作り始める．今気づいたのだが，ラズベリー・パイから大学のLANを経由してメールを送信するためにはラズベリー・パイのMACアドレスを大学のサーバ管理者に頼んで登録する必要があるはずだ．そうしないと，ラズベリー・パイを大学のLAN経由でインターネットに接続できないはずだ．今まで，PCをラズベリー・パイ代わりにしてソフトウェアを作っていたのでうっかりしていた．そういえば，後2日で平成は終わり，令和の時代が始まろうとしている．皆さんお楽しみの10連休である．ということは，5月7日までサーバ管理者は大学に出てこないのではなかろうか？植物を栽培するのには少なくても2〜3週間必要である．原稿の締め切りを考えると，何とか平成の世のうちに種をまいておく必要がある．かなりヤバい状況である．青い顔をして半日を過ごす．

▶平成31年4月29日

　今日は，岡山駅近くのホーム・センタに園芸グッズを買いにいった．平成最後の出張のときに，新幹線の網棚にお土産の東京ばななを置き忘れていたのを取りに行く用事があったのでちょうどよかった．昨日，ヤバいと思ったのだが，幸い世の中には生長が早いことで有名な作物が幾つかあり，今回はダイコンをセレクトした．しかも葉ダイコンにした．ダイコンは日本に昔からあるように思われているが，実は地中海付近原産の野菜である．日本に導入されてからさまざまな品種が開発されている．ダイコンの葉は飢饉（ききん）のときの救荒作物としての役割があり，日本の風土に合った野菜と言えるであろう．今回また，葉ダイコンは私の原稿作成にとっての救荒作物となったのである．

　せっかくなので，固形肥料と液体肥料で作って生長や成分が変わるかを調べてみようと思い，液肥と化成肥料を購入した．また，栽培するためのプランタを購入した．全部で1200円ほどであった．早速種をまいた．プランタの1つには固形肥料をまいた．肥料成分が8-8-8タイプの肥料で適当にまこうかと思ったが，ここはまじめに重さを量って15g土に混和した．液肥は発芽してから与える予定で，しばらくはただの水を与える予定である．種子は6カ所に穴を開けて3〜4粒ずつまいた．植物は何度も作っているが，種まきをするのは楽しいものである．

▶平成31年4月30日

　幸い，MACアドレス登録済みのラズベリー・パイが1枚机から見つかり，電源につなぐと無事画面にラズベリーの果実が表示された（起動画面のこと）．九死に一生を得た気分である．これが壊れたらどうしようと思いつつ，朝にプログラムを入れたラズベリー・パイを農場（圃場（ほじょう））に設置した．カメラは葉ダイコンの方に向けて設置し，LANケーブルを接続したので自動的にデータを収集してくれているはずである．今日のデータが明日の日付変更時にメールで送られてくるよう設定している．きっと，令和最初に送られてくる記念すべきメールは自分で作ったこのアプリケーション

からになるはずである．楽しみで早く目が覚めてしまいそうである．

▶ 令和元年5月1日

　朝起きて，メールを確認した．来たぁ！見事システムからメールが送られてきていた．0時05分に令和最初のメール受信である．時間も設定通り．普通，ラズベリー・パイから送られてくるメールなどはうれしくも何ともないのであるが，素直にうれしい．新しい令和のスタートとしてはばっちりである．メールの中身を見ると，細かいバグを発見．まあ，この程度であれば何とかなるであろう．直そうかと思ったが，先に連続稼働のテストをしておいた方がよいと思ったため，あえてそのままにしておいた．日射の受信に関する設定が間違っていたので，sshでラズベリー・パイに入って，ちょちょっと設定ファイルを書きかえて再起動．ラズベリー・パイって便利だと実感．後は，ダイコンの発芽を待つのみである．

▶ 令和元年5月4日

　今朝起きてメール確認．おおっ，無事に発芽しているではないか．なんと，かわいいやっちゃ！一昨日より帰省していて直接植物を確認できなかったが，学生に水やりを頼んでおいたがまじめにやってくれたようで一安心である．作ったソフトウェアも使えそうだと実感．

▶ 令和元年5月8日

　両プランタとも大きくなり始めたが，固形肥料区と液肥区でかなり生育が違う．発芽のときの写真を見るとそれほど変わらないのに，肥料をまだやっていない液肥区の方が生育が良い．発芽後すぐの状態では固形肥料が多すぎたのであろう．ただ，これからどうなるか楽しみである．今日は，間引きをして1穴当たり1株に整理した．液肥区で初めての液肥をかけた．この後は，液肥をやらないと生長が悪くなると思われる．

▶ 令和元年5月9日

　今日はできれば薬剤散布をしたいと思っている．1番面倒なのは，キスジノミハムシ（キスジトビハムシ）という虫で，こいつをたたく必要があるのだ．しかし，よく考えてみると，葉ダイコンのようなマイナ作物に使える農薬などあるのだろうか？いろいろ調べてみたが見つけることができなかった．チョウやガの仲間の害虫に効く，有機栽培用の農薬があるので気休めにまいておこうと思う．

▶ 令和元年5月15日

　固形肥料と液体肥料の生育差が大きく，野菜園芸学研究室のKさんにその原因を調べてもらった．土を少しとって水を5倍加えてしばらく置いておく．その液体のpH，電気伝導度，硝酸イオンの濃度を調べるのである．Kさんいわく，「先生，こっちの土はEC値が

めっちゃ高いポン」．EC値というのは電気伝導度のことで土の中にどのくらい肥料成分があるかを示す指標であるが，なんと，固形肥料の土壌は液体肥料の17倍もあった．硝酸イオンは肥料成分の最も大事なものと考えてもらってもよいが，その濃度は固形肥料の土の方が7倍もあった．これでは，肥料分がさすがに多すぎである．いったん，混ぜてしまった肥料を取り出すわけにはいかないので，これからは，日々たっぷり灌水して肥料分を流す必要がありそうである．ちなみに語尾に「ポン」をつけるのが彼女の口癖である．

▶ 令和元年5月19日

　液体肥料の植物は写真で見ても緑が薄くなってきた，肥料が切れてきたのだろう．硝酸イオンなどの窒素分が少なくなると下の方の葉が黄色っぽくなる．そこで前と同じ濃度で液肥をかけた．これからは2～3日ごとにかけよう．

▶ 令和元年5月24日

　今日は，ラズベリー・パイを使った学生実験を実施した．岡山大学の3回生諸君にラズベリー・パイを知っている人はいますか？と聞いてみたがあいにく誰も知らなかった．本誌を読んでいるとラズベリー・パイの文字に出くわさない号はないのではと思うが，農学部ではやはり知名度は低いようである．よくよく考えてみると，今，自分が一生懸命に書いている本誌の実験記事は自分の学生には読んでもらえないと思うと，少ししょんぼりする．学生に一通り説明して，ラズベリー・パイで写真を撮ってメールで転送するところまでを実習でやった．思ったより時間がかからずにできたので，スマート農業はできると少しでも思ってくれるとうれしいなと感じる．ちなみに前の週に，温度を測定して換気扇用のリレーを自動や遠隔で動かすUECSノードを作成していて，実習ではノードとラズパイを連動させて動作させることを行った．リレーには電気掃除機を接続して，掃除機を遠隔操作してみたが一応驚いてくれたようだった（今まで一番遠隔操作をして，学生にインパクトを持ってもらったのは電気黒板消しクリーナだった．やはり自動で動きそうにないものが動くのが面白いのであろう）．

▶ 令和元年5月29日

　ほぼ，ソフトウェアの修正も終わり，原稿作成の最後に取り掛かり始めた．ちなみに，固形肥料のダイコンは水やりを多めにした結果，だいぶ回復傾向であった．ハウスの中の温度が高すぎて，葉ダイコンの栽培自体は難しい感じであった．5月後半の猛暑がかなり効いている感じがした．ただ，目的は達成できたので，一応実験は成功と考えてよいであろう．よし！後は原稿を仕上げればミッション・クリアだ！！！

第22章 農業などのアウトドアIoTのテストに

電子機器の天敵「高温・高湿度」簡易試験チェンバの製作実験

小野田 晃久，峰野 博史

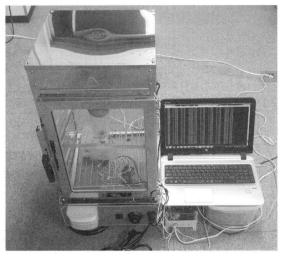

写真1　農業などのアウトドアIoTでほしくなる「高温・高湿度」試験チェンバを簡易的に作ってみた
肉まん蒸し器をマイコンで制御できるようにして実現した

● 作るもの…簡易型の高温・高湿度試験チェンバ

　高温多湿な温室のような環境では，民生向けの電子機器の動作は保証されていません．そうはいっても簡易的にIoT農業を試してみたい場合，使用する機器が高温多湿の環境でどの程度動作するのか気になることがありますが，本格的な環境試験装置を導入するのはコストがかかります．

　そこで，高温多湿な温室の環境を疑似的に再現するために，スチーム・マシン（肉まん蒸し器）をマイコン（Arduino）制御する写真1のような簡易的な環境試験装置を製作しました．

　スチーム・マシンは庫内の容量がそこそこ広く，小さな実験装置であれば丸ごと入れられるだけでなく，透明で内部を観察しながら実験できるため便利です（写真2）．スチーム・マシンにはもともと温度制御用の機構が付いていましたが，図1のように設定値と実際の温度の乖離（かいり）が大きかったため，マイコンで制御で

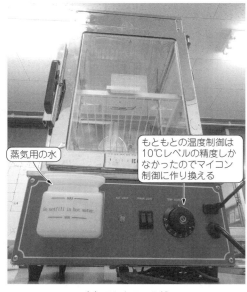

蒸気用の水

もともとの湿度制御は10℃レベルの精度しかなかったのでマイコン制御に作り換える

（a）コントロール部

中は広いしとてもよく見える

（b）内部もよく見える

写真2　肉まん蒸し器（スチーム・マシン）は庫内も広くてよく見える…高温・高湿度試験にピッタリ

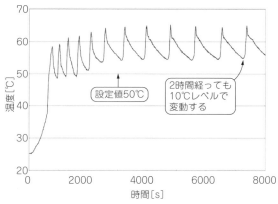

図1　もともと付いていた肉まん蒸し器制御機構だと50℃に設定しても55～65℃になってしまっていたので今回マイコンで制御できるように改造することにした

きるように作り直すことにしました.

▶注意点

　本稿で紹介する内容は機器を本来の用途と異なる使用方法をしていますので, 当然保証外です. 改造や実験を行う場合はあくまで自己責任でお願いします. 感電や漏電の危険もありますので, くれぐれも注意してください.

ハードウェア

● 全体の構成

　今回製作した簡易環境制御装置の構成を図2(a)に示します. 制御用の基板に温度センサを取り付け, スチーム・マシンの庫内の温度を0.5秒ごとに監視し, スチーム・マシンのヒータへの電力供給量を決定することで狙った温度を作り出します. 制御装置はPCとUSBで接続し計測した温度データや制御量をログとして出力します.

● 制御回路

　作成した制御回路を図3に, 部品を表1に示します.

● マイコン・ボードArduino

　制御用のマイコン・ボードとしてArduinoを使用しました. Arduinoはハードウェア仕様や開発環境, ライブラリなどがオープンソースで公開されています. シールドと呼ばれる拡張基板はインターフェースが決まっており, 市販のシールドを組み合わせることでさまざまな機能を実現できます. また, シールドの自作を補助するユニバーサル基板も販売されています.
　また, ライブラリやサンプル・コードも豊富に公開されており, これらを流用することで簡単にプロトタイピングが可能です.

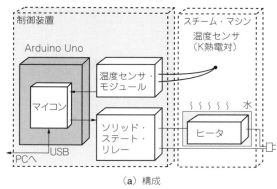

（a）構成

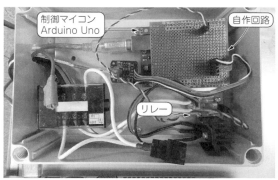

（b）自作マイコン制御回路を組み込んだところ

図2　簡易的に自作した高温高湿度試験チェンバ

　Arduinoには種類やバージョンがいろいろありますが, 今回は入手性の良い定番のArduino Unoを使用しました. Arduino Unoの仕様を表2に示します.

● K熱電対を使った温度センサ

　温度センサはスチーム・マシンの庫内に設置し温度を監視します. 今回は0.5秒ごとに温度を測りスチーム・マシンのヒータをON/OFFしたいのでK型熱電対と熱電対-ディジタル・コンバータとしてMAX

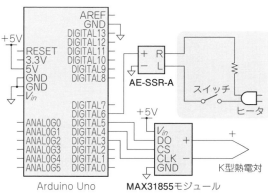

図3　制御回路

表2 制御に使ったマイコン・ボードArduino Unoの基本仕様

項　目	値など
CPU	ATmega328P
SRAM	2Kバイト
フラッシュ・メモリ	32Kバイト
EEPROM	1Kバイト
クロック	16MHz
ディジタルI/Oピン	14本
アナログ入力ピン	6本

表3 K型熱電対用IC MAX31855の基本仕様

項　目	値など
電源電圧	3.3 V
分解能	0.25 ℃
測定温度範囲	− 200 ～ + 1350 ℃
接続インターフェース	SPI（読み取り専用）
変換時間	70 ms

表4 900Wの市販スチーム・マシンを改造する

項　目	値など
電源	単相100V 50/60Hz
消費電力	900 W

31855（アナログ・デバイセズ）を採用しました．MAX31855には冷接点補償用の温度センサが内蔵されています．今回使用した熱電対はケーブルが長いのでスチーム・マシンの外への配線が容易でした．

表1 制御回路で筆者が今回使用した部品

部　品	型　名	数　量	単価 [円]	参考購入先
Arduino	Uno Rev.3	1	2,940	秋月電子通商
Arduinoシールド	AE-ARDUINO_UNI- G	1	180	
ピン・ヘッダ	PH-1x40SG	1	35	
コネクタ用ハウジング	2226A-02	1	10	
	2226A-05	1	10	
	2226A-06	1	10	
ケーブル用コネクタ（10個入り）	2226TG	2	50	
ソリッド・ステート・リレー（SSR）キット 25A(20A)タイプ	AE-SSR-A	1	250	
ヒートシンク	17PB024-01025	1	50	
放熱シート	CW-3	1	20	
ナイロン・ワッシャ	TW-5	1	10	
なべ小ネジ（10個入り）	M3×12	1	65	
10Pリボン・ケーブル	DG01032-0020-01	1	60	
ビニール平行線 10m	－	1	1,138	Amazon
スナップキャップ	－	1	289	
端子台（3極）	－	1	378	
ロッカ・スイッチ	－	1	532	
MAX31855モジュール	－	1	1,230	
K型熱電対 3m	－	1	482	
スチーム・マシン	STMME-500H-S	1	87,480	楽天注

注：2022年現在，記事中で使用している，スチーム・マシンSTMME-500H-Sが入手困難となっています．同程度の定格のもので，分解してヒータを見つけられれば，およそ同じ手順で構築が可能と考えられます．自己責任のもとお試しください．

MAX31855とArduinoとの通信にはSPIを使います．MAX31855を採用したモジュールは市販のもので幾つか種類がありますがどれを選んでも差し支えないと思います．MAX31855の仕様を表3に示します．

● 業務用スチーム・マシン

スチーム・マシンは装置内部の水をヒータで温めることによって生じた水蒸気によって庫内の温度を制御します．今回はAC100Vで動作可能なものを採用しました．採用したスチーム・マシンの仕様を表4に示します．ヒータは写真3のように，ネジで電線が接続されています．

ヒータに接続されていた制御装置を取り外し，AC電源とヒータの間に，ON/OFFを制御するためにトライアックを使用したソリッド・ステート・リレー・モジュールであるAE-SSR-Aを挿入しました．制御装置を分解する際は，周囲の鉄板が鋭く，けがをしやすいので注意が必要です．

制御ソフトウェア

● Arduinoプログラムの基本動作

マイコン（Arduino）のソースコードはGitHub（https://github.com/MinenoLab）にて公開しています．

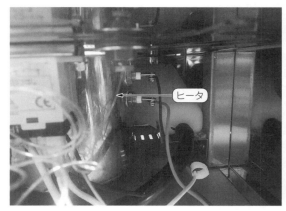

写真3 スチーム・マシン内部のヒータ

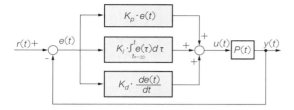

$r(t)$：目標値
$e(t)$：偏差
$u(t)$：操作量
$P(t)$：ヒータによる温度制御
$y(t)$：実行後の温度

図4　PID温度制御のブロック線図

表5　Arduinoのタイマの割り当て

タイマ	ビット幅	PWMの対応ポート	用途
Timer0	8ビット	5ピン，6ピン	delay(), millis(), micros()
Timer1	16ビット	9ピン，10ピン	Servoライブラリ
Timer2	8ビット	3ピン，11ピン	tone()

Arduino上で動かすソフトウェアをスケッチと呼びます．スケッチには初期化処理を行うsetup()関数と繰り返し処理を実行するloop()関数を記述します．setup()関数はスケッチの処理が開始されたときに一度だけ呼ばれます．loop()関数内に記述した処理は繰り返し実行されるため，Arduinoで実現したいアプリケーションを通常は記述します．

● 温度制御方式
　スチーム・マシンの温度制御にはPID制御を用いました（図4）．PID制御で得られた制御量をPWM制御でヒータに伝えます．今回は温度制御の処理を決められた間隔で実施したいので，loop()関数ではなく，タイマによる割り込みを利用して処理を記述します．

● タイマ割り当て
　Arduino UnoはTimer0，Timer1，Timer2の3つのハードウェア・タイマを使用可能です（表5）．これらのタイマを使用する場合にはライブラリやポート間で競合しないように注意が必要です．
　今回は6ピンをヒータのPWM制御に使用するので，Timer0を使用することができません．割り込み用の時間制御にはTimer1を使用することにしました．
　Timer1を使用する場合TimerOne（https://github.com/PaulStoffregen/TimerOne）というラッパ・ライブラリを使うと簡単に扱えます．

● その1：初期化処理フロー
　処理の流れを詳しく見ていきます．大きく分けて初期化処理と周期的な割り込み処理の2つから構成されます．
　setup()関数の中に記述する処理で，フローを図5に示します．Arduino UnoのUSBポートがUSB-シリアルとして使用可能なので9600bpsでログを出力できるように設定します．

● その2：周期的なタイマ割り込み処理フロー
　周期割り込みのフローを図6に示します．Timer1からの500 msごとの割り込みをトリガに次の処理を繰り返し実行します．

● その3：温度の読み取り
　SPIでMAX31855から温度を読み取ります．今回はArduinoでMAX31855の値を読み出せるライブラリとしてAdafruit-MAX31855-library（https://github.com/adafruit/Adafruit-MAX31855-library）を使用しました．値を読み取れなかった場合には前回の値を使用します．

● その4：温度目標値の計算
　今回は目標値をソフトウェア中に静的な値として書き込んでいます．目標の温度を一気に高温にしてしまうと，ヒータが必要以上に加熱され，オーバシュートが大きくなりすぎてしまうので，今回は設定した温度の1/2の温度を初期の目標値としました．また，目標値付近の温度まで達した場合には，設定した温度との差分の1/3を加えた値を新たな目標値とします．その値と設定した温度の差が1℃未満になった場合には設定した温度を目標値に変更します．フローチャートを図7に示します．

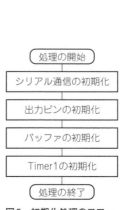

図5　初期化処理のフロー

図6　周期タイマ割り込み処理のフロー

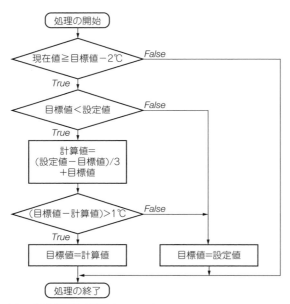

図7 温度目標値の計算のフローチャート

● その5：制御量の計算

温度制御に比例制御，積分制御，微分制御を組み合わせたPID制御を用います．各制御に用いるゲインの意味を以下に示します．

比例ゲイン：偏差に比例した操作量．大きくすると振動
積分ゲイン：偏差の修正
微分ゲイン：オーバシュートや振動の抑制

スチーム・マシンには，温度を上昇させるヒータに対して温度を下降させるクーラがないので自然冷却に頼ります．冷却に時間がかかることもありオーバシュートはできるだけ抑える必要があります．一方で，ヒータへの出力が小さいと温まらない問題もあります．

今回は目標値±3℃の範囲に収まればよいとして温度の振動を許容することにしました．

各ゲインを変え何度も温度の変化を計測し決定しました．その際に条件をできるだけ同じにするため十分に実験間隔をとります．スチーム・マシンの扉を開放して数時間放置し，庫内の温度が実験前と同じになったことを確認した上で計測しました．積分制御や微分制御に使う過去の温度の値は20時点（10秒分）保持するようにしました．

● その6：ヒータへの出力

ヒータへの電力供給はPWM制御を用います．Arduinoの出力電圧は0Vか5Vの2値ですが，出力のON/OFFを高速に繰り返すことで疑似的に任意の電圧を生成します．このときONとOFFの割合をデューティ比，ON/OFFの信号を変化させる搬送波の周波数をPWM周波数と呼びます．Arduino Unoの6ピンのPWM周波数は約977Hzなので最小の場合，約256ms中に1ms電力が供給されます．

PWMの信号をソリッド・ステート・リレーに入力することでヒータの電力を制御します．Arduinoの出力でAC 100Vを扱えるようになります．

実験

● 操作

Arduinoに電源を投入した時点で温度制御が開始されます．図3のスイッチはAC100Vの電線に挟むことで任意のタイミングで実験を開始できるようになります．

● ログ取得方法

ログを取得する場合はPCにターミナル・エミュレータをインストールします．Windowsであれば

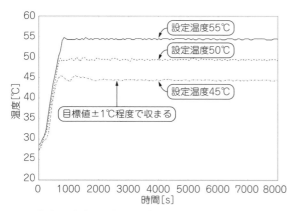

図8 実験1：庫内の温度変化を確かめる

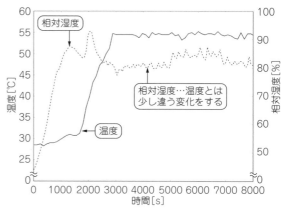

図9 実験2：庫内の湿度変化を確かめる

Tera Term，MacやLinuxなどはMinicomがウェブ上に情報が多くお勧めです．

シリアル・ポートの設定パラメータは次のようにします．

パラメータ	設定値
データ転送速度	9600 bps
キャラクタ・ビット長	8
パリティ・チェック	なし
ストップ・ビット数	1
フロー制御	なし

● 実験1：温度制御を確かめる

もともとの制御機構と比べてどれくらいマイコン制御による温度精度が良くなったかを確かめるために温度変化を測定します．

45℃，50℃，55℃に設定したときの温度変化を図8に示します．初期の温度に応じて若干挙動に違いがありますが，定常状態になればおおむね設定値から±1℃程度で温度変化します．スチーム・マシンの初期状態（図1）と比べるとずいぶん改善できました．

● 実験2：湿度環境

スチーム・マシンは水蒸気によって庫内の温度を制御するため，庫内の水蒸気量が上昇すると考えられます．

スチーム・マシンの庫内における相対湿度の変化を図9に示します．

相対湿度は空気の飽和水蒸気量に対してどれだけ水蒸気を含んでいるかを示す値です．一見，温度上昇と共に相対湿度が下がっているように見えますが，飽和水蒸気量は温度が高くなるほど大きくなるため，温度が高ければ高いほど多くの水蒸気を含むことができます．実際には実験開始時よりも庫内の空気中の水蒸気量は増えています．

● 実験3：庫内に入れた機器の温度変化

今回筆者らは，スポーツ・カメラ（アクション・カメラ）GoPro HERO5 Sessionを対象に，実際に庫内に入れて機器の温度変化を測定してみました．

GoPro HERO5 Sessionを高温・高湿度環境の実験で使っていると動作停止することがあったため，調査を行いました．

45℃，50℃，55℃に設定したときの温度変化を図10に示します．50℃，55℃の場合は68℃くらいをピークにガクッと温度が下がる点があります．この点で機器が停止しており現象を再現することができました．

応用の可能性

● 改良の方向性

今回製作した装置はまだ発展途上です．装置の初期温度と初期の目標値が近い場合，装置の温度がなかなか変わらない課題があります．

設定温度の可変化や温度表示装置の追加をするとより使いやすくなると思います．また，設定温度を外部から動的に制御することで温室の1日の温度変化をシミュレーションすることも可能かもしれません．

また，今回作成した制御装置のハードウェアはそのまま別の装置に組み込むことが可能です．実はスチーム・マシンの前にオーブン・トースタをベースに装置の試作を行いました．各ゲインは制御対象となる装置ごとに調整が必要ですので注意が必要です．

● 高湿度試験以外の使いどころ

例えば，安価な温度センサを並べて試験することで精度を比較してみたり温度特性を確認してみたりといったことができそうです．

また，高温高湿度環境下での電波特性の変化についての試験もできるかもしれません．後は耐久試験や耐蝕試験などに使えそうかなぁと思います．一般的に恒温槽で行えるような試験はできると思います．

衛生面をクリアできれば本来の用途に近い使い方として密封した耐熱容器を庫内に入れることで低温調理機として使うこともできるかもしれません．温泉卵などは65℃〜70℃くらいで20分以上保持すれば作れるようです．

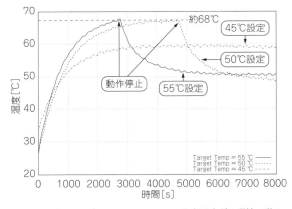

図10　実験3：スポーツ・カメラGoProを高温すぎる環境で動かすと停止してしまうという現象を再現できた

おのだ・あきひさ，みねの・ひろし

第23章 IoTでつきものの電源問題の解決に挑戦

屋外ラズパイ用ソーラー電源の製作実験

塚本 勝孝，横山 昭義

（a）全体

● ラズベリー・パイを畑や山の中で動かしたい

　センサ・データや画像の取得・制御も手軽に行えてネット接続も容易なラズベリー・パイは，小型軽量かつファンレスPCとして使えるため，屋外での使用には重宝します．

　屋外での運用を考えた場合に問題になるのが電源です．そこで太陽電池を使ったラズベリー・パイ用の独立電源を作りました（**写真1**）．

　通常の独立電源ですと「太陽電池＋充放電コントローラ＋バッテリ」で十分ですが，過放電時に突然電源が遮断されるため，ラズベリー・パイの場合はシステム・ファイルが破損するなどのトラブルが発生します．また，屋外に設置して邪魔にならないA4判程度のサイズに抑えるとなると，太陽電池とバッテリの容量も限られるため，消費電力を調整できる機能も必要と考えました．これらを考慮して間欠動作に対応したコントローラを製作しました．

　具体的には，「カメラで1時間ごとに数回撮影を行

（b）使用中…本体はトマト苗の近くに

（c）使用中…太陽電池は陽当たりの良いところに

写真1　ラズベリー・パイなどの小型コンピュータ向けに太陽電池を使って独立動作電源を製作する

い，メールで写真を送付してシャットダウン」という動作としました．システム構成を**図1**に示します．

● こんなところでも使える

センサ・データや写真などを，電源のない場所からでも取得できます．農業はもちろん気象センサや監視カメラなど，応用範囲はいろいろです．ここではWi-Fi環境を使っていますが，SORACOMなどのSIMを搭載することでさまざまな用途に対応できると考えられます．

必要な太陽電池容量を決める

ラズベリー・パイを屋外運用するのに必要な太陽電池の出力電力を計算してみましょう[1]．必要な太陽電池の出力電力P_{solar}は，以下の計算式で求められます[注1]．

$$P_{solar} = P \times T \times K/24$$

ただし，P：負荷の消費電力[W]，T：1日当たりの動作時間[h]，K：地域による補正係数（**表1**）

● 計算例…24時間運用の場合

ラズベリー・パイは常時，400mA～500mA程度を消費します．この値で上記の計算を行うと，必要な太陽電池の出力電力は35Wとなります．

$$P = 5V \times 500mA = 2.5W, \quad T = 24時間, \quad K=14（東京）$$
$$P_{solar} = 35W$$

また，必要なバッテリ容量は無日照を10日と考えると，

$$(2.5W \times 24時間 \times 10日) \div 12V = 50Ah$$

となります．

太陽電池は平均的なDB030-12（電菱）を選ぶと，$664 \times 412 \times 35$mm，重量は3.4kgとなります．バッテリは平均的なPVX-340T（電菱）を選ぶと，$196 \times 132 \times 175$mm，重量は11.4kgとなります．これは気軽に施工できるサイズではありません．

● 計算例…間欠動作の場合

前述の簡易計算式のパラメータに注目すると，PとKは消費電力と施工場所で決まってしまいますが，Tは間欠動作させることによって削減できます．発想が逆かもしれませんが，ここでは施工が容易に行えそうなサイズが$334 \times 188 \times 16$mmで重量も0.9kgといった小型太陽電池DB006-12での運用を考えてみました．太陽電池の発電量は6W/35Wになるので，Tを$24 \times 6/35 \doteqdot 4$時間にすればよいことになります．これは1

注1：参考までに太陽電池容量は例えば下記でも算出できます．
http://www2u.biglobe.ne.jp/~mtbs/mtbs_tool/cal_solar/cal_solar.html

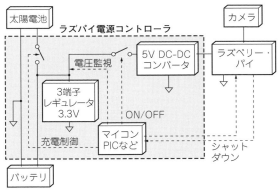

図1　小型コンピュータ向け独立動作電源の構成

日の動作時間なので1時間当たりに換算すると10分となります．

今回は写真を撮ってメール送信するだけなので，1回の起動時間は5分で十分と考え，30分間に1回起動とします．では，この条件で検算してみましょう．

$$P_{solar} = P \times T \times K/24 \doteqdot 4.7W$$

バッテリは消費電力2Wを4時間×10日分なので，$(2W \times 4時間 \times 10日) \div 12V \doteqdot 6.7Ah$となります．

また，正確にはPICマイコンを利用した制御回路に必要な電力も確保しなければならないので，消費電力を12mW（＝12V×1mA），1日当たりの動作時間を24時間で計算すると，

$$P_{solar} = (0.012 \times 14 \times 24) \div 24 = 0.168$$

となり，必要な太陽電池は約0.2W，バッテリは1mA×24時間×10日＝0.24Ahとなります．

これらの容量も加えて必要な太陽電池電源の仕様は，

太陽電池容量：4.9W（DB006-12など）
バッテリ容量：12V-6.9Ah（JR7.2-12など）
過充電制御　：13.8V（再接続13.0V）
過放電制御　：10.8V

としました．

表1　地域によって必要な太陽電池容量が異なるので補正係数が決められている

使用する地域	補正係数K	使用する地域	補正係数K
稚内	42	松本	12
旭川	27	静岡	13
網走	16	名古屋	13
釧路	13	富山	22
札幌	19	彦根	16
秋田	28	大阪	13
仙台	13	高知	13
新潟	27	福岡	17
東京	14	宮崎	13
		那覇	15

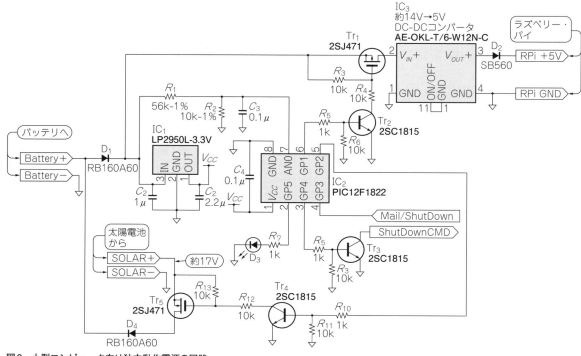

図2 小型コンピュータ向け独立動作電源の回路

写真2 ラズベリー・パイに直接取り付けられる小型基板とした

ハードウェア

　充電制御に使う基板はラズベリー・パイの拡張ボードとしました（**写真2**）．ラズベリー・パイの電源は拡張ボード上のDC-DCコンバータから供給します．実際にラズベリー・パイと接続されているのは電源を除いて2本だけです．ShutDownCMDはスイッチによる動作も考慮してラズベリー・パイ側でプルアップされておりGNDに落とすことでラズベリー・パイがシャッ

トダウン・シーケンスに入るようスクリプトが組まれています．

　Mail/ShutDownはラズベリー・パイがメール送信を完了（"L"→"H"）したことと，シャットダウン・シーケンスに入った（"H"→"L"）ことを示すステータス信号となっています．

　回路を**図2**に示します．部品を**表2**に示します．

▶PICマイコンの役割

　PIC12F1822によりバッテリ電圧の計測（AN0），ラズベリー・パイ電源のON/OFF（GP1），充電のON/OFF（GP2），ラズベリー・パイの状態監視（GP3），ラズベリー・パイ・シャットダウン・コマンド（GP4）を制御します．

　GP5にはモニタLEDを接続しました．ラズベリー・パイの電源を供給するDC-DCコンバータの出力電圧は可変ですのでラズベリー・パイに取り付ける前に電圧を調整しておきます．ラズベリー・パイにUSB電源が接続された場合にDC-DCコンバータに電圧がかかることを避ける目的でダイオードを入れているため，DC-DCコンバータの出力を5.3Vに設定しました．

　その他調整の必要な箇所はありませんがバッテリを未接続のまま太陽電池を接続するとDC-DCコンバータに過電圧（14V以上）が加えられるので必ずバッテリを先に接続するようにしてください．

表2　独立動作電源の部品リスト

部品番号	名　称	値	数	型　番	メーカ
C_1	積層セラミック・コンデンサ	$1\,\mu$	1	RDER71H105K2K1H03B	村田製作所
C_2		$2.2\,\mu$	1	RDER71H225K2K1H03B	
$C_3,\ C_4$		$0.1\,\mu$	2	RDEF11H104Z0K1H01B	
$D_1,\ D_4$	ショットキー・バリア・ダイオード	60V，1A	2	RB160A60	ローム
D_2		60V，5A	1	SB560	オンセミ
D_3	LED	$\phi 3$　赤	1	OS5RKA3131A	OptoSupply
$Tr_1,\ Tr_5$	Pチャネル MOSFET	30V，30A	2	2SJ471	ルネサス エレクトロニクス
$Tr_2,\ Tr_3,\ Tr_4$	トランジスタ	60V，150mA	3	2SC1815	東芝
R_1	リード線抵抗	56k，1%	1	MFS1/4CC5602F	KOA
R_2		10k，1%	1	MFS1/4CC1002F	
$R_5,\ R_7,\ R_8,\ R_{10}$		1k	4	CFS1/4CS102J	
$R_3,\ R_4,\ R_6,\ R_9,$ $R_{11},\ R_{12},\ R_{13}$		10k	7	CFS1/4CS103J	
IC_1	低損失レギュレータ	3.3V，100mA	1	LP2950L-3.3V	Unisonic Technologies
IC_2	IC	―	1	PIC12F1822	マイクロチップ・テクノロジー
IC_3	DC-DC コンバータ可変電源キット	OKL-T/6-W12N-C 使用	1	AE-OKL-T/6-W12N-C	秋月電子通商

ソフトウェア

● 充電制御マイコン

制御基板のソフトウェアのフローチャートを図3に記します．PICマイコンの内部タイマで1秒の割り込みを発生させ，タイマ・カウントと過充電制御の処理をこの割り込みルーチンで行っています．

過充電制御はV_kajyuudenで設定された電圧で充電OFF，V_saisetsuで設定された電圧まで低下すると再び充電ONとする方式にしています．また，V_kahoudenで設定された電圧以下ではラズベリー・パイを起動させないことでバッテリ保護を行います．

ラズベリー・パイはタイマ割り込みでカウント・アップされたsec_cntがRpi_INTERVALで設定された時間に達したときに起動します．その後ラズベリー・パイからメール送信終了のステータスを受け取るとラズベリー・パイへシャットダウン信号を送信，シャットダウンが始まったことを確認後20秒待ってからラズベリー・パイの電源をOFFにします．この繰り返しにより30分に一度ラズベリー・パイを起動して写真撮影およびメールの送信を行います．後述のようにラズベリー・パイはこれらのスクリプトが自動起動する設定になっています．

ソフトウェア開発にはCCSコンパイラ（Ver 5.026）を使っています．ソースコードを**リスト1**に示します．

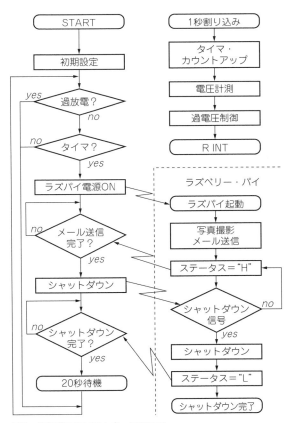

図3　制御基板のソフトウェアのフロー

```
/////////////////////////////////////////
//
//   HARD:RPi_CON01.ce3
//
//   DATE: 2018.7.12.
//
// PORT
// ANO(IN ) : Vbat
// GP1(OUT): RPi_Power
// GP2(OUT): Charge
// GP3(IN ): Status from RPi
// GP4(OUT): ShutDown to RPi
// GP5(OUT): Monitor LED
//
/////////////////////////////////////////
#include <12f1822.h>
#device ADC=10
#fuses INTRC_IO,NOWDT,PUT,NOMCLR,NOBROWNOUT,NOIESO,NO
FCMEN,NOCPD,NOPROTECT,NOCLKOUT
#use delay(CLOCK = 31000)          //クロック31KHz
#use fast_io(A)

#define RPi_Power_ON      output_high(PIN_A1);
#define RPi_Power_OFF     output_low(PIN_A1);
#define MON_ON     output_high(PIN_A5);
#define MON_OFF    output_low(PIN_A5);
#define RPi_ShutDown     output_high(PIN_A4);
#define RPi_ShutDown_Clear output_low(PIN_A4);
#define Charge_ON     output_high(PIN_A2);
#define Charge_OFF    output_low(PIN_A2);
#define BAT       0    //Port for Battery Voltage
#define Rpi_STAT    pin_a3
                       //Complete send Mail=H/ShutDown=L

//Battery Contorol Voltage
#define  V_kahouden   498    //10.6V (21.78VFull By 10bit)
#define  V_kajyuuden  639
                             //13.6V (21.78VFull By 10bit)
#define  V_saisetsu   611    //13.0V (21.78VFull By 10bit)
//
#define  Rpi_INTERVAL   1800  //sec

//*** Global ****
unsigned long   sec_cnt,sec_tmp;
long vbat;

#INT_TIMER0              //Timer0 Interrupt
void Interval(void){
   static int charge_flg=0;
   int     mon_stat=0;

   set_timer0(13);        //1sec
   sec_cnt++;
   sec_tmp++;

   if((sec_cnt % 5)==0){MON_ON mon_stat=1;}
                               //Monitor LED
   setup_adc(ADC_CLOCK_INTERNAL);
   set_adc_channel( BAT );
   delay_cycles(1);       //1命令(129us)サンプルホールド
   vbat = read_adc();        //vbat=AD
   setup_adc(ADC_OFF);
```

```
   //**** ChargeControl ***
   if( vbat> V_saisetsu){
      if( vbat>V_kajyuuden ){
         Charge_OFF
         charge_flg=1;
      }
      else if(charge_flg==1){
         Charge_OFF
      }
      else{
         Charge_ON
      }
   }
   else{
      Charge_ON
      charge_flg=0;
   }
   //*********************//
   if(mon_stat == 1){MON_OFF mon_stat=0;}
         //6.5msec
}

void main(void)
{

   setup_oscillator(OSC_31KHZ);         //clock=31KHz

   //setup IO & A/D
   output_a(0x00);

   setup_vref( VREF_OFF  );
   //setup_adc_ports(sAN0);
   setup_adc(ADC_OFF);
   set_tris_a(0b00001001);

// setup_counters(T0_INTERNAL,T0_DIV_32);  //Not drive
   setup_timer_0(T0_INTERNAL | T0_DIV_32);  //242.2Hz
   sec_cnt=0;

   RPi_Power_OFF RPi_ShutDown_Clear Charge_OFF

   enable_interrupts(INT_TIMER0);
   enable_interrupts(GLOBAL);

   sec_cnt= Rpi_INTERVAL;
   while(1){
      //*** Rpi ***
      if( (vbat>V_kahouden) && (sec_cnt> Rpi_INTERVAL
                                       ) ){
         sec_cnt=0;
         RPi_Power_ON MON_ON
         sec_tmp=0;while(sec_tmp<20){;}
         while( input(RPi_STAT)==0 ){;}
         sec_tmp=0;while(sec_tmp<2){;}
         RPi_ShutDown delay_ms(8000); RPi_ShutDown_
                                             Clear
         while( input(RPi_STAT)==1 ){;}
         sec_tmp=0;while(sec_tmp<20){;}
         RPi_Power_OFF MON_OFF
      }

   }
}
```

● 筆者が使用したラズベリー・パイ

　ラズベリー・パイは次の機種で動作確認を行いました.

Raspberry Pi 3 Model B
Raspberry Pi 3 Model B+
Raspberry Pi Zero W

　OSは次のバージョンを使いました.

Raspberry Pi OS Lite (Legacy)
Release date   : January 28th 2022
System   : 32-bit
Kernel version : 5.10
Debian version : 10 (buster)

リスト2　送信を行うためのメール・アカウントおよび送信先アドレスを設定する

mitsuboshi.pyのdef main()内のメール設定を実際のデータに変更

```
def main():
    # *** 環境に合わせて変更してください *** #
    gpath   = '/home/pi/prg/tmp/cam.jpg'
                                  # カメラ画像保存パス
    mlfrom  = 'hoge@gmail.com'    # メール送信元
    server  = 'smtp.gmail.com'    # SMTP メール・サーバ
    port    = 587                 # SMTP ポート
    acount  = 'hoge@gmail.com'    # メール・アカウント
    passwd  = 'hoge_fuga'         # メール・パスワード
    mail_to = 'hoge@gmail.com;fuga@gmail.com'
                   # メール送信先 複数指定は ';' で区切る
    subject = '件名テスト'        # メール件名
    body    = '本文テスト'        # メール本文
```

```
https://www.raspberrypi.com/
software/operating-systems/
```

● ラズパイのプログラムと設定

以下，設定を順に追って記します．

1. ラズベリー・パイの初期設定でカメラを有効にします．

2. システムを最新の状態にします．

```
$ sudo apt update&&sudo apt -y
upgrade⏎
    ラズベリー・パイ 再起動
```

3. 画像を取得するプログラムをインストールします．
UVC（USB Video Class）対応のウェブ・カメラ用に，fswebcamをインストールします．

```
$ sudo apt -y install fswebcam⏎
```

Raspberry Pi Camera用に，picameraをインストールします．

```
$ sudo apt -y install python3-
picamera⏎
```

4. ntpdateをインストールします．
これは時刻同期を行うコマンドで撮影した写真のタイム・スタンプなどを正確に設定するために必要となります．

```
$ sudo apt-get install ntpdate⏎
```

5. Python スクリプトを次のように設定します．
まず作業ディレクトリを作成します．

```
$ mkdir ~/prg⏎
```

作成したディレクトリ/home/pi/prgに以下の3ファイルをコピーします．

```
mitsuboshi.py…メイン・スクリプト
moo_cam.py…カメラ画像取得クラス
moo_sendMail.py…メール送信クラス（Gmail
を想定）
```

送信を行うためのメール・アカウントおよび送信先アドレスを設定します．これにはmitsuboshi.pyのdef main()内のメール設定を実際のデータに変更します（リスト2）．
以上でスクリプトの実装は終わりです．

6. RAMディスク
写真データは30分に一度など頻繁に上書きが行われるためmicroSDカードの破損・劣化が発生しやすくなることが考えられます．このためカメラ画像ファイル保存用RAMディスクを作成します．
以下のファイルを編集します．

```
$ sudo nano /etc/fstab⏎
```

以下を追記します．

```
tmpfs /home/pi/prg/tmp tmpfs defaul
ts,rw,size=3m,noatime,mode=0777 0 0
```

ここでラズベリー・パイを再起動します．

7. 起動時に指定したスクリプト自動実行する設定を行います．幾つか方法がありますが，ここではcrontabを使います．

```
$ crontab -e -u pi⏎
```

以下を追記します．

```
@reboot cd /home/pi/prg;python3
mitsuboshi.py
```

これでラズベリー・パイ起動時に指定したスクリプトが実行されます．
ラズベリー・パイの動作プログラム[注2]は，本書ウェブ・ページ（目次p.5参照）から提供します．

運用実験

実際に運用したシステムの様子を**写真1（b）**に示します．屋外で使用する場合には防雨などに考慮したケーシングを行ってください．

● 画像付きメールが30分に1回届く

実際に受信したメールを**図4**に示します．30分ごとに写真が添付されたメールが届いていることが確認できました．30分の時間間隔が29分になっているのは主にPICマイコンの内部発振回路の誤差によるものです．精度が要求される場合は外部水晶振動子やリアルタイム・クロックを使用する必要があります．

● 動作時間…約30分に1回ONでまだまだ容量に余裕あり

ラズベリー・パイの動作を確認するため供給電圧をモニタしたのが**図5**です．一連のスクリプトの終了までの時間を5分と見積もっていましたが，この環境では1分で終了していました．処理時間は通信環境によっても変わってくると考えられますが，今回の場

注2：横山氏（moosoft）提供．
　　　https://moosoft.jp/

入門
IoT
画像
大気
土壌
アイデア

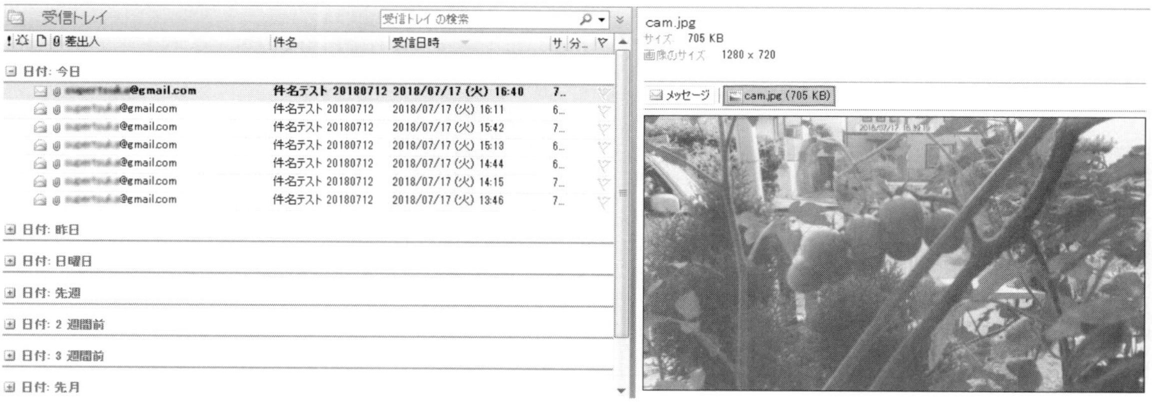

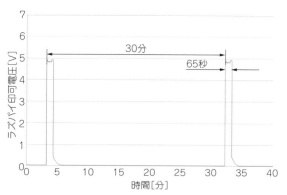

図4 30分ごとに写真が添付されたメールが届いている

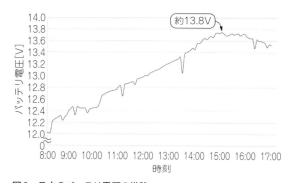

図5 ラズベリー・パイへの供給電圧をモニタした
約30分に1回，1分間ONしている

図6 日中のバッテリ電圧の推移
13.8V付近で充電を停止している

合，実際には太陽電池電源の容量を1/5にしても運用が可能であることが確認できます．実際にはもう少し余裕を持って3W程度の太陽電池と4Ah程度のバッテリでも運用可能であると考えられます．

　このように実運用データにより最終的にスペックを再考しコスト・パフォーマンスの良いシステムを構築することをお勧めします．

● バッテリ電圧…充分に持続できる

　最後に実際の過充電制御を確認したのが図6です．13.8V付近で充電を停止しています．また，過放電電圧を下回った場合はラズベリー・パイの動作をスキップします．30分後に電圧が回復していた場合は再び

動作します．以上が一連の動作となります．

　自然エネルギーは気まぐれですし希薄です．しかし，要求事項をしっかり詰めて必要十分な仕様を決めて消費電力が最適になるよう工夫すれば小さな電源でも運用できる場合も多々あります．ラズベリー・パイの電源に限らずさまざまな用途で太陽電池電源を活用してみてください．

◆参考文献◆

(1) トランジスタ技術編集部編：太陽電池活用の基礎と応用，2011年，CQ出版社．

つかもと・かつたか，よこやま・あきよし

Appendix 6 モニタリング向きLPWA＆IoTクラウドを試す

農業向きIoTワイヤレスの実験研究

大黒 篤

本稿では，農業IoTに使えそうなワイヤレス通信について検討し（**表1**），最近カバー・エリアも広がってきたSigfoxを使った低消費電力IoTの基礎実験を行ってみます．乾電池2本で1年間動く栽培環境モニタリング装置を製作します（**写真1**）．

今回作る栽培環境モニタIoTシステム

● 製作の基本方針

栽培環境のモニタリング装置＆システムを製作するに当たり，以下の方針（要件）を設定することにしました．

(a) 栽培環境の情報として，まず基本中の基本項目である温度，湿度，照度の3つを計測する
(b) 安いコストで製作，使用できる
(c) 入手しやすい乾電池2本で1年間動く
(d) 本製作例をベースとして，拡張や応用が利く

● 選んだクラウド＆インターネット接続用ワイヤレス通信

今回試作するような栽培環境モニタリング装置では，通常，クラウドやインターネット接続用の通信で幾つか選択があり，料金が発生します．

(1) クラウド・サービス（データの蓄積，管理，可視

写真1 乾電池2本で1年動くことを目指した栽培環境モニタリング装置の製作に挑戦
少量データのアップロードが得意なIoTワイヤレス通信Sigfoxを使う

化，通知など）
(2) 装置からクラウド・サービスまでデータをアップロードするために必要なインターネット通信

表1 農業IoTに使えそうなインターネット接続可能なワイヤレス通信

項　目	5G	LTE (4G)	LPWA (Sigfox)	LPWA (LoRaWAN)	Wi-Fi
周波数帯	使用できる周波数帯は広い（通信キャリア次第）		920M～922MHz（RCZ4 ゾーン）	920.6M～923.4MHz（ARIB STD-T108）	2.4GHz/5GHz（屋内のみ）
通信速度	とても速い	速い	とても遅い	とても遅い	速い
通信コスト	高い	安いプランあり	とても安いプランあり	基本は無料．基地局を他から借りる場合は有料（安い）	モバイル・ルータを使用するならLTE/5Gと同じ
消費電力	×	△	○	○	×
データ・サイズ	数百Mバイトでも OK	数十Mバイト程度まで	1回あたり12バイトまで	1回11～242バイト	数百Mバイトでも OK
IoTモニタリング向きか	IoT向けのサービスはこれから	LTE Cat.M1/NB-IoT は IoT 向き，その他は不向き	データ少量で低頻度であれば向いている	データ少量で低頻度であれば向いている	消費電力が大きく，一般には不向き
特記事項	カバー・エリアがまだ狭く，実用的ではない	カバー・エリアが広い	全国主要都市はカバー済み．基地局のレンタル可能	自前で基地局の設置・運用が必要．通信距離とデータ・サイズのトレードオフが可能	露地栽培の圃場等の屋外では利用が難しい
提供している企業・サービス	各通信事業者，格安SIMサービス，SORACOM		京セラ※，SORACOM	SORACOM，Senseway	－

※京セラコミュニケーションシステム

▶ (1) クラウド

無料利用枠のあるサービスを利用することで，個人ベースではほとんど費用をかけずにサービスを利用することができます．

例えば，

- プロトタイピング向けのIoTデータ可視化サービスAmbient（https://ambidata.io/），
- SORACOMの通信サービスを利用するユーザ向けのSORACOM Harvest（https://soracom.jp/services/harvest/）

などがあります．いずれも，簡易的な可視化機能を持っています．

また，有名なAWS（Amazon Web Service）でも1年間の無料枠がありますし，Microsoft Azureでも無料枠で多くのサービスを利用することができます．今回は，可視化の機能があり，数台程度の利用では十分な無料利用枠があるAmbientを採用します．

▶ (2) インターネット通信

一般的に，畑などの圃場（ほじょう）で利用できるような無料の通信サービスはありません．そのため，できるだけ廉価に利用でき，今回の目的に適した（通信速度は低速でよく，電池で駆動するため消費電力が小さい）通信サービスを探す必要があります．

候補となるIoT向けのインターネット接続用ワイヤレス通信を**表1**に示します．

消費電力の小さいインターネット通信ということで，栽培環境のモニタリングの用途では，SigfoxまたはLoRaWANがお勧めです．これらのLPWA（Low Power Wide Area）通信モジュールのデータ送信時の消費電力は，3G/LTEの数十〜数分の1です．

● IoT向けワイヤレスLPWAが向く用途と向かない用途

ただし，各通信サービスの特性をよく理解しておく必要があります．今回採用するLPWAの1つであるSigfoxは，通信するデータの発生頻度は低く（10分以上の間隔），また1回に送るデータのサイズは数バイト（最大12バイト）までとなります．画像のような大きなデータ（数十Kバイト以上）や加速度データのような高頻度（1秒間に数十〜数百回）のデータは取り扱うことができません．

これらのデータを欠損なくクラウド・サービスにアップロードするには，高価ですがLTEサービス（頑張れば，3Gサービスでもなんとか実現可能かもしれない）を選ぶほかありません．

通信サービスのカバー・エリアも重要です．Sigfoxも徐々にカバー・エリアが広がってきていますが，どこでも利用できる状況ではありません．従って，利用したい場所が選択する通信サービスでカバーされてい

るかを事前に調べておく必要があります．Sigfoxの場合は，このサイト（https://www.kccs.co.jp/sigfox/coverage/coverage_area.html）で調べることができます．

また，Sigfoxは，基本，データのアップロードしかできません．正確に言えば，1日に数回だけ，サーバからのデータや指示をダウンロードすることは可能です．しかし，回数に厳しい制約（1日に数回程度）があるため，非常に限定した使い方しかできません．また，ダウンロードは，アップロード時にダウンロードしたい旨を明示的に要求する必要があり，遠隔地から指示を出すなどといった使い方は難しいと思います．

● 農業分野でのWi-Fiについての補足

最も広く普及している無線通信として，家庭や会社などで利用されているWi-Fi（無線LAN）があります．IoTの分野でも，家庭に設置するホーム・オートメーションなどではWi-Fiが広く利用されています．一方，農業分野のIoTでWi-Fiは使えないのかという質問をよく聞かれます．筆者の意見としては，以下の理由により，あまり農業分野には向いていない無線通信方式ではないかと考えています．

露地栽培などの圃場にはWi-Fiのアクセス・ポイントはありません．そのため，通常は3G/LTEを使ったモバイル・ルータを常時併用することになります．ただ，モバイル・ルータは内蔵バッテリだけでは数時間しか持ちません．長時間の運用を可能とするためには，さまざまな工夫（例えば，太陽電池を使って常時充電させるなど）が必要となります．であれば，今回使ったSigfoxや3G/LTEのマイコン用通信モジュールを使った方が，長期的に，省電力で通信することができます．

Wi-Fiを使った通信では，うまくアクセス・ポイントに接続できなかったり，接続が切れたりすることがよくあります．これを解決するために，モバイル・ルータや子機の電源を切って入れ直すなどの処置が必要な場合が発生しますが，モニタリング装置側からモバイル・ルータの電源を切って入れ直すことは容易ではありません．一方，モニタリング装置にSigfoxや3G/LTEの通信モジュールを直接接続する形態であれば，回路を少し工夫すれば全体の電源を入り切りすることは簡単に実現できます．

ハードウェアの構成

● 全体の構成

全体の構成を**図1**に，主な部品を**表2**に示します．

通信にはSigfox（京セラコミュニケーションシステムKCSが提供するサービス）を，クラウド・サービスには次のものを使うことにしました．

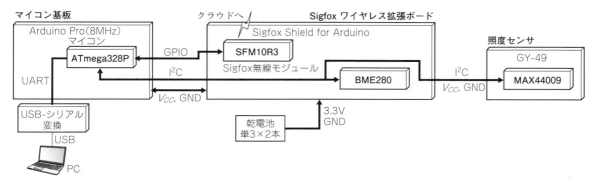

図1　農業向けワイヤレスIoT実験の構成

- Ambient（無料枠を利用）
- Sigfox Backend（Sigfoxユーザは無償で利用可）

● 選んだマイコン

　長期間電池で稼働させるためには，装置全体をスリープさせたときの消費電流が十分小さい（一般には数十μA以下）必要があります．この制約により，Raspberry Pi，BeagleBone，Nano PiといったLinuxベースのボードで実現することはかなり難しいです．

　今回は，最もお手軽で，後からの機能拡張が容易なマイコンArduinoを使うことにします．例えば，USB-シリアル変換機能をもたないArduino Pro（8MHz/3.3V版）を使用することで，スリープ時の消費電流を数十μAに抑えることが可能です．また，LPWAの通信モジュールは電池駆動を前提として設計されていますので，スリープさせると数μA程度まで消費電流を抑えることができます．

● 単3乾電池2本で動かすために選んだ部品

　単3アルカリ乾電池2本でモニタリング装置を駆動するためには，全てのパーツやモジュールの動作可能な

電圧範囲がおおよそ「2～3.4V」である必要があります．これは，アルカリ乾電池1本の電圧が，使用するとともに1.7V程度（新品時）から1.0V程度（寿命間近）まで変化するためです．今回は2本の乾電池を直列に接続して使用しますので，2.0～3.4Vの範囲となります．

　今回使用するパーツやモジュールは，いずれもこの電圧条件を満たしたものを採用しました．

　最も電圧条件が厳しいのは，Sigfoxシールド上に搭載されているSigfox通信モジュールWSSFM10R3（ワイソル）です．この通信モジュールのデータシートによれば，推奨供給電圧の範囲は2.0～3.6Vとなっており，最低電源電圧が2.0Vとなっています．その他の温湿度センサや照度センサは，1.8V程度まで動作可能です．

　一方，マイコンATmega328Pは，データシート上では2.7Vで10MHzまで，1.8Vで4MHzまでの動作を保証しています．従って，今回のような使い方（2～3.4Vで8MHzの動作）は一部で定格外の利用となりますが，筆者の経験では実際に問題なく利用できます．

● 消費電流

　次に，消費電流について検討します．単3アルカリ

表2　筆者が実験に使った主な部品
部品は更新されるので適宜読みかえてください

分　類	型名・品名	製造元	主な入手先	備　考
マイコン・ボード	Arduino Pro（8MHz/3.3V）	Arduino	スイッチサイエンス，千石電商	電源LEDは外しておくこと
通信モジュール	Sigfox Shield for Arduino（UnaShield v2S）	京セラコミュニケーションシステム	スイッチサイエンス	1年間の利用料込みで販売
照度センサ・モジュール	GY-49（MAX44009）	－	Amazon	ピン・ヘッダのはんだ付けが必要
ケーブル	Grove用ケーブル	Seeed Studio	スイッチサイエンス，千石電商	
ブレッドボード	ミニブレッドボード	－	スイッチサイエンス，秋月電子通商	
電池ケース	単3乾電池2本・リード線付き	－	秋月電子通商	
電池	単3アルカリ電池　2本	－	コンビニなど	
USB-シリアル変換モジュール	FT232RL搭載小型USB-シリアル変換アダプタ 3.3V	Sparkfun	スイッチサイエンス，千石電商	Arduinoへスケッチを書き込む際に必要

乾電池は，製造メーカや製造してから購入までの期間，使用する場所・気温などにより異なりますが，今回のような間欠的な利用ではおおよそ2000mAh程度の電流容量があります．この電流容量を1年間（365日）で使うわけですので，1日当たりに使用できる消費電流量は，2000mAh/365日＝5.5mAh/日となります．つまり，1日にわずか5.5mAhまでの電流量しか使用できないことになります．

例えば，装置全体で，スリープ時の消費電流130μA（Arduino Pro 8MHz単体の場合，電源LEDを取り外すと実測で20μA程度，Sigfoxシールドを装着すると130〜140μA程度），データ送信時の消費電流（マイコンや通信モジュールの消費電流の合計値の平均）が25mA，その送信に要する時間が14秒であるとすると，1時間に一度データをアップロードするケースでは，1日の消費電流量は下記の通りとなります．

$$(130\mu A \times 24h) + \{(25mA \times 14秒)/3600秒/h\} \times 24回/日 = 5.45mAh/日$$

従って，机上の計算では単3アルカリ乾電池2本で約1年間の動作が可能となります．もちろん，データのアップロードの間隔を長くすることで1年以上の動作も可能となります．ただし実際には，モニタリング装置を設置する環境条件（特に低温では電池性能が大きく低下する），使用する単3アルカリ乾電池の品質や個体差などによって，動作可能な期間はかなり変動します．

● ケースについて

今回の製作例では，モニタリング装置をケースに収容するまでは行いません．皆さん自身で，設置場所や設置方法（取り付け方）を考慮して，市販のケースを加工するなどしてもらう必要があります．筆者がよく利用するケースは，タカチ電気工業（http://www.takachi-el.co.jp/）製の防水防塵樹脂ケースです．さまざまな形状や材質のケースがあり，農業向けの用途であれば，数百〜2,000円程度で購入することができます．

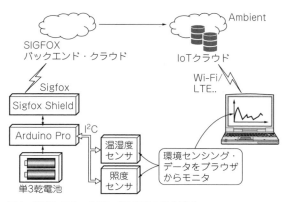

図2　農業IoTモニタリングの実験全体の構成

制作

モニタリング装置は図1のような構成に組み立て，図2のようにクラウドにつなぎます．Arduino ProにSigfoxシールドを装着し，SigfoxシールドのGroveコネクタ（I²C用）に照度センサを接続します．電池ボックスはArduino Proの3.3VピンとGNDピンに直接接続します．このように接続することで，電圧レギュレータを介すことなく，直接マイコンに電源を供給できます．

照度センサは，屋外・晴天下での照度を計測するためには，おおよそ10万luxまでのレンジが計測可能なセンサが必要です．今回は18.8万luxまで計測可能なMAX44009（マキシム・インテグレーテッド）を採用します．チップ単体では非常に小さく扱いづらいため，ブレークアウト基板として販売されているGY-49（Amazonで入手可能）を使うと便利です．

● 今回使ったIoT無線Sigfoxシールドの設定

また，Sigfoxシールド（UnaShield V2S）は，電力を最大限に抑えるために幾つかのジャンパの設定変更が必要です．シールドの詳細は，https://unabiz.github.io/unashield/hardware.htmlを参照ください．今回は，J204は3.3V側をショート，J201とJ202はオープン，J203はショートに設定してください．実際に筆者が回路を組んだ様子を写真1に示します．照度センサはGY-49ブレークアウトを使い，ミニブレッドボードに装着し，Sigfoxシールドとの接続にはGrove用ケーブルを使いました．Grove用ケーブルは片側を切断して，4つの線のそれぞれの被膜をむいて，GY-49のピンに合わせてミニブレッドボードに直接差し込んでいます．

● センサをマジメに取り付けるには

今回はハードウェアの製作をシンプルにするために，温湿度センサとして，Sigfoxシールド上に搭載されているBME280（Bosh Sensortec社）を使用します．ただし，実際のモニタリング装置としてケースに収容して利用する際には，温湿度センサは外気に触れる必要があり，シールド上ではそれが実現困難です．そのため，温湿度センサはシールドからケーブルでI²C信号と電源，GNDを引き出し，ケース側に装着できるようにする必要があります．信号線はI²Cですので，ケーブル長は20cm程度が限界です．また，照度センサは，正確な計測を行うために，太陽光が垂直に当たる位置に配置する必要があります．そのため，通常はケースの外側に引き出す必要があります．

表3　筆者が今回使用したソフトウェア

項　目	ソフトウェア名	開発元	入手先
開発環境	Arduino IDE 1.8.13	Arduino	https://www.arduino.cc/en/Main/Software
ライブラリ	Grove BME280	Seeed Studio	https://github.com/Seeed-Studio/Grove_BME280
	Unabiz Arduino注	Unabiz	https://github.com/UnaBiz/unabiz-arduino/wiki/UnaShield
	Narcoleptic	brabl2	https://github.com/brabl2/narcoleptic
	MAX44009	Tabrain	https://github.com/openwireless/sensors

注：バグを修正して使用（バグ修正版は別途配布予定）

プログラミング

● 開発環境

筆者が今回使用したソフトウェアを表3に示します．ソフトウェアやクラウド・サービスは更新されるので適宜読みかえてくだい．

マイコンのプログラミングですが，今回はマイコンとしてArduinoを採用していますので，無償で公開されている開発環境Arduino IDE（最新のバージョン1.8.13）を使用して開発します．Arduino IDEは，
`https://www.arduino.cc/en/Main/Software`
からダウンロードできます．ウェブ・ブラウザ上で開発する環境もありますが，オフライン環境でも使えるスタンドアロン型のArduino IDEをお勧めします．

● プログラムの入手

Arduinoではプログラムのことをスケッチと呼びます．今回作成したスケッチagri_mon.inoを，リスト1に示します．このスケッチは本書ウェブ・サイトでも公開していますので，自由にダウンロードして使えます．

Arduinoのプログラミングやマイコン・ボードへの書き込み方法などは誌面の都合で割愛します．

● 動作フロー

スケッチは以下のように動作します．
① センサ，通信モジュールを初期化する
② 温度，湿度，照度および電池電圧を計測して，クラウドへアップロードする．
③ Sigfox通信モジュールをスリープさせる．
④ マイコン・チップ（ATmega328）の使用しない機能（ADCやBOD）を停止させ，WDTを使って1時間だけスリープさせる．
⑤ スリープから起きたら，Arduinoマイコン自身にリセットをかけて①に戻る．

● ウォッチドッグ・タイマ

なお，時間の計測およびスリープからの起床には，低消費電力を実現するためにWDT（ウォッチドッグ・タイマ）を使用しています．WDTは非常に低消費電力で信頼性が高いのですが，時間の誤差が大きいです．一般に，最大±30％程度の誤差がありますので注意してください．よって正確に1時間ごとに起床させるためには，外付け回路としてRTC（Real Time Clock）を設ける必要があります．

● プログラムの処理

スケッチの概要について，以下に説明します．

▶関数1：setup()

ハードウェアやソフトウェアの初期化処理を行う関数で，一度だけ呼び出される関数です．ここでは，センサやSigfox通信モジュールを制御するライブラリを初期化しています．

▶関数2：loop()

setup()が呼び出された後に，無限に呼び出される関数です．各センサから値を読み出し，その情報を加工（バイナリ形式として12バイトに詰め込む）してSigfoxモジュールを使ってクラウドへ送信します．送信が終わると，通信モジュールをスリープさせ，1時間後に起床できるようにWDTを設定して，マイコン自身もスリープ状態に入ります．スリープから起床したら，自身をリセットして，setup()関数から実行を開始します（なお，起床後に，loop()関数を一度抜けることでも同様の処理が実現できる．今回のケースでは，1時間に1回と頻度が少ないため，何か問題が発生しても毎回デバイスやモジュールの初期化から実行できるために，リカバリできる可能性の高いリセット方式を採用した）．

4つのライブラリ（Narcoleptic，一部を修正したunabiz-arduino，Grove_BME280，max44009）を使用しています．

IoT通信をはじめるには

Sigfoxの通信モジュールは，購入してもすぐには利用できません．格安SIMとSIMフリー・スマホを使った携帯電話回線の場合と同様に開通手続きが必要となります．Sigfox通信モジュールの開通手続きは，以下の手順で実施します．

211

リスト1 マイコンのプログラム（Arduino スケッチ）

```
// Agri-monitor by Sigfox
#include <Wire.h>
#include <SoftwareSerial.h>
#include <SIGFOX.h>        // Use a partially modified
                                                  one
#include <max44009.h>
#include <Seeed_BME280.h> // Use a partially modified
                                                  one
#include <Narcoleptic.h>
const uint32_t upload_interval = 60UL * 60UL *
1000UL;    // about 1 hour
const int ledPin = 9;
const bool echo = false; // Wisol library debug off
uint32_t last = 0;
UnaShieldV2S transceiver(COUNTRY_JP, false, "NOTUSE",
                                                  echo);
MAX44009 max44009(LOW);
BME280 bme280;
void(* resetMyself) (void) = 0;
void setup() {
  // begin sigfox module
  if (! transceiver.begin()) {
    blinkLed(7, true);  // Sigfox module error
  }
  // initialize bme280 sensor
  if (! bme280.init()){
    blinkLed(5, true);  // BME280 sensor error
  }
}
void loop() {
  uint32_t start = millis();
  // Get sensor infomarion and upload them
  String message;
  if (getInformation(message)) {
    transceiver.sendMessage(message);
  }
  else {
    blinkLed(3, false);
  }
  // Sleep mcu until next time
```

```
  uint32_t t = (last + upload_interval) - (millis()
                                                  - start);
  last = millis();
  bme280.end();    // Sleep BME280
  Wire.end();       // Release i2c
  transceiver.sleep();  // Sleep Sigfox module
  prepareToSleep();      // Set MCU GPIOs for sleep
  Narcoleptic.delay(t); // Sleep MCU with WDT
  resetMyself();    // Wake up, restart from reboot
}
boolean getInformation(String &message) {
  // Get sensing information and battery voltage
  float temperature = bme280.getTemperature();
  float humidity = bme280.getHumidity();
  uint32_t illuminance = max44009.getIlluminance();
  // Make the message
  message += transceiver.toHex(illuminance);
  message = transceiver.toHex(temperature);
  message += transceiver.toHex(humidity);
  return true;  // OK
}
// prepareToSleep() - Prepare to sleep()
void prepareToSleep(void) {
```
≈ (省略)スリープ準備処理
```
  }
  // disable ADC
  ADCSRA &= ~(1 << ADEN);
  // disable BOD
  MCUCR |= (1 << BODSE)|(1 << BODS);
  MCUCR = (MCUCR & ~(1 << BODSE))|(1 << BODS);
}
// blinkLed() -- Blink LED(D9) on Sigfox shield
void blinkLed(int times, boolean stop) {
```
≈ (省略)LED点滅処理
```
}
```

①Sigfox backendサービス（https://backend. sigfox.com/auth/login）にアクセスして, ユーザ・アカウントを作ります.

②作成したユーザ・アカウントでSigfox backend サービスにログインします.

③DEVICEメニューを選択し, Newボタンで新規作成の画面を表示して, 開通したいSigfox通信モジュールのIDとPACを登録します.

④登録したSigfox通信モジュールを使ってデモアプリ（ライブラリ unabiz-arduinoのサンプル・スケッチとして同梱されているDemoTestUnaShieldV2S）を動かして, 開通していること, つまりクラウド・サービスまでデータが届いているかどうかを確認します.

上記の開通手続きの詳細は, Sigfoxシールドの販売元から提供される取扱説明書を参照してください. 一度ユーザ・アカウントを登録してしまえば, 以降の開通手続きでは①を省略できます. また, 大量の通信モジュールを開通する場合には, 1つ1つ登録するのが手間ですので, 購入元に相談して対応してもらうかSigfox backendサービスが提供するWeb APIを使って対応するのがよいと思います.

クラウドの設定例1

Ambientは無償で利用できるIoTデータの可視化サービスです. 可視化に特化したサービスですので, 機能はシンプルで使いやすくなっています.

Ambientを利用するには, 以下の手順で必要な情報の登録・設定を行います.

①Ambientのサイト（https://ambidata.io/）にアクセスして, 画面右上にある「ユーザ登録（無料）」のボタンからユーザ登録を行います.

②登録完了後, 登録したメールアドレスに確認メールが届きますので, 確認するためのURLにアクセスすれば, 登録は完了します.

③次に, チャネル一覧画面で, データをアップロードする先となるチャネルを一つ登録します. 登録出来たら, 設定変更機能を使って, チャネルの名称, 各データの名称・チャートでの表示色などを次の通りに設定します. これ以外の項目は, 初期値のままでOKです.

チャネル名：栽培環境モニタ

データー1：温度，チャートの色は任意
データー2：湿度，チャートの色は任意
データー3：照度，チャートの色は任意

④最後に，チャネル一覧に戻り，チャネル名をクリックしてボード（チャートを表示する画面）の設定を行います．画面上部にあるチャートアイコンをクリックして，ボード左上にチャートを作ります．このチャートの真ん中にある「チャネル／データの設定」ボタンをクリックして，下記の通りに設定します．なお，チャートは温度，湿度，照度用に3つ作成・設定します．

【温度のチャート】
チャート名：温度
d1: 左軸
左軸の最小値と最大値: 0, 40
【湿度のチャート】
チャート名：湿度
d1: 左軸
左軸の最小値と最大値: 0, 100
【照度のチャート】
チャート名：照度
d1: 左軸
左軸の最小値と最大値: 0, 10000

これで，Ambientサービスの設定は完了です．慣れないといろいろ分からない設定項目があると思いますが，あとで設定の変更もできますので，まずはあまり気にせず先に進めてください．設定を終えたチャート画面の例を図3に，チャネル一覧画面の例を図4に示します．この画面では，いま設定したチャネルにデータをアップロードするためのチャネルIDと認証情報（ライトキー）が表示されています．後ほど，Sigfox backendの設定で使用する大事な情報となります．

Ambientは，IoTデバイスで収集したデータをチャートとして可視化するクラウドサービスです．無償利用枠では，最大8チャネルまで，各チャネルでは最大8種類のデータまでをアップロードすることが可能です．アップロードしたデータはデータベースに蓄

図3　Ambientのチャート画面

積されると共に，チャートで表示をしたり，CSVファイルとしてダウンロードすることができます．また，地図上にポイントを表示したり（通常は，データの計測地点を設定します），写真を添付することも可能となっています．詳しい機能や使い方は，Ambientのチュートリアルページ（https://ambidata.io/docs/）等を参照できます．

クラウドの設定例2

Sigfox backendにアップロードされたデータは，URL Callbackという仕組みを使ってAmbientサービスに転送されます．Sigfox backendでは，デバイス側からアップロードされてきたバイナリ形式（HEX形式）のデータを項目ごとに分解してテキスト形式へ変換し，指定されたヘッダ情報とともにAmbientサービスの指定されたURLへPOSTします．これを実現するためには，backendが提供するCallbacks機能を設定する必要があります．

図5に示すのは，今回使用している通信モジュール（Sigfox backendではDEVICEと呼ぶ）が所属するDEVICE_TYPEにカスタムなCallbackを設定している画面です．Sigfox backendでは，あらかじめAWS IoTやAzure IoTなどへの設定を簡単にする画面があります．今回はCustomを選択して，図5の画面で

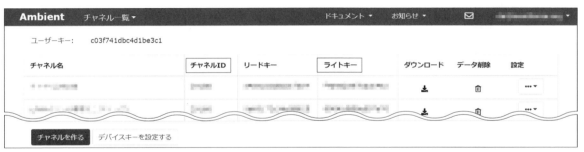

図4　Ambientのチャネル一覧画面

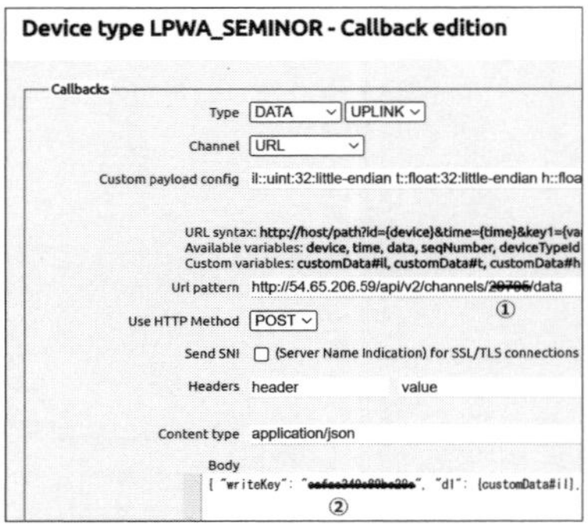

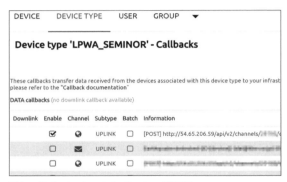

図5 Sigfox backend: Callback設定

図6 Sigfox backend: Callbacks一覧画面

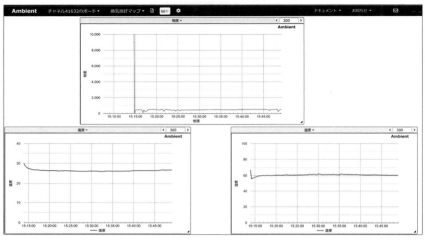

図7 Ambientチャート画面

Ambientへの転送設定を行います．TypeやChannelは図5の通りに設定します．また，Custom payload configには，

il::uint:32:little-endian t::float:32:little-endian h::float:32:little-endian

と入力します．この呪文のような設定内容の意味は，（?）をクリックすると表示されるヘルプを参照ください．

また，図5で横線①で隠している箇所には先ほどAmbientで登録したチャネルのチャネルIDを設定します．同様に，横線②で隠している箇所には，同じチャネルのライトキーを設定します．1文字でも間違えると動作しませんので，間違えないように慎重にコピー&ペーストします．

最後に，設定したCallbackの設定が有効となっているかどうかを図6に示すCallbacks一覧画面で確認してください．図の最上行にあるように，有効になっていることは，設定したCallbackのチェックボックスにチェックが入っていることで確認できます．

● センシング・データをリモート観察してみる

最後に，モニタリング装置を組み立てて，スケッチをArduinoに書き込み，乾電池2本で動作させたときのチャート画面を図7に示します．温度や湿度，照度が折れ線グラフで表示されています．

　　　　*　　　　*　　　　*

最近IoTで注目されているLPWAの一つSigfoxを使って，農業用モニタリング装置&サービスを試作してみました．数千円の製作費，年間1,000円程度の通信料金と乾電池2本で圃場の栽培環境を1時間おきにモニタリングできるようになりました．工夫次第では，今回作ったモニタリング装置を拡張して，CO_2濃度や土壌水分量などを計測してモニタリングすることもできると思います．ぜひチャレンジしてみてください．

だいこく・あつし

Appendix 7　もし電池で動かせればありがたし

ラズパイの電池駆動の検討

松本 信幸

これからのIoTでますます重要…
消費電力&電源供給問題

IoT (Internet of Things) は感覚的に，フェーズが変わってきているように感じられます．

IoTは，以前から言われているM2M (Machine to Machine) と明確に識別することは困難ですが，手段の側面から考えると，あまたの情報を収集することだと思います．各種電気，電子機器の電力情報を収集すること，いわゆる「見える化」に始まり，ガスや水道といった電気を用いないものの情報収集も行われるようになっていきました．こうした生活に直結する内容，見方を変えれば社会インフラの利用状況に関する数値情報を，統計のために収集するものを第1フェーズと考えています．

最近ではドローンが飛び，自動車の自動運転が話題に上がり，収集する情報も数値情報に加え映像情報も行われるようになってきています．こうした映像は，人が判断するのではなく，AIを用いた機械学習などによって判断が行われ，IoT機器にフィードバックがなされるようになってきています．映像などを用いる大容量化や，AIなどとの組み合わせによるリアルタイムなフィードバックが行われる状況を，第2フェーズへの移行としています．

こうしたIoTのフェーズ移行において，残っている問題が電力です．もともと商用電源に接続された固定機器などであれば，通信の大容量化などに対応するハードルはあまり高くないと思いますが，新規に電力源を用意する必要があるものも少なくはなく，ハードルは高いと思います．

けっきょく電池で動かしたくなる

● IoT端末の電力源はコンセントか電池か発電

商用電力や，転用可能なバッテリが近隣に存在しないケースで，IoT端末を用意する場合に考えられることは，バッテリ/電池を用意するか，そこで発電を行うかになります（図1）．

発電を行う場合に考えられるのは，小規模水力発電や太陽光発電，もしくはペルチェ素子の転用などが考えられます．いずれにしても，水流や太陽光，熱源などの変換前のエネルギー源が存在している状況が必要となります．水流は場所の制限を受けますし，太陽光は主に夜間に用いるような機器には向きません．2次電池との併用を行う必要があります．

また，定常的に用いる機器であればこうした運用が自然ではありますが，例えば防災に関する機器などは向きません．

● IoT端末の電池による駆動をマジメに考えてみる

ここで防災に関するIoT機器のような，「時々だけど必ず動かしたい」用途について考えてみます．

防災に用いられるような機器は，通常は格納されていて，使用しなくてはならない状況はいきなりやってきます．小規模自家発電や2次電池による動作は適切ではありません．

IoT機器として運用するからには，それなりの電力が必要となります．このためリチウム系の電池を用いることになると思います．通常，商用電力源から常時充電を行っておくという使い方はリチウム系の2次電池に向きません．

例えば，旅館やホテルの部屋に備え付けられた懐中電灯をIoT化することを考えてみます．

内蔵された電池を，絶縁板で物理的に遮断して，い

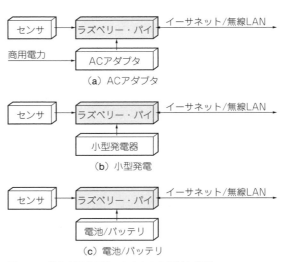

図1　IoT端末の電力源はコンセントか電池か発電

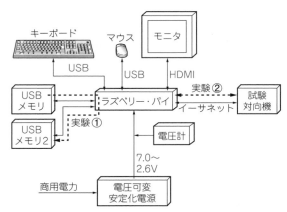

図2 IoT端末の代表格Raspberry Piの電圧をいろいろと変えて実力を確かめてみる

つでも外せるようにしておき，宿泊中に地震や火災などにより避難が必要になった際に，懐中電灯を取り外すと明かりが点灯するとします．ここまでなら従来の懐中電灯と同じで，マンガン系の1次電池を用意し，たまに交換しておけばよいでしょう．しかし，IoT化するというからには，この懐中電灯は無線端末としても動作するようになります．ほとんど迷路と化している老舗の温泉旅館などにおいて，安全に避難を完了させるには，双方向の通信機能を有する必要があり，必要となる電力を考えると，マンガン系1次電池では心もとありません．だからといって，日頃使用しないのにリチウム系2次電池を満充電状態で待機させるのも大げさですし，災害が発生してから，追加充電を行うなど当然できません．

こうして考えると，リチウム系の1次電池を用いればよいように思えます．候補としては，二酸化マンガン・リチウム電池や，塩化チオニル・リチウム電池などが考えられます．

ラズベリー・パイを電池駆動させられるかどうかの予備実験

IoT実験で定番のラズベリー・パイを電池で駆動させる測定を行ってみようと思います．

IoT関係の組み込み端末としても使い勝手が良く，いろいろなものに用いることが可能なラズベリー・パイを，電池で動作させるにはどのような留意点があるかを試してみます．

電池で動作させる際の問題は，時間とともに電圧の低下が発生するという点が挙げられます．測定は，実際に電池を用いるのではなく，電圧が可変できる安定化電源を接続し，電圧を調整しながら，ラズベリー・パイの動作を見ていくことにします（図2）．

使用するラズベリー・パイは2Bと3Bの2機種で，キーボードとマウス，モニタを接続して行います．

2つの測定を行います．

▶予備実験1：単体動作

1つは，単体の動作で，電圧を変えながら起動と操作を行うもので，手順としては，次のようになります（写真1）．

- 安定化電源の電圧を指定
- ラズベリー・パイの電源を投入して起動を確認
- その後，USBメモリを2本用意し，ファイルの転送を行う

▶予備実験2：ネットワーク通信動作

もう1つは，イーサネットで対向機と接続し，連続したPing送信を行います．その状態で安定化電源を操作して，徐々に電圧を下げていき，状況を見てみます（写真2）．

● 実験1：単体動作

ラズベリー・パイの基準となる動作電圧は+5Vです．リチウム1次電池を用いる場合，二酸化マンガ

写真1 予備実験1：単体動作時の電源的実力を確かめる

写真2 予備実験2：ネットワーク通信動作時の電源的実力を確かめる

写真3　いちおう電源電圧7.0Vでも動いた

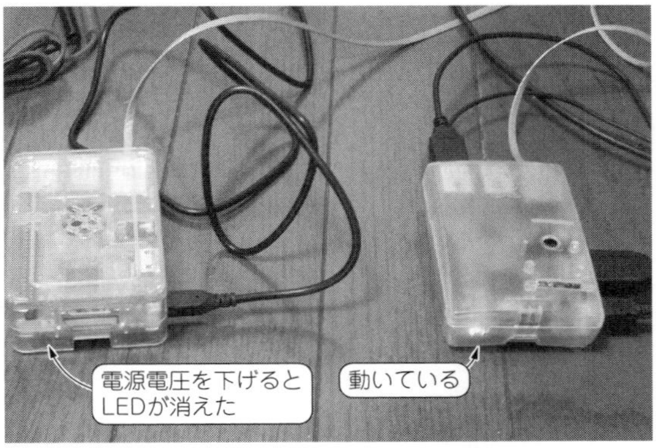

写真4　当たり前だけど電圧を下げていくと動かなくなっていく

表1　電源電圧を3.0Vまで下げるとブートを繰り返して起動できない

電源電圧	Raspberry Pi 2B	Raspberry Pi 3B
7.0V	正常動作	正常動作
6.5V	正常動作	正常動作
6.0V	正常動作	正常動作
5.5V	正常動作	正常動作
5.0V	正常動作	正常動作
4.5V	Power LED 消灯	Power LED 消灯
4.0V	Power LED 消灯	Power LED 消灯
3.5V	Power LED 消灯	Power LED 消灯
3.0V	再起動繰り返し	再起動繰り返し
2.5V	起動せず	起動せず

（a）実験1

電源電圧3.0Vあたりから動かなくなる

電源電圧	Raspberry Pi 2B	Raspberry Pi 3B
5.0V	正常動作	正常動作
4.8V	正常動作	正常動作
4.6V	Power LED 消灯	Power LED 消灯
4.4V	Power LED 消灯	Power LED 消灯
4.2V	Power LED 消灯	Power LED 消灯
4.0V	Power LED 消灯	Power LED 消灯
3.8V	Power LED 消灯	Power LED 消灯
3.6V	Power LED 消灯	Power LED 消灯
3.4V	Power LED 消灯	Power LED 消灯
3.2V	Power LED 消灯	Power LED 消灯
3.0V	Interface Down	Interface Down
2.8V	再起動	再起動

（b）実験2

ン・リチウム電池の公称電圧が3.0V，塩化チオニル・リチウム電池の公称電圧が3.6Vであることから，1つで使用することはなく，2本直列で使用することが考えられます．

　普通に考えれば，DC-DCコンバータか何かで6.0Vもしくは7.2Vから5.0Vを生成することになりますが，まずはラズベリー・パイの実力として，5.0Vを上回った電圧での起動確認を行います．まず7.0Vから始め，ここから0.5Vずつ電圧を下げて，同じように起動確認を実施します．

　結果は，ラズベリー・パイ2Bもラズベリー・パイ3Bも同じで，7.0Vでも問題なく起動しました［写真3，表1（a）］．

　ここから徐々に電圧を下げていきます．5.0V近辺では正常に動作することは当たり前と思っていたものの，4.5Vでいきなり変化が生じました．動作には全く問題ないのですが，Power LEDが消灯してしまいました（写真4）．

　次の変化は3.5Vでマウスが利かなくなりました．

キーボードは操作可能であったことから，USB機器において，ものによっては使えなくなる，という感じでしょうか．

　次の3.0Vでは，正常に起動せず，ブートを繰り返すという状況となりました．

　従ってラズベリー・パイが使用できる，実力値としての最低の電圧は3.0V付近であると思われます．

● 実験2：ネットワーク通信動作

　次に，ラズベリー・パイをイーサネットで2台接続し，Ping通信を行っている状況下で，1台のラズベリー・パイの電圧を徐々に低下させる状況の確認を行ってみたのが表1（b）です．

　電圧の変化は，確認のために接続している電圧計の目盛りの関係から0.2V単位で変化させました．

　結果は，4.6VでPower LED消灯，3.0Vでイーサネット・インターフェースが停止しました．ただし，ここではまだ本体は動作している模様です．2.9Vで再起動の繰り返しとなり，2.6V以下では沈黙となり

表2　ラズパイ3にはざっくり5V/300mA以上必要
電池で使える状況は限られてくるが無理でもないかもしれない

動　作	Raspberry Pi 2B	Raspberry Pi 3B
ブート	計測不可（500mA以上）	460mA
通常動作中	460mA	290mA
Ping送信中	460mA	290mA
マウス操作	480mA	310mA
USBメモリ装着	500mA	340mA

ました．

　なお，緑色のACT LEDに関しては，動作できなくなるギリギリまで点滅を行っていたことを加えておきます．

● 考察…電圧的には電池は直結で大丈夫かも？

　ラズベリー・パイをリチウム1次電池で動作させる場合，電圧的には，二酸化マンガン・リチウム電池もしくは，塩化チオニル・リチウム電池を2本用いればよいことになると思いますが，ラズベリー・パイが7.0Vでも動作したので，DC-DCコンバータなどを用いて5.0Vに合わせ込まなくてもそのまま接続すれば実際には動きそうな気はします．続けて消費電流の実験を行ってみます．

ラズベリー・パイを電池で動かしてみる

● ラズベリー・パイの実際の消費電流

　ここで，安定化電源の電圧設定を5.0Vとしてラズベリー・パイ2Bと3Bの消費電流を計測してみます．計測は，ブート時，未操作時，イーサネット・インターフェースにPingの連続送出時，マウス操作，USBメモリの接続で行います．

　結果はというと，使用した電流計の直流による電流測

定の最大レンジが500mAだったのですが，ラズベリー・パイ2Bではブート時に針が振り切れてしまい，計測不可でした（表2）．

　通常時においても460mAと高めで，これにマウス操作やUSBメモリの装着を行うと20mA ～ 40mA増加して，電流計で計測できるギリギリという感じでした．なお，Pingの連続送出時においては，明確に判定できるほどの変化は見られませんでした．

　それに対してラズベリー・パイ3Bは2Bほど高くなく，ブート時こそ460mA近くまで振れることはありますが，未操作時やPing送出時は300mAを下回っており，USBメモリを装着して300mAを超えるという状況でした．

● 電池をつないで動かす

　単3サイズの電池で動かせると便利なので，まず塩化チオニル・リチウム電池2本で動作させてみます（写真5）．この電池は塩化チオニル・リチウム電池で，公称電圧は1本当たり3.6V，電流は瞬間最大で100mAとなっています．

　ラズベリー・パイ2Bならびに3Bで計測した，電流の値を見ると，この電池でラズベリー・パイ2Bを動作させるのは困難です．少なくともより大電流な（単1サイズなど）タイプを用意する必要があるでしょう．

　実際，この電池で起動させてみようとしたところ，電圧計の値は6.8Vを指しているものの，電流が足りないらしく，ラズベリー・パイ2Bはリブートを何度も繰り返すという状況となりました．

　さて，ラズベリー・パイ3Bですが，単純に電流の値だけを見ると，こちらでも起動できなさそうです．先に行った電流の測定は5.0Vで行っていますが，塩化チオニル・リチウム電池の公称電圧は3.6Vですので，この電圧分を考えると，起動して，動作できる可能性はありそうです．

写真5　3.6V（単3タイプで100mA）リチウム系1次電池を2直列7.2Vにするとなんとかラズパイを動かせないか？

ラズベリー・パイ

電池で駆動させることもできなくはなさそう

写真6　意外とスンナリ起動はした

コラム ラズベリー・パイのPoE（Power over Ethernet）対応　松本 信幸

ラズベリー・パイ3B+をIoT端末と見ると，無線LANの性能向上や，有線LAN（イーサネット）の1000BASE-T対応などがありますが，それ以外に実は電源が供給できるイーサネットであるPoE（Power over Ethernet）にも対応できるようになりました．

ただし，これはラズベリー・パイ3B+がPoEに対応したというわけではなく，PoEに関連する回路を接続するためのインターフェースが用意されたというものです．基板上のUSBコネクタの後方にあるJ14端子がこれに当たります（**写真A**）．ラズベリー・パイ3B+をPoE対応させたい場合は，該当するIEEE 802.3af/at/btに対応する回路を，このJ14に接続して使用することになります．

▶PoEラインから裏技的に電源を供給するのも可能かも？

なお，このJ14はPoE用の端子であって，PoEの勧告に準拠したものではなく，電源供給ラインとして流用することが可能です．

イーサネット・ケーブルの1-2番ピンと3-6番ピンに+7V程度の電圧を加え，4-5番ピンと7-8番ピンをGNDとしておき，J14の1番ピンと2番ピンを，J6の2番ピンと4番ピンに接続し，J14の3番ピンと4番ピンをJ6の6番ピンと14番ピンに接続すれば，イーサネット・ケーブル経由の電力でラズベリー・パイ3B+を動作させることができます．

IEEE勧告のPoEに準拠させようとすると，供給電圧はDC48Vであるため，DC48Vから5Vを生成するDC-DCコンバータと，IEEE 802.3af/at/btに準拠したハンドシェイクを行う回路を付与する必要

があります．そこまでしなくても，駆動電圧である5Vを直接供給することによって，こうした回路を追加することなく動作させることも可能となります．供給元の電圧は，使用するイーサネット・ケーブルの線長による電圧低下を考慮に入れて決めればよいでしょう．

ただし，PoEと比較して供給する電圧を低くすると，必要となる電流が増えてしまいます．ラズベリー・パイで使用するACアダプタの容量は2Aから3A程度のものを用いることが多くなるため，イーサネット・ケーブルの電線にも，最大で0.5A以上の電流が流れることがあり得ます．イーサネット・ケーブルで使用する電線は，多くの場合，このような電流が流れることを許容していないので，心線径などを考慮する必要があります．

写真A ラズパイ3B+の知る人ぞ知る変更点…PoE用回路がつなげられる

実際試してみると，案外スカッと立ち上がりました．普通に使えそうな感じはしています（**写真6**）．

とはいえ，電圧の高さでごまかしていることから，電圧が5.0Vまで低下しただけでも，心もとない状況になってしまいます．ラズベリー・パイ2Bや3Bをリチウム1次電池で動作させる場合，大電流なタイプ（単2サイズか単1サイズ）を用意するようにした方がよいでしょう．単3サイズを使用するのであれば，ラズベリー・パイZero Wを選定すべきと考えます．

＊　　　＊　　　＊

最後になりますが，今回紹介した内容は，コラムも含めて，あくまで一例であり，動作を保証するものではありません．実際に実験を行う場合には，電流容量や発熱などについて十分に検討した上で，事故を起こさないように実施しなくてはいけません．

まつもと・のぶゆき

初出一覧

著者一覧

漆谷 正義	須田 隼輔	松本 信幸
エンヤヒロカズ	大黒 篤	峰野 博史
岡安 崇史	塚本 勝孝	安場 健一郎
小野田 晃久	長井 正彦	横山 昭義
黒崎 秀仁	堀本 正文	米本 和也
小池 誠	本多 潔	

ラズパイ・Arduino 農業実験集

2022年5月1日 初版発行 © 漆谷 正義，エンヤヒロカズ，岡安 崇史，小野田 晃久，黒崎 秀仁，小池 誠，須田 隼輔，大黒 篤，塚本 勝孝，
2023年1月1日 第3版発行 　　長井 正彦，堀本 正文，本多 潔，松本 信幸，峰野 博史，安場 健一郎，横山 昭義，米本 和也 2022

(無断転載を禁じます)

著 者　漆谷 正義，エンヤヒロカズ，岡安 崇史，小野田 晃久，
　　　　黒崎 秀仁，小池 誠，須田 隼輔，大黒 篤，塚本 勝孝，
　　　　長井 正彦，堀本 正文，本多 潔，松本 信幸，峰野 博史，
　　　　安場 健一郎，横山 昭義，米本 和也

発行人　櫻　田　洋　一
発行所　ＣＱ出版株式会社
　　　　(〒112-8619) 東京都文京区千石 4-29-14

電話 編集　03-5395-2123
　　　広告　03-5395-2131
　　　営業　03-5395-2141

ISBN978-4-7898-5988-2
定価は表四に表示してあります
乱丁，落丁本はお取り替えします

本文イラスト　神崎 真理子　浅井 亮八

編集担当　上村 剛士，安達 はるか
DTP　クニメディア株式会社
印刷・製本　三共グラフィック株式会社
Printed in Japan

役にたつエレクトロニクスの総合誌
トランジスタ技術

■トランジスタ技術とは

トランジスタ技術は，国内でもっとも多くの人々に親しまれているエレクトロニクスの総合誌です．これから注目のエレクトロニクス技術を，実験などを交えてわかりやすく実践的に紹介しています．毎月10日発売．

Twitter @ToragiCQ

https://twitter.com/toragiCQ

Facebook @ToragiCQ

https://www.facebook.com/toragiCQ/

SNS など

公式ウェブ・サイト

https://toragi.cqpub.co.jp/

メルマガ

https://cc.cqpub.co.jp/system/contents/6/

トラ技SPECIALの電子版

No.160 アナログ回路入門！サウンド＆オーディオ回路集

No.159 はじめての回路の熱設計テクニック

No.158 はじめてのノイズと回路のテクニック

No.157 プリント基板設計実用テクニック集

No.156 設計のためのLTspice回路解析101選

No.155 宇宙ロケット開発入門

No.154 達人への道 電子回路のツボ

No.153 ずっと使える電子回路テクニック101選

No.152 クルマ/ロボットの位置推定技術

No.151 サスティナブル・マイクロワット回路の研究

No.150 実験が動きだす！電子回路セミナ・ムービ140

詳細や他の巻